✂ 자르는 선

071 단계 실력 진단 평가 ❶회

분모가 같은 진분수의 덧셈

제한 시간	맞힌 개수	선생님 확인
20분	/32	

정답 21쪽

✐ 분수의 덧셈을 하세요.

❶ $\frac{5}{8}+\frac{1}{8}=$

❷ $\frac{2}{7}+\frac{3}{7}=$

❸ $\frac{2}{10}+\frac{5}{10}=$

❹ $\frac{8}{13}+\frac{3}{13}=$

❺ $\frac{3}{15}+\frac{4}{15}=$

❻ $\frac{5}{11}+\frac{4}{11}=$

❼ $\frac{1}{12}+\frac{1}{12}=$

❽ $\frac{4}{13}+\frac{7}{13}=$

❾ $\frac{3}{9}+\frac{5}{9}=$

❿ $\frac{2}{10}+\frac{4}{10}=$

⓫ $\frac{3}{6}+\frac{1}{6}=$

⓬ $\frac{9}{16}+\frac{5}{16}=$

⓭ $\frac{3}{19}+\frac{2}{19}=$

⓮ $\frac{15}{28}+\frac{10}{28}=$

⓯ $\frac{4}{13}+\frac{6}{13}=$

⓰ $\frac{1}{7}+\frac{5}{7}=$

⓱ $\frac{3}{18}+\frac{11}{18}=$

⓲ $\frac{4}{10}+\frac{3}{10}=$

⓳ $\frac{5}{22}+\frac{13}{22}=$

⓴ $\frac{10}{32}+\frac{15}{32}=$

㉑ $\frac{6}{14}+\frac{4}{14}=$

㉒ $\frac{2}{9}+\frac{3}{9}=$

㉓ $\frac{9}{16}+\frac{4}{16}=$

㉔ $\frac{7}{11}+\frac{3}{11}=$

㉕ $\frac{3}{12}+\frac{6}{12}=$

㉖ $\frac{5}{17}+\frac{8}{17}=$

㉗ $\frac{4}{8}+\frac{3}{8}=$

㉘ $\frac{15}{26}+\frac{9}{26}=$

㉙ $\frac{7}{19}+\frac{5}{19}=$

㉚ $\frac{2}{6}+\frac{3}{6}=$

㉛ $\frac{5}{15}+\frac{8}{15}=$

㉜ $\frac{11}{25}+\frac{12}{25}=$

071 단계

실력 진단 평가 ❷회

분모가 같은 진분수의 덧셈

제한 시간	맞힌 개수	선생님 확인
20분	/32	

정답 21쪽

분수의 덧셈을 하세요.

1. $\frac{2}{4}+\frac{3}{4}=$
2. $\frac{5}{9}+\frac{6}{9}=$
3. $\frac{8}{10}+\frac{5}{10}=$
4. $\frac{7}{14}+\frac{13}{14}=$
5. $\frac{7}{8}+\frac{3}{8}=$
6. $\frac{6}{13}+\frac{7}{13}=$
7. $\frac{5}{7}+\frac{4}{7}=$
8. $\frac{8}{15}+\frac{12}{15}=$
9. $\frac{8}{11}+\frac{7}{11}=$
10. $\frac{3}{5}+\frac{4}{5}=$
11. $\frac{13}{19}+\frac{9}{19}=$
12. $\frac{6}{12}+\frac{10}{12}=$
13. $\frac{2}{3}+\frac{1}{3}=$
14. $\frac{12}{14}+\frac{11}{14}=$
15. $\frac{5}{6}+\frac{5}{6}=$
16. $\frac{8}{17}+\frac{15}{17}=$
17. $\frac{17}{23}+\frac{11}{23}=$
18. $\frac{3}{7}+\frac{5}{7}=$
19. $\frac{7}{13}+\frac{12}{13}=$
20. $\frac{6}{10}+\frac{5}{10}=$
21. $\frac{9}{12}+\frac{11}{12}=$
22. $\frac{14}{21}+\frac{17}{21}=$
23. $\frac{16}{19}+\frac{5}{19}=$
24. $\frac{4}{6}+\frac{5}{6}=$
25. $\frac{18}{22}+\frac{16}{22}=$
26. $\frac{6}{11}+\frac{10}{11}=$
27. $\frac{3}{9}+\frac{8}{9}=$
28. $\frac{6}{10}+\frac{8}{10}=$
29. $\frac{24}{29}+\frac{19}{29}=$
30. $\frac{7}{8}+\frac{6}{8}=$
31. $\frac{34}{35}+\frac{8}{35}=$
32. $\frac{16}{20}+\frac{13}{20}=$

072단계 실력 진단 평가 ❶회

분모가 같은 대분수의 덧셈

제한 시간	맞힌 개수	선생님 확인
20분	/32	

정답 21쪽

분수의 덧셈을 하세요.

❶ $2\frac{2}{6}+1\frac{3}{6}=$

❷ $1\frac{3}{8}+3\frac{4}{8}=$

❸ $3\frac{5}{12}+2\frac{6}{12}=$

❹ $5\frac{2}{9}+2\frac{4}{9}=$

❺ $4\frac{5}{7}+2\frac{1}{7}=$

❻ $2\frac{2}{5}+5\frac{2}{5}=$

❼ $3\frac{8}{11}+6\frac{2}{11}=$

❽ $3\frac{2}{8}+3\frac{4}{8}=$

❾ $5\frac{7}{13}+4\frac{4}{13}=$

❿ $1\frac{8}{15}+6\frac{4}{15}=$

⓫ $3\frac{8}{22}+3\frac{10}{22}=$

⓬ $8\frac{6}{12}+4\frac{2}{12}=$

⓭ $1\frac{3}{8}+6\frac{2}{8}=$

⓮ $2\frac{5}{17}+8\frac{10}{17}=$

⓯ $7\frac{5}{14}+6\frac{3}{14}=$

⓰ $12\frac{13}{21}+3\frac{4}{21}=$

⓱ $7\frac{5}{14}+6\frac{3}{14}=$

⓲ $12\frac{13}{21}+3\frac{4}{21}=$

⓳ $11\frac{5}{19}+10\frac{7}{19}=$

⓴ $3\frac{1}{10}+7\frac{6}{10}=$

㉑ $5\frac{4}{12}+14\frac{7}{12}=$

㉒ $1\frac{6}{11}+5\frac{2}{11}=$

㉓ $7\frac{6}{12}+5\frac{3}{12}=$

㉔ $1\frac{4}{9}+3\frac{1}{9}=$

㉕ $5\frac{8}{16}+8\frac{5}{16}=$

㉖ $7\frac{4}{13}+8\frac{3}{13}=$

㉗ $9\frac{7}{10}+1\frac{2}{10}=$

㉘ $4\frac{1}{5}+7\frac{3}{5}=$

㉙ $8\frac{14}{24}+12\frac{7}{24}=$

㉚ $1\frac{7}{18}+12\frac{4}{18}=$

㉛ $9\frac{14}{25}+12\frac{8}{25}=$

㉜ $1\frac{6}{20}+8\frac{11}{20}=$

072 단계

실력 진단 평가 ❷회

분모가 같은 대분수의 덧셈

제한 시간	맞힌 개수	선생님 확인
20분	/32	

정답 21쪽

분수의 덧셈을 하세요.

❶ $4\frac{5}{8}+6\frac{6}{8}=$

❷ $2\frac{3}{5}+1\frac{4}{5}=$

❸ $7\frac{8}{13}+3\frac{9}{13}=$

❹ $2\frac{6}{12}+1\frac{7}{12}=$

❺ $5\frac{12}{17}+3\frac{5}{17}=$

❻ $2\frac{2}{5}+5\frac{4}{5}=$

❼ $4\frac{12}{14}+2\frac{6}{14}=$

❽ $2\frac{8}{10}+7\frac{7}{10}=$

❾ $8\frac{4}{13}+5\frac{12}{13}=$

❿ $5\frac{6}{9}+3\frac{4}{9}=$

⓫ $3\frac{12}{15}+3\frac{14}{15}=$

⓬ $7\frac{11}{16}+2\frac{14}{16}=$

⓭ $6\frac{9}{12}+4\frac{10}{12}=$

⓮ $3\frac{4}{8}+7\frac{7}{8}=$

⓯ $7\frac{6}{19}+7\frac{14}{19}=$

⓰ $8\frac{7}{11}+1\frac{4}{11}=$

⓱ $9\frac{20}{24}+5\frac{14}{24}=$

⓲ $7\frac{12}{13}+9\frac{8}{13}=$

⓳ $5\frac{6}{7}+8\frac{5}{7}=$

⓴ $4\frac{5}{8}+2\frac{6}{8}=$

㉑ $7\frac{13}{16}+5\frac{7}{16}=$

㉒ $2\frac{7}{13}+1\frac{11}{13}=$

㉓ $8\frac{5}{17}+9\frac{14}{17}=$

㉔ $8\frac{4}{9}+6\frac{5}{9}=$

㉕ $3\frac{18}{24}+12\frac{7}{24}=$

㉖ $11\frac{4}{25}+2\frac{24}{25}=$

㉗ $3\frac{8}{10}+7\frac{9}{10}=$

㉘ $6\frac{5}{9}+7\frac{5}{9}=$

㉙ $4\frac{12}{15}+7\frac{3}{15}=$

㉚ $7\frac{19}{28}+13\frac{17}{28}=$

㉛ $2\frac{17}{25}+11\frac{13}{25}=$

㉜ $9\frac{22}{23}+6\frac{11}{23}=$

073 단계 실력 진단 평가 ❶회

분모가 같은 진분수의 뺄셈

제한 시간	맞힌 개수	선생님 확인
20분	/32	

정답 21쪽

분수의 뺄셈을 하세요.

❶ $\frac{4}{7}-\frac{2}{7}=$

❷ $\frac{8}{9}-\frac{3}{9}=$

❸ $\frac{7}{12}-\frac{1}{12}=$

❹ $\frac{6}{8}-\frac{5}{8}=$

❺ $\frac{12}{16}-\frac{4}{16}=$

❻ $\frac{10}{13}-\frac{6}{13}=$

❼ $\frac{13}{17}-\frac{8}{17}=$

❽ $\frac{7}{14}-\frac{3}{14}=$

❾ $\frac{22}{28}-\frac{15}{28}=$

❿ $\frac{15}{19}-\frac{5}{19}=$

⓫ $\frac{8}{10}-\frac{2}{10}=$

⓬ $\frac{25}{27}-\frac{7}{27}=$

⓭ $\frac{11}{15}-\frac{2}{15}=$

⓮ $\frac{4}{6}-\frac{1}{6}=$

⓯ $\frac{28}{34}-\frac{5}{34}=$

⓰ $\frac{12}{16}-\frac{5}{16}=$

⓱ $\frac{24}{25}-\frac{16}{25}=$

⓲ $\frac{6}{7}-\frac{5}{7}=$

⓳ $\frac{31}{34}-\frac{22}{34}=$

⓴ $\frac{9}{13}-\frac{4}{13}=$

㉑ $\frac{14}{15}-\frac{7}{15}=$

㉒ $\frac{30}{32}-\frac{17}{32}=$

㉓ $\frac{11}{16}-\frac{3}{16}=$

㉔ $\frac{23}{25}-\frac{7}{25}=$

㉕ $\frac{17}{18}-\frac{8}{18}=$

㉖ $\frac{13}{17}-\frac{6}{17}=$

㉗ $\frac{21}{31}-\frac{17}{31}=$

㉘ $\frac{14}{18}-\frac{8}{18}=$

㉙ $\frac{16}{20}-\frac{5}{20}=$

㉚ $\frac{17}{19}-\frac{9}{19}=$

㉛ $\frac{22}{26}-\frac{13}{26}=$

㉜ $\frac{33}{35}-\frac{18}{35}=$

073단계

실력 진단 평가 ❷회

분모가 같은 진분수의 뺄셈

제한 시간	맞힌 개수	선생님 확인
20분	/32	

정답 21쪽

분수의 뺄셈을 하세요.

❶ $1-\frac{2}{4}=$ ❷ $1-\frac{1}{5}=$

❸ $2-\frac{3}{8}=$ ❹ $3-\frac{3}{7}=$

❺ $2-\frac{11}{13}=$ ❻ $4-\frac{15}{18}=$

❼ $3-\frac{6}{8}=$ ❽ $6-\frac{11}{16}=$

❾ $7-\frac{6}{13}=$ ❿ $5-\frac{7}{14}=$

⓫ $10-\frac{11}{21}=$ ⓬ $12-\frac{4}{13}=$

⓭ $9-\frac{5}{7}=$ ⓮ $3-\frac{9}{12}=$

⓯ $2-\frac{1}{8}=$ ⓰ $4-\frac{11}{16}=$

⓱ $3-\frac{6}{15}=$ ⓲ $5-\frac{2}{7}=$

⓳ $9-\frac{10}{24}=$ ⓴ $2-\frac{5}{13}=$

㉑ $1-\frac{7}{11}=$ ㉒ $2-\frac{18}{23}=$

㉓ $3-\frac{7}{9}=$ ㉔ $9-\frac{12}{16}=$

㉕ $2-\frac{2}{5}=$ ㉖ $7-\frac{8}{13}=$

㉗ $1-\frac{9}{17}=$ ㉘ $2-\frac{6}{11}=$

㉙ $3-\frac{16}{20}=$ ㉚ $8-\frac{13}{19}=$

㉛ $5-\frac{8}{10}=$ ㉜ $1-\frac{18}{27}=$

074 단계 실력 진단 평가 ❶회

분모가 같은 대분수의 뺄셈

제한 시간	맞힌 개수	선생님 확인
20분	/32	

정답 22쪽

분수의 뺄셈을 하세요.

❶ $4\frac{4}{6}-1\frac{3}{6}=$

❷ $5\frac{7}{8}-1\frac{4}{8}=$

❸ $9\frac{8}{11}-4\frac{4}{11}=$

❹ $6\frac{1}{7}-2=$

❺ $8\frac{4}{5}-5\frac{3}{5}=$

❻ $9\frac{10}{11}-6\frac{7}{11}=$

❼ $5\frac{12}{18}-3\frac{7}{18}=$

❽ $9\frac{11}{13}-2\frac{5}{13}=$

❾ $7\frac{9}{14}-4=$

❿ $5\frac{8}{9}-3\frac{1}{9}=$

⓫ $7\frac{9}{12}-5\frac{4}{12}=$

⓬ $8\frac{6}{11}-4\frac{6}{11}=$

⓭ $6\frac{3}{8}-1=$

⓮ $5\frac{13}{17}-4\frac{8}{17}=$

⓯ $8\frac{13}{17}-8\frac{10}{17}=$

⓰ $12\frac{14}{20}-8\frac{8}{20}=$

⓱ $9\frac{5}{13}-3=$

⓲ $7\frac{5}{7}-4\frac{3}{7}=$

⓳ $8\frac{12}{14}-1\frac{8}{14}=$

⓴ $10\frac{15}{17}-10\frac{7}{17}=$

㉑ $8\frac{9}{12}-3=$

㉒ $4\frac{6}{11}-3\frac{2}{11}=$

㉓ $7\frac{16}{19}-5\frac{8}{19}=$

㉔ $9\frac{12}{16}-8\frac{5}{16}=$

㉕ $10\frac{14}{15}-8\frac{3}{15}=$

㉖ $9\frac{17}{22}-2\frac{12}{22}=$

㉗ $10\frac{4}{12}-5=$

㉘ $8\frac{7}{9}-2\frac{3}{9}=$

㉙ $12\frac{4}{5}-7\frac{3}{5}=$

㉚ $13\frac{14}{24}-12\frac{14}{24}=$

㉛ $6\frac{4}{18}-4=$

㉜ $13\frac{24}{25}-12\frac{8}{25}=$

O74 단계

실력 진단 평가 ❷회

분모가 같은 대분수의 뺄셈

제한 시간	맞힌 개수	선생님 확인
20분	/32	

정답 22쪽

분수의 뺄셈을 하세요.

❶ $4\frac{2}{5}-1\frac{4}{5}=$

❷ $9-2\frac{4}{9}=$

❸ $7\frac{2}{13}-2\frac{6}{13}=$

❹ $6\frac{3}{8}-3\frac{7}{8}=$

❺ $8\frac{1}{7}-4\frac{3}{7}=$

❻ $12\frac{3}{10}-7\frac{6}{10}=$

❼ $5-3\frac{5}{11}=$

❽ $6\frac{10}{18}-1\frac{15}{18}=$

❾ $9\frac{4}{13}-5\frac{11}{13}=$

❿ $10\frac{2}{9}-8\frac{6}{9}=$

⓫ $4\frac{3}{15}-3\frac{11}{15}=$

⓬ $8\frac{1}{12}-5\frac{9}{12}=$

⓭ $8-5\frac{5}{11}=$

⓮ $11\frac{3}{8}-7\frac{4}{8}=$

⓯ $9\frac{3}{17}-6\frac{14}{17}=$

⓰ $7\frac{5}{12}-6\frac{10}{12}=$

⓱ $9\frac{2}{13}-3\frac{7}{13}=$

⓲ $8-4\frac{3}{7}=$

⓳ $10\frac{3}{14}-7\frac{13}{14}=$

⓴ $9\frac{2}{24}-5\frac{20}{24}=$

㉑ $9\frac{1}{12}-3\frac{11}{12}=$

㉒ $7\frac{3}{11}-3\frac{5}{11}=$

㉓ $11\frac{6}{19}-5\frac{15}{19}=$

㉔ $5-2\frac{4}{15}=$

㉕ $4\frac{2}{16}-1\frac{13}{16}=$

㉖ $9\frac{7}{22}-2\frac{18}{22}=$

㉗ $15-10\frac{4}{12}=$

㉘ $9-3\frac{8}{9}=$

㉙ $12\frac{4}{16}-7\frac{13}{16}=$

㉚ $13\frac{4}{24}-12\frac{23}{24}=$

㉛ $13-8\frac{2}{25}=$

㉜ $5\frac{4}{20}-3\frac{17}{20}=$

자르는 선

075 단계 실력 진단 평가 ❶회

대분수와 진분수의 덧셈과 뺄셈

제한 시간	맞힌 개수	선생님 확인
20분	/32	

정답 22쪽

✎ 분수의 덧셈을 하세요.

❶ $4\frac{2}{6}+\frac{3}{6}=$

❷ $5\frac{1}{4}+\frac{2}{4}=$

❸ $6\frac{6}{11}+\frac{7}{11}=$

❹ $4\frac{6}{8}+\frac{2}{8}=$

❺ $7\frac{4}{5}+\frac{3}{5}=$

❻ $\frac{10}{13}+8\frac{2}{13}=$

❼ $10\frac{2}{9}+\frac{7}{9}=$

❽ $2\frac{6}{10}+\frac{8}{10}=$

❾ $5\frac{8}{12}+\frac{6}{12}=$

❿ $\frac{15}{17}+3\frac{14}{17}=$

⓫ $\frac{3}{14}+6\frac{8}{14}=$

⓬ $4\frac{4}{18}+\frac{15}{18}=$

⓭ $\frac{5}{14}+11\frac{9}{14}=$

⓮ $7\frac{16}{19}+\frac{14}{19}=$

⓯ $5\frac{7}{10}+\frac{4}{10}=$

⓰ $8\frac{13}{21}+\frac{7}{21}=$

⓱ $\frac{12}{15}+7\frac{8}{15}=$

⓲ $5\frac{4}{7}+\frac{3}{7}=$

⓳ $3\frac{7}{13}+\frac{9}{13}=$

⓴ $9\frac{11}{19}+\frac{8}{19}=$

㉑ $\frac{3}{8}+6\frac{4}{8}=$

㉒ $2\frac{5}{16}+\frac{9}{16}=$

㉓ $8\frac{15}{20}+\frac{12}{20}=$

㉔ $\frac{6}{9}+5\frac{7}{9}=$

㉕ $3\frac{12}{24}+\frac{10}{24}=$

㉖ $\frac{2}{11}+3\frac{9}{11}=$

㉗ $3\frac{12}{21}+\frac{8}{21}=$

㉘ $\frac{4}{9}+6\frac{2}{9}=$

㉙ $4\frac{10}{15}+\frac{13}{15}=$

㉚ $\frac{19}{28}+13\frac{9}{28}=$

㉛ $\frac{7}{10}+2\frac{6}{10}=$

㉜ $2\frac{17}{25}+\frac{19}{25}=$

실력 진단 평가 ❷회

대분수와 진분수의 덧셈과 뺄셈

제한 시간	맞힌 개수	선생님 확인
20분	/32	

정답 22쪽

분수의 뺄셈을 하세요.

❶ $4\frac{6}{7}-\frac{4}{7}=$

❷ $7\frac{12}{16}-\frac{8}{16}=$

❸ $8\frac{10}{12}-\frac{7}{12}=$

❹ $5\frac{8}{9}-\frac{3}{9}=$

❺ $6\frac{10}{13}-\frac{12}{13}=$

❻ $9\frac{4}{12}-\frac{10}{12}=$

❼ $7\frac{13}{14}-\frac{9}{14}=$

❽ $12\frac{2}{9}-\frac{7}{9}=$

❾ $6\frac{13}{15}-\frac{11}{15}=$

❿ $8\frac{1}{14}-\frac{9}{14}=$

⓫ $8\frac{7}{11}-\frac{6}{11}=$

⓬ $12\frac{3}{8}-\frac{4}{8}=$

⓭ $5\frac{16}{17}-\frac{8}{17}=$

⓮ $10\frac{13}{14}-\frac{7}{14}=$

⓯ $7\frac{15}{13}-\frac{11}{13}=$

⓰ $11\frac{8}{20}-\frac{17}{20}=$

⓱ $9\frac{12}{13}-\frac{7}{13}=$

⓲ $8\frac{3}{7}-\frac{1}{7}=$

⓳ $10\frac{20}{22}-\frac{17}{22}=$

⓴ $9\frac{5}{9}-\frac{3}{9}=$

㉑ $9\frac{2}{12}-\frac{11}{12}=$

㉒ $7\frac{3}{11}-\frac{10}{11}=$

㉓ $10\frac{6}{13}-\frac{8}{13}=$

㉔ $4\frac{12}{16}-\frac{5}{16}=$

㉕ $7\frac{18}{25}-\frac{24}{25}=$

㉖ $9\frac{5}{22}-\frac{19}{22}=$

㉗ $8\frac{10}{12}-\frac{8}{12}=$

㉘ $2\frac{4}{16}-\frac{14}{16}=$

㉙ $7\frac{3}{7}-\frac{5}{7}=$

㉚ $6\frac{6}{18}-\frac{17}{18}=$

㉛ $12\frac{8}{15}-\frac{5}{15}=$

㉜ $5\frac{4}{17}-\frac{15}{17}=$

076 단계 실력 진단 평가 ❶회

소수 한 자리 수의 덧셈

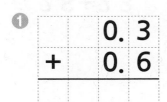

제한 시간	맞힌 개수	선생님 확인
20분	/24	

정답 22쪽

✎ 소수의 덧셈을 하세요.

❶ $0.3 + 0.6$

❷ $0.4 + 0.1$

❸ $1.2 + 3.4$

❹ $5.8 + 3.1$

❺ $3.2 + 4.1$

❻ $1.5 + 3.2$

❼ $0.7 + 0.4$

❽ $0.5 + 2.5$

❾ $0.7 + 1.5$

❿ $2.6 + 3.6$

⓫ $1.4 + 2.7$

⓬ $4.7 + 1.9$

⓭ $7.5 + 2.9$

⓮ $4.3 + 8.5$

⓯ $3.2 + 1.8$

⓰ $2.8 + 11.9$

⓱ $35.1 + 6.7$

⓲ $2.6 + 18.6$

⓳ $10.8 + 53.7$

⓴ $32.7 + 43.6$

㉑ $14.5 + 15.6$

㉒ $10.3 + 38.6$

㉓ $51.7 + 38.6$

㉔ $20.9 + 32.5$

076 단계 실력 진단 평가 ❷회

소수 한 자리 수의 덧셈

제한 시간	맞힌 개수	선생님 확인
20분	/20	

정답 22쪽

소수의 덧셈을 하세요.

❶ 0.6+0.2

❷ 0.4+0.5

❸ 0.2+0.7

❹ 2.5+1.2

❺ 4.7+3.2

❻ 0.5+0.7

❼ 0.9+1.3

❽ 0.7+4.5

❾ 2.8+2.3

❿ 3.2+1.9

⓫ 1.7+4.8

⓬ 5.2+6.5

⓭ 3.5+16.8

⓮ 2.6+11.8

⓯ 13.7+5.4

⓰ 17.9+7.3

⓱ 4.8+29.6

⓲ 8.7+19.6

⓳ 10.7+9.6

⓴ 12.8+8.9

✂ 자르는 선

077 단계 실력 진단 평가 ❶회

소수 한 자리 수의 뺄셈

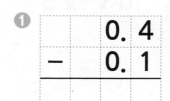

제한 시간	맞힌 개수	선생님 확인
20분	/24	

정답 23쪽

✎ 소수의 뺄셈을 하세요.

❶ $0.4 - 0.1$

❷ $0.7 - 0.2$

❸ $0.9 - 0.7$

❹ $1.8 - 0.5$

❺ $2.5 - 2.3$

❻ $1.7 - 0.5$

❼ $1.3 - 0.9$

❽ $2.3 - 0.6$

❾ $3.8 - 2.9$

❿ $5.5 - 1.7$

⓫ $6.5 - 3.9$

⓬ $4.2 - 2.5$

⓭ $5.4 - 3.7$

⓮ $7.4 - 2.9$

⓯ $5.5 - 1.9$

⓰ $11.3 - 4.7$

⓱ $15.3 - 9.6$

⓲ $18.1 - 1.8$

⓳ $42.5 - 3.8$

⓴ $70.3 - 9.9$

㉑ $30.5 - 4.9$

㉒ $21.3 - 9.6$

㉓ $84.3 - 59.5$

㉔ $52.4 - 35.8$

077 단계 실력 진단 평가 ❷회

소수 한 자리 수의 뺄셈

제한 시간	맞힌 개수	선생님 확인
20분	/20	

정답 23쪽

소수의 뺄셈을 하세요.

❶ 0.7−0.1

❷ 0.3−0.2

❸ 0.9−0.4

❹ 1.6−0.2

❺ 2.7−1.3

❻ 2.4−1.8

❼ 3.3−1.4

❽ 3.2−0.3

❾ 6.4−1.9

❿ 4.4−0.7

⓫ 9.3−7.7

⓬ 4.4−2.9

⓭ 16.5−4.7

⓮ 20.4−7.9

⓯ 14.2−3.8

⓰ 32.1−4.3

⓱ 51.2−27.4

⓲ 26.5−18.6

⓳ 85.1−67.4

⓴ 64.1−47.5

078 단계 실력 진단 평가 ❶회

소수 두 자리 수의 덧셈

제한 시간	맞힌 개수	선생님 확인
20분	/24	

정답 23쪽

✎ 소수의 덧셈을 하세요.

❶ $\begin{array}{r} 0.52 \\ +\,0.07 \\ \hline \end{array}$

❷ $\begin{array}{r} 0.23 \\ +\,0.11 \\ \hline \end{array}$

❸ $\begin{array}{r} 0.13 \\ +\,0.42 \\ \hline \end{array}$

❹ $\begin{array}{r} 0.42 \\ +\,0.36 \\ \hline \end{array}$

❺ $\begin{array}{r} 0.56 \\ +\,0.21 \\ \hline \end{array}$

❻ $\begin{array}{r} 3.64 \\ +\,0.23 \\ \hline \end{array}$

❼ $\begin{array}{r} 1.62 \\ +\,8.24 \\ \hline \end{array}$

❽ $\begin{array}{r} 0.27 \\ +\,0.56 \\ \hline \end{array}$

❾ $\begin{array}{r} 0.24 \\ +\,0.19 \\ \hline \end{array}$

❿ $\begin{array}{r} 2.31 \\ +\,5.94 \\ \hline \end{array}$

⓫ $\begin{array}{r} 2.83 \\ +\,0.86 \\ \hline \end{array}$

⓬ $\begin{array}{r} 5.43 \\ +\,4.19 \\ \hline \end{array}$

⓭ $\begin{array}{r} 1.65 \\ +\,7.53 \\ \hline \end{array}$

⓮ $\begin{array}{r} 5.74 \\ +\,8.16 \\ \hline \end{array}$

⓯ $\begin{array}{r} 0.96 \\ +\,0.21 \\ \hline \end{array}$

⓰ $\begin{array}{r} 4.27 \\ +\,6.47 \\ \hline \end{array}$

⓱ $\begin{array}{r} 7.36 \\ +\,5.82 \\ \hline \end{array}$

⓲ $\begin{array}{r} 5.78 \\ +\,1.54 \\ \hline \end{array}$

⓳ $\begin{array}{r} 1.45 \\ +\,2.78 \\ \hline \end{array}$

⓴ $\begin{array}{r} 5.43 \\ +\,1.67 \\ \hline \end{array}$

㉑ $\begin{array}{r} 3.28 \\ +\,4.74 \\ \hline \end{array}$

㉒ $\begin{array}{r} 2.83 \\ +\,1.29 \\ \hline \end{array}$

㉓ $\begin{array}{r} 6.54 \\ +\,3.87 \\ \hline \end{array}$

㉔ $\begin{array}{r} 4.37 \\ +\,5.69 \\ \hline \end{array}$

078 단계

실력 진단 평가 ❷회

소수 두 자리 수의 덧셈

제한 시간	맞힌 개수	선생님 확인
20분	/20	

정답 23쪽

✎ 소수의 덧셈을 하세요.

❶ 0.13+0.53

❷ 0.38+0.11

❸ 0.23+0.35

❹ 0.41+0.24

❺ 3.31+0.26

❻ 1.62+0.24

❼ 0.54+0.18

❽ 0.46+0.54

❾ 0.24+0.38

❿ 6.73+1.07

⓫ 0.65+1.93

⓬ 3.55+4.38

⓭ 1.72+7.87

⓮ 4.35+5.28

⓯ 7.38+4.16

⓰ 3.83+1.64

⓱ 5.09+4.96

⓲ 6.54+3.87

⓳ 1.85+2.96

⓴ 4.43+5.69

079 단계 실력 진단 평가 ❶회

소수 두 자리 수의 뺄셈

제한 시간	맞힌 개수	선생님 확인
20분	/24	

정답 23쪽

✎ 소수의 뺄셈을 하세요.

❶ $0.48 - 0.15$

❷ $0.29 - 0.12$

❸ $0.67 - 0.25$

❹ $0.89 - 0.35$

❺ $1.76 - 0.52$

❻ $3.58 - 0.42$

❼ $6.58 - 1.24$

❽ $9.68 - 4.17$

❾ $6.94 - 1.14$

❿ $0.51 - 0.17$

⓫ $0.63 - 0.34$

⓬ $0.71 - 0.58$

⓭ $0.72 - 0.63$

⓮ $9.56 - 3.28$

⓯ $4.76 - 1.49$

⓰ $7.54 - 4.35$

⓱ $5.84 - 3.35$

⓲ $6.57 - 2.39$

⓳ $4.32 - 0.57$

⓴ $6.21 - 2.89$

㉑ $7.11 - 2.56$

㉒ $8.21 - 5.79$

㉓ $9.73 - 5.98$

㉔ $5.41 - 4.64$

079단계 실력 진단 평가 ❷회

소수 두 자리 수의 빼셈

제한 시간	맞힌 개수	선생님 확인
20분	/20	

정답 23쪽

✎ 소수의 뺄셈을 하세요.

❶ 0.68−0.14

❷ 0.98−0.35

❸ 0.79−0.64

❹ 0.89−0.46

❺ 2.56−1.42

❻ 6.96−2.23

❼ 8.57−6.12

❽ 0.82−0.15

❾ 0.66−0.58

❿ 0.94−0.77

⓫ 8.75−3.17

⓬ 6.42−2.26

⓭ 6.79−5.82

⓮ 6.55−1.73

⓯ 7.91−4.29

⓰ 8.13−5.94

⓱ 6.13−2.98

⓲ 9.24−3.34

⓳ 7.43−4.89

⓴ 5.62−4.78

✂ 자르는 선

080단계 실력 진단 평가 ❶회

자릿수가 다른 소수의 덧셈과 뺄셈

제한 시간	맞힌 개수	선생님 확인
20분	/24	

정답 24쪽

✎ 소수의 덧셈을 하세요.

❶ 1.54 + 5

❷ 6 + 2.47

❸ 2.6 + 1.36

❹ 4.17 + 3.5

❺ 1.06 + 12.4

❻ 21.32 + 8.3

❼ 9.1 + 24.52

❽ 4.49 + 3.6

❾ 14.7 + 1.73

❿ 23.86 + 5.6

⓫ 6.28 + 11.9

⓬ 3.41 + 2.7

⓭ 13.7 + 8.93

⓮ 6.55 + 8.5

⓯ 7.9 + 12.32

⓰ 25.6 + 14.47

⓱ 16.82 + 35.6

⓲ 0.48 + 19.7

⓳ 6.03 + 24.1

⓴ 5.9 + 49.87

㉑ 20.99 + 3.2

㉒ 8.54 + 17.7

㉓ 9.6 + 5.42

㉔ 13.8 + 22.92

080단계 실력 진단 평가 2회

자릿수가 다른 소수의 덧셈과 뺄셈

제한 시간	맞힌 개수	선생님 확인
20분	/24	

정답 24쪽

소수의 뺄셈을 하세요.

❶ $6 - 0.34$

❷ $3 - 1.29$

❸ $5.6 - 2.12$

❹ $8.1 - 3.47$

❺ $17.5 - 5.23$

❻ $9.82 - 2.6$

❼ $12.4 - 4$

❽ $4.23 - 1.6$

❾ $8.09 - 6.7$

❿ $11.5 - 5.66$

⓫ $16.28 - 11.3$

⓬ $33.18 - 17.7$

⓭ $16.4 - 7.52$

⓮ $25.17 - 18.5$

⓯ $7.6 - 2.69$

⓰ $9.13 - 4.4$

⓱ $11.03 - 10.7$

⓲ $21.22 - 18.3$

⓳ $13.58 - 9.9$

⓴ $15.3 - 7.65$

㉑ $23.1 - 16.42$

㉒ $18.21 - 14.8$

㉓ $9.3 - 5.91$

㉔ $20.8 - 8.93$

실력 진단 평가 정답

071 단계

071 단계 실력 진단 평가 ❶회

분모가 같은 진분수의 덧셈

제한 시간	맞힌 개수	선생님 확인
20분	/32	

정답 21쪽

✎ 분수의 덧셈을 하세요.

1. $\frac{5}{8}+\frac{1}{8}=\frac{6}{8}$
2. $\frac{2}{7}+\frac{3}{7}=\frac{5}{7}$
3. $\frac{2}{10}+\frac{5}{10}=\frac{7}{10}$
4. $\frac{8}{13}+\frac{3}{13}=\frac{11}{13}$
5. $\frac{3}{15}+\frac{4}{15}=\frac{7}{15}$
6. $\frac{5}{11}+\frac{4}{11}=\frac{9}{11}$
7. $\frac{1}{12}+\frac{1}{12}=\frac{2}{12}$
8. $\frac{4}{13}+\frac{7}{13}=\frac{11}{13}$
9. $\frac{3}{9}+\frac{5}{9}=\frac{8}{9}$
10. $\frac{2}{10}+\frac{4}{10}=\frac{6}{10}$
11. $\frac{3}{6}+\frac{1}{6}=\frac{4}{6}$
12. $\frac{9}{16}+\frac{5}{16}=\frac{14}{16}$
13. $\frac{3}{19}+\frac{2}{19}=\frac{5}{19}$
14. $\frac{15}{28}+\frac{10}{28}=\frac{25}{28}$
15. $\frac{4}{13}+\frac{6}{13}=\frac{10}{13}$
16. $\frac{1}{7}+\frac{5}{7}=\frac{6}{7}$
17. $\frac{3}{18}+\frac{11}{18}=\frac{14}{18}$
18. $\frac{4}{10}+\frac{3}{10}=\frac{7}{10}$
19. $\frac{5}{22}+\frac{13}{22}=\frac{18}{22}$
20. $\frac{10}{32}+\frac{15}{32}=\frac{25}{32}$
21. $\frac{6}{14}+\frac{4}{14}=\frac{10}{14}$
22. $\frac{2}{9}+\frac{3}{9}=\frac{5}{9}$
23. $\frac{9}{16}+\frac{4}{16}=\frac{13}{16}$
24. $\frac{7}{11}+\frac{3}{11}=\frac{10}{11}$
25. $\frac{3}{12}+\frac{6}{12}=\frac{9}{12}$
26. $\frac{5}{17}+\frac{8}{17}=\frac{13}{17}$
27. $\frac{4}{8}+\frac{3}{8}=\frac{7}{8}$
28. $\frac{15}{26}+\frac{9}{26}=\frac{24}{26}$
29. $\frac{7}{19}+\frac{5}{19}=\frac{12}{19}$
30. $\frac{2}{6}+\frac{3}{6}=\frac{5}{6}$
31. $\frac{5}{15}+\frac{8}{15}=\frac{13}{15}$
32. $\frac{11}{25}+\frac{12}{25}=\frac{23}{25}$

1/8권

071 단계 실력 진단 평가 ❷회

분모가 같은 진분수의 덧셈

제한 시간	맞힌 개수	선생님 확인
20분	/32	

정답 21쪽

✎ 분수의 덧셈을 하세요.

1. $\frac{2}{4}+\frac{3}{4}=1\frac{1}{4}$
2. $\frac{5}{9}+\frac{6}{9}=1\frac{2}{9}$
3. $\frac{8}{10}+\frac{5}{10}=1\frac{3}{10}$
4. $\frac{7}{14}+\frac{13}{14}=1\frac{6}{14}$
5. $\frac{7}{8}+\frac{3}{8}=1\frac{2}{8}$
6. $\frac{6}{13}+\frac{7}{13}=1$
7. $\frac{5}{7}+\frac{4}{7}=1\frac{2}{7}$
8. $\frac{8}{15}+\frac{12}{15}=1\frac{5}{15}$
9. $\frac{8}{11}+\frac{7}{11}=1\frac{4}{11}$
10. $\frac{3}{5}+\frac{4}{5}=1\frac{2}{5}$
11. $\frac{13}{19}+\frac{9}{19}=1\frac{3}{19}$
12. $\frac{6}{12}+\frac{10}{12}=1\frac{4}{12}$
13. $\frac{2}{3}+\frac{1}{3}=1$
14. $\frac{12}{14}+\frac{11}{14}=1\frac{9}{14}$
15. $\frac{5}{6}+\frac{5}{6}=1\frac{4}{6}$
16. $\frac{8}{17}+\frac{15}{17}=1\frac{6}{17}$
17. $\frac{17}{23}+\frac{11}{23}=1\frac{5}{23}$
18. $\frac{3}{7}+\frac{5}{7}=1\frac{1}{7}$
19. $\frac{7}{13}+\frac{12}{13}=1\frac{6}{13}$
20. $\frac{6}{10}+\frac{5}{10}=1\frac{1}{10}$
21. $\frac{9}{12}+\frac{11}{12}=1\frac{8}{12}$
22. $\frac{14}{21}+\frac{17}{21}=1\frac{10}{21}$
23. $\frac{16}{19}+\frac{5}{19}=1\frac{2}{19}$
24. $\frac{4}{6}+\frac{5}{6}=1\frac{3}{6}$
25. $\frac{18}{22}+\frac{16}{22}=1\frac{12}{22}$
26. $\frac{6}{11}+\frac{10}{11}=1\frac{5}{11}$
27. $\frac{3}{9}+\frac{8}{9}=1\frac{2}{9}$
28. $\frac{6}{10}+\frac{8}{10}=1\frac{4}{10}$
29. $\frac{24}{29}+\frac{19}{29}=1\frac{14}{29}$
30. $\frac{7}{8}+\frac{6}{8}=1\frac{5}{8}$
31. $\frac{34}{35}+\frac{8}{35}=1\frac{7}{35}$
32. $\frac{16}{20}+\frac{13}{20}=1\frac{9}{20}$

2/8권

072 단계

072 단계 실력 진단 평가 ❶회

분모가 같은 대분수의 덧셈

제한 시간	맞힌 개수	선생님 확인
20분	/32	

정답 21쪽

✎ 분수의 덧셈을 하세요.

1. $2\frac{2}{6}+1\frac{3}{6}=3\frac{5}{6}$
2. $1\frac{3}{8}+3\frac{4}{8}=4\frac{7}{8}$
3. $3\frac{5}{12}+2\frac{6}{12}=5\frac{11}{12}$
4. $5\frac{2}{9}+2\frac{4}{9}=7\frac{6}{9}$
5. $4\frac{5}{7}+2\frac{1}{7}=6\frac{6}{7}$
6. $2\frac{2}{5}+5\frac{2}{5}=7\frac{4}{5}$
7. $3\frac{8}{11}+6\frac{2}{11}=9\frac{10}{11}$
8. $3\frac{2}{8}+3\frac{4}{8}=6\frac{6}{8}$
9. $5\frac{7}{13}+4\frac{4}{13}=9\frac{11}{13}$
10. $1\frac{8}{15}+6\frac{4}{15}=7\frac{12}{15}$
11. $3\frac{8}{22}+3\frac{10}{22}=6\frac{18}{22}$
12. $8\frac{6}{12}+4\frac{2}{12}=12\frac{8}{12}$
13. $1\frac{3}{8}+6\frac{2}{8}=7\frac{5}{8}$
14. $2\frac{5}{17}+8\frac{10}{17}=10\frac{15}{17}$
15. $7\frac{5}{14}+6\frac{3}{14}=13\frac{8}{14}$
16. $12\frac{13}{21}+3\frac{4}{21}=15\frac{17}{21}$
17. $7\frac{5}{14}+6\frac{3}{14}=13\frac{8}{14}$
18. $12\frac{13}{21}+3\frac{4}{21}=15\frac{17}{21}$
19. $11\frac{5}{19}+10\frac{7}{19}=21\frac{12}{19}$
20. $3\frac{1}{10}+7\frac{6}{10}=10\frac{7}{10}$
21. $5\frac{4}{12}+14\frac{7}{12}=19\frac{11}{12}$
22. $1\frac{6}{11}+5\frac{2}{11}=6\frac{8}{11}$
23. $7\frac{6}{12}+5\frac{3}{12}=12\frac{9}{12}$
24. $1\frac{4}{9}+3\frac{1}{9}=4\frac{5}{9}$
25. $5\frac{8}{16}+8\frac{5}{16}=13\frac{13}{16}$
26. $7\frac{4}{13}+8\frac{3}{13}=15\frac{7}{13}$
27. $9\frac{7}{10}+1\frac{2}{10}=10\frac{9}{10}$
28. $4\frac{1}{5}+7\frac{3}{5}=11\frac{4}{5}$
29. $8\frac{14}{24}+12\frac{7}{24}=20\frac{21}{24}$
30. $1\frac{7}{18}+12\frac{4}{18}=13\frac{11}{18}$
31. $9\frac{14}{25}+12\frac{8}{25}=21\frac{22}{25}$
32. $1\frac{6}{20}+8\frac{11}{20}=9\frac{17}{20}$

3/8권

072 단계 실력 진단 평가 ❷회

분모가 같은 대분수의 덧셈

제한 시간	맞힌 개수	선생님 확인
20분	/32	

정답 21쪽

✎ 분수의 덧셈을 하세요.

1. $4\frac{5}{8}+6\frac{6}{8}=11\frac{3}{8}$
2. $2\frac{3}{5}+1\frac{4}{5}=4\frac{2}{5}$
3. $7\frac{8}{13}+3\frac{9}{13}=11\frac{4}{13}$
4. $2\frac{6}{12}+1\frac{7}{12}=4\frac{1}{12}$
5. $5\frac{12}{17}+3\frac{5}{17}=9$
6. $2\frac{2}{5}+5\frac{4}{5}=8\frac{1}{5}$
7. $4\frac{12}{14}+2\frac{6}{14}=7\frac{4}{14}$
8. $2\frac{8}{10}+7\frac{7}{10}=10\frac{5}{10}$
9. $8\frac{4}{13}+5\frac{12}{13}=14\frac{3}{13}$
10. $5\frac{6}{9}+3\frac{4}{9}=9\frac{1}{9}$
11. $3\frac{12}{15}+3\frac{14}{15}=7\frac{11}{15}$
12. $7\frac{11}{16}+2\frac{14}{16}=10\frac{9}{16}$
13. $6\frac{9}{12}+4\frac{10}{12}=11\frac{7}{12}$
14. $3\frac{4}{8}+7\frac{7}{8}=11\frac{3}{8}$
15. $7\frac{6}{19}+7\frac{14}{19}=15\frac{1}{19}$
16. $8\frac{7}{11}+1\frac{4}{11}=10$
17. $9\frac{20}{24}+5\frac{14}{24}=15\frac{10}{24}$
18. $7\frac{12}{13}+9\frac{8}{13}=17\frac{7}{13}$
19. $5\frac{6}{7}+8\frac{5}{7}=14\frac{4}{7}$
20. $4\frac{5}{8}+2\frac{6}{8}=7\frac{3}{8}$
21. $7\frac{13}{16}+5\frac{7}{16}=13\frac{4}{16}$
22. $2\frac{7}{13}+1\frac{11}{13}=4\frac{5}{13}$
23. $8\frac{5}{17}+9\frac{14}{17}=18\frac{2}{17}$
24. $8\frac{4}{9}+6\frac{5}{9}=15$
25. $3\frac{18}{24}+12\frac{7}{24}=16\frac{1}{24}$
26. $11\frac{4}{25}+2\frac{24}{25}=14\frac{3}{25}$
27. $3\frac{8}{10}+7\frac{9}{10}=11\frac{7}{10}$
28. $6\frac{5}{9}+7\frac{5}{9}=14\frac{1}{9}$
29. $4\frac{12}{15}+7\frac{3}{15}=12$
30. $7\frac{19}{28}+13\frac{17}{28}=21\frac{8}{28}$
31. $2\frac{17}{25}+11\frac{13}{25}=14\frac{5}{25}$
32. $9\frac{22}{23}+6\frac{11}{23}=16\frac{10}{23}$

4/8권

073 단계

073 단계 실력 진단 평가 ❶회

분모가 같은 진분수의 뺄셈

제한 시간	맞힌 개수	선생님 확인
20분	/32	

정답 21쪽

✎ 분수의 뺄셈을 하세요.

1. $\frac{4}{7}-\frac{2}{7}=\frac{2}{7}$
2. $\frac{8}{9}-\frac{3}{9}=\frac{5}{9}$
3. $\frac{7}{12}-\frac{1}{12}=\frac{6}{12}$
4. $\frac{6}{8}-\frac{5}{8}=\frac{1}{8}$
5. $\frac{12}{16}-\frac{4}{16}=\frac{8}{16}$
6. $\frac{10}{13}-\frac{6}{13}=\frac{4}{13}$
7. $\frac{13}{17}-\frac{8}{17}=\frac{5}{17}$
8. $\frac{7}{14}-\frac{3}{14}=\frac{4}{14}$
9. $\frac{22}{28}-\frac{15}{28}=\frac{7}{28}$
10. $\frac{15}{19}-\frac{5}{19}=\frac{10}{19}$
11. $\frac{8}{10}-\frac{2}{10}=\frac{6}{10}$
12. $\frac{25}{27}-\frac{7}{27}=\frac{18}{27}$
13. $\frac{11}{15}-\frac{2}{15}=\frac{9}{15}$
14. $\frac{4}{6}-\frac{1}{6}=\frac{3}{6}$
15. $\frac{28}{34}-\frac{5}{34}=\frac{23}{34}$
16. $\frac{12}{16}-\frac{5}{16}=\frac{7}{16}$
17. $\frac{24}{25}-\frac{16}{25}=\frac{8}{25}$
18. $\frac{6}{7}-\frac{5}{7}=\frac{1}{7}$
19. $\frac{31}{34}-\frac{22}{34}=\frac{9}{34}$
20. $\frac{9}{13}-\frac{4}{13}=\frac{5}{13}$
21. $\frac{14}{15}-\frac{7}{15}=\frac{7}{15}$
22. $\frac{30}{32}-\frac{17}{32}=\frac{13}{32}$
23. $\frac{11}{16}-\frac{3}{16}=\frac{8}{16}$
24. $\frac{23}{25}-\frac{7}{25}=\frac{16}{25}$
25. $\frac{17}{18}-\frac{8}{18}=\frac{9}{18}$
26. $\frac{13}{17}-\frac{6}{17}=\frac{7}{17}$
27. $\frac{21}{31}-\frac{17}{31}=\frac{4}{31}$
28. $\frac{14}{18}-\frac{8}{18}=\frac{6}{18}$
29. $\frac{16}{20}-\frac{5}{20}=\frac{11}{20}$
30. $\frac{17}{19}-\frac{9}{19}=\frac{8}{19}$
31. $\frac{22}{26}-\frac{13}{26}=\frac{9}{26}$
32. $\frac{33}{35}-\frac{18}{35}=\frac{15}{35}$

5/8권

073 단계 실력 진단 평가 ❷회

분모가 같은 진분수의 뺄셈

제한 시간	맞힌 개수	선생님 확인
20분	/32	

정답 21쪽

✎ 분수의 뺄셈을 하세요.

1. $1-\frac{2}{4}=\frac{2}{4}$
2. $1-\frac{1}{5}=\frac{4}{5}$
3. $2-\frac{3}{8}=1\frac{5}{8}$
4. $3-\frac{3}{7}=2\frac{4}{7}$
5. $2-\frac{11}{13}=1\frac{2}{13}$
6. $4-\frac{15}{18}=3\frac{3}{18}$
7. $3-\frac{6}{8}=2\frac{2}{8}$
8. $6-\frac{11}{16}=5\frac{5}{16}$
9. $7-\frac{6}{13}=6\frac{7}{13}$
10. $5-\frac{7}{14}=4\frac{7}{14}$
11. $10-\frac{11}{21}=9\frac{10}{21}$
12. $12-\frac{4}{13}=11\frac{9}{13}$
13. $9-\frac{5}{7}=8\frac{2}{7}$
14. $3-\frac{9}{12}=2\frac{3}{12}$
15. $2-\frac{1}{8}=1\frac{7}{8}$
16. $4-\frac{11}{16}=3\frac{5}{16}$
17. $3-\frac{6}{15}=2\frac{9}{15}$
18. $5-\frac{2}{7}=4\frac{5}{7}$
19. $9-\frac{10}{24}=8\frac{14}{24}$
20. $2-\frac{5}{13}=1\frac{8}{13}$
21. $1-\frac{7}{11}=\frac{4}{11}$
22. $2-\frac{18}{23}=1\frac{5}{23}$
23. $3-\frac{7}{9}=2\frac{2}{9}$
24. $9-\frac{12}{16}=8\frac{4}{16}$
25. $2-\frac{2}{5}=1\frac{3}{5}$
26. $7-\frac{8}{13}=6\frac{5}{13}$
27. $1-\frac{9}{17}=\frac{8}{17}$
28. $2-\frac{6}{11}=1\frac{5}{11}$
29. $3-\frac{16}{20}=2\frac{4}{20}$
30. $8-\frac{13}{19}=7\frac{6}{19}$
31. $5-\frac{8}{10}=4\frac{2}{10}$
32. $1-\frac{18}{27}=\frac{9}{27}$

6/8권

자르는 선

074 단계

074 단계 실력 진단 평가 ❶회
분모가 같은 대분수의 뺄셈

제한 시간 20분 | 맞힌 개수 /32 | 선생님 확인

■ 정답 22쪽

분수의 뺄셈을 하세요.

1. $4\frac{4}{6}-1\frac{3}{6}=3\frac{1}{6}$
2. $5\frac{7}{8}-1\frac{4}{8}=4\frac{3}{8}$
3. $9\frac{8}{11}-4\frac{4}{11}=5\frac{4}{11}$
4. $6\frac{1}{7}-2=4\frac{1}{7}$
5. $8\frac{4}{5}-5\frac{3}{5}=3\frac{1}{5}$
6. $9\frac{10}{11}-6\frac{7}{11}=3\frac{3}{11}$
7. $5\frac{12}{18}-3\frac{7}{18}=2\frac{5}{18}$
8. $9\frac{11}{13}-2\frac{5}{13}=7\frac{6}{13}$
9. $7\frac{9}{14}-4=3\frac{9}{14}$
10. $5\frac{8}{9}-3\frac{1}{9}=2\frac{7}{9}$
11. $7\frac{9}{12}-5\frac{4}{12}=2\frac{5}{12}$
12. $8\frac{6}{11}-4\frac{6}{11}=4$
13. $6\frac{3}{8}-1=5\frac{3}{8}$
14. $5\frac{13}{17}-4\frac{8}{17}=1\frac{5}{17}$
15. $8\frac{13}{17}-8\frac{10}{17}=\frac{3}{17}$
16. $12\frac{14}{20}-8\frac{8}{20}=4\frac{6}{20}$
17. $9\frac{5}{13}-3=6\frac{5}{13}$
18. $7\frac{5}{7}-4\frac{3}{7}=3\frac{2}{7}$
19. $8\frac{12}{14}-1\frac{8}{14}=7\frac{4}{14}$
20. $10\frac{15}{17}-10\frac{7}{17}=\frac{8}{17}$
21. $8\frac{9}{12}-3=5\frac{9}{12}$
22. $4\frac{6}{11}-3\frac{2}{11}=1\frac{4}{11}$
23. $7\frac{16}{19}-5\frac{8}{19}=2\frac{8}{19}$
24. $9\frac{12}{16}-8\frac{5}{16}=1\frac{7}{16}$
25. $10\frac{14}{15}-8\frac{3}{15}=2\frac{11}{15}$
26. $9\frac{17}{22}-2\frac{12}{22}=7\frac{5}{22}$
27. $10\frac{4}{12}-5=5\frac{4}{12}$
28. $8\frac{7}{9}-2\frac{3}{9}=6\frac{4}{9}$
29. $12\frac{4}{5}-7\frac{3}{5}=5\frac{1}{5}$
30. $13\frac{14}{24}-12\frac{14}{24}=1$
31. $6\frac{4}{18}-4=2\frac{4}{18}$
32. $13\frac{24}{25}-12\frac{8}{25}=1\frac{16}{25}$

074 단계 실력 진단 평가 ❷회
분모가 같은 대분수의 뺄셈

제한 시간 20분 | 맞힌 개수 /32 | 선생님 확인

■ 정답 22쪽

분수의 뺄셈을 하세요.

1. $4\frac{2}{5}-1\frac{4}{5}=2\frac{3}{5}$
2. $9-2\frac{4}{9}=6\frac{5}{9}$
3. $7\frac{2}{13}-2\frac{6}{13}=4\frac{9}{13}$
4. $6\frac{3}{8}-3\frac{7}{8}=2\frac{4}{8}$
5. $8\frac{1}{7}-4\frac{3}{7}=3\frac{5}{7}$
6. $12\frac{3}{10}-7\frac{6}{10}=4\frac{7}{10}$
7. $5-3\frac{5}{11}=1\frac{6}{11}$
8. $6\frac{10}{18}-1\frac{15}{18}=4\frac{13}{18}$
9. $9\frac{4}{13}-5\frac{11}{13}=3\frac{6}{13}$
10. $10\frac{2}{9}-8\frac{6}{9}=1\frac{5}{9}$
11. $4\frac{3}{15}-3\frac{11}{15}=\frac{7}{15}$
12. $8\frac{1}{12}-5\frac{9}{12}=2\frac{4}{12}$
13. $8-5\frac{5}{11}=2\frac{6}{11}$
14. $11\frac{3}{8}-7\frac{4}{8}=3\frac{7}{8}$
15. $9\frac{3}{17}-6\frac{14}{17}=2\frac{6}{17}$
16. $7\frac{5}{12}-6\frac{10}{12}=\frac{7}{12}$
17. $9\frac{2}{13}-3\frac{7}{13}=5\frac{8}{13}$
18. $8-4\frac{3}{7}=3\frac{4}{7}$
19. $10\frac{3}{14}-7\frac{13}{14}=2\frac{4}{14}$
20. $9\frac{2}{24}-5\frac{20}{24}=3\frac{6}{24}$
21. $9\frac{1}{12}-3\frac{11}{12}=5\frac{2}{12}$
22. $7\frac{3}{11}-3\frac{5}{11}=3\frac{9}{11}$
23. $11\frac{6}{19}-5\frac{15}{19}=5\frac{10}{19}$
24. $5-2\frac{4}{15}=2\frac{11}{15}$
25. $4\frac{2}{16}-1\frac{13}{16}=2\frac{5}{16}$
26. $9\frac{7}{22}-2\frac{18}{22}=6\frac{11}{22}$
27. $15-10\frac{4}{12}=4\frac{8}{12}$
28. $9-3\frac{8}{9}=5\frac{1}{9}$
29. $12\frac{4}{16}-7\frac{13}{16}=4\frac{7}{16}$
30. $13\frac{4}{24}-12\frac{23}{24}=\frac{5}{24}$
31. $13-8\frac{2}{25}=4\frac{23}{25}$
32. $5\frac{4}{20}-3\frac{17}{20}=1\frac{7}{20}$

075 단계

075 단계 실력 진단 평가 ❶회
대분수와 진분수의 덧셈과 뺄셈

제한 시간 20분 | 맞힌 개수 /32 | 선생님 확인

■ 정답 22쪽

분수의 덧셈을 하세요.

1. $4\frac{2}{6}+\frac{3}{6}=4\frac{5}{6}$
2. $5\frac{1}{4}+\frac{2}{4}=5\frac{3}{4}$
3. $6\frac{6}{11}+\frac{7}{11}=7\frac{2}{11}$
4. $4\frac{6}{8}+\frac{2}{8}=5$
5. $7\frac{4}{5}+\frac{3}{5}=8\frac{2}{5}$
6. $\frac{10}{13}+8\frac{2}{13}=8\frac{12}{13}$
7. $10\frac{2}{9}+\frac{7}{9}=11$
8. $2\frac{6}{10}+\frac{8}{10}=3\frac{4}{10}$
9. $5\frac{8}{12}+\frac{6}{12}=6\frac{2}{12}$
10. $\frac{15}{17}+3\frac{14}{17}=4\frac{12}{17}$
11. $\frac{3}{14}+6\frac{8}{14}=6\frac{11}{14}$
12. $4\frac{4}{18}+\frac{15}{18}=5\frac{1}{18}$
13. $\frac{5}{14}+11\frac{9}{14}=12$
14. $7\frac{16}{19}+\frac{14}{19}=8\frac{11}{19}$
15. $5\frac{7}{10}+\frac{4}{10}=6\frac{1}{10}$
16. $8\frac{13}{21}+\frac{7}{21}=8\frac{20}{21}$
17. $\frac{12}{15}+7\frac{8}{15}=8\frac{5}{15}$
18. $5\frac{4}{7}+\frac{3}{7}=6$
19. $3\frac{7}{13}+\frac{9}{13}=4\frac{3}{13}$
20. $9\frac{11}{19}+\frac{8}{19}=10$
21. $\frac{3}{8}+6\frac{4}{8}=6\frac{7}{8}$
22. $2\frac{5}{16}+\frac{9}{16}=2\frac{14}{16}$
23. $8\frac{15}{20}+\frac{12}{20}=9\frac{7}{20}$
24. $\frac{6}{9}+5\frac{7}{9}=6\frac{4}{9}$
25. $3\frac{12}{24}+\frac{10}{24}=3\frac{22}{24}$
26. $\frac{2}{11}+3\frac{9}{11}=4$
27. $3\frac{12}{21}+\frac{8}{21}=3\frac{20}{21}$
28. $\frac{4}{9}+6\frac{2}{9}=6\frac{6}{9}$
29. $4\frac{10}{15}+\frac{13}{15}=5\frac{8}{15}$
30. $\frac{19}{28}+13\frac{9}{28}=14$
31. $\frac{7}{10}+2\frac{6}{10}=3\frac{3}{10}$
32. $2\frac{17}{25}+\frac{19}{25}=3\frac{11}{25}$

075 단계 실력 진단 평가 ❷회
대분수와 진분수의 덧셈과 뺄셈

제한 시간 20분 | 맞힌 개수 /32 | 선생님 확인

■ 정답 22쪽

분수의 뺄셈을 하세요.

1. $4\frac{6}{7}-\frac{4}{7}=4\frac{2}{7}$
2. $7\frac{12}{16}-\frac{8}{16}=7\frac{4}{16}$
3. $8\frac{10}{12}-\frac{7}{12}=8\frac{3}{12}$
4. $5\frac{8}{9}-\frac{3}{9}=5\frac{5}{9}$
5. $6\frac{10}{13}-\frac{12}{13}=5\frac{11}{13}$
6. $9\frac{4}{12}-\frac{10}{12}=8\frac{6}{12}$
7. $7\frac{13}{14}-\frac{9}{14}=7\frac{4}{14}$
8. $12\frac{2}{9}-\frac{7}{9}=11\frac{4}{9}$
9. $6\frac{13}{15}-\frac{11}{15}=6\frac{2}{15}$
10. $8\frac{1}{14}-\frac{9}{14}=7\frac{6}{14}$
11. $8\frac{7}{11}-\frac{6}{11}=8\frac{1}{11}$
12. $12\frac{3}{8}-\frac{4}{8}=11\frac{7}{8}$
13. $5\frac{16}{17}-\frac{8}{17}=5\frac{8}{17}$
14. $10\frac{13}{14}-\frac{7}{14}=10\frac{6}{14}$
15. $7\frac{15}{13}-\frac{11}{13}=7\frac{4}{13}$
16. $11\frac{8}{20}-\frac{17}{20}=10\frac{11}{20}$
17. $9\frac{12}{13}-\frac{7}{13}=9\frac{5}{13}$
18. $8\frac{3}{7}-\frac{1}{7}=8\frac{2}{7}$
19. $10\frac{20}{22}-\frac{17}{22}=10\frac{3}{22}$
20. $9\frac{5}{9}-\frac{3}{9}=9\frac{2}{9}$
21. $9\frac{2}{12}-\frac{11}{12}=8\frac{3}{12}$
22. $7\frac{3}{11}-\frac{10}{11}=6\frac{4}{11}$
23. $10\frac{6}{13}-\frac{8}{13}=9\frac{11}{13}$
24. $4\frac{12}{16}-\frac{5}{16}=4\frac{7}{16}$
25. $7\frac{18}{25}-\frac{24}{25}=6\frac{19}{25}$
26. $9\frac{5}{22}-\frac{19}{22}=8\frac{8}{22}$
27. $8\frac{10}{12}-\frac{8}{12}=8\frac{2}{12}$
28. $2\frac{4}{16}-\frac{14}{16}=1\frac{6}{16}$
29. $7\frac{3}{7}-\frac{5}{7}=6\frac{5}{7}$
30. $6\frac{6}{18}-\frac{17}{18}=5\frac{7}{18}$
31. $12\frac{8}{15}-\frac{5}{15}=12\frac{3}{15}$
32. $5\frac{4}{17}-\frac{15}{17}=4\frac{6}{17}$

076 단계

076 단계 실력 진단 평가 ❶회
소수 한 자리 수의 덧셈

제한 시간 20분 | 맞힌 개수 /24 | 선생님 확인

■ 정답 22쪽

소수의 덧셈을 하세요.

1. $0.3+0.6=0.9$
2. $0.4+0.1=0.5$
3. $1.2+3.4=4.6$
4. $5.8+3.1=8.9$
5. $3.2+4.1=7.3$
6. $1.5+3.2=4.7$
7. $0.7+0.4=1.1$
8. $0.5+2.5=3$
9. $0.7+1.5=2.2$
10. $2.6+3.6=6.2$
11. $1.4+2.7=4.1$
12. $4.7+1.9=6.6$
13. $7.5+2.9=10.4$
14. $4.3+8.5=12.8$
15. $3.2+1.8=5$
16. $2.8+11.9=14.7$
17. $35.1+6.7=41.8$
18. $2.6+18.6=21.2$
19. $10.8+53.7=64.5$
20. $32.7+43.6=76.3$
21. $14.5+15.6=30.1$
22. $10.3+38.6=48.9$
23. $51.7+38.6=90.3$
24. $20.9+32.5=53.4$

076 단계 실력 진단 평가 ❷회
소수 한 자리 수의 덧셈

제한 시간 20분 | 맞힌 개수 /20 | 선생님 확인

■ 정답 22쪽

소수의 덧셈을 하세요.

1. $0.6+0.2=0.8$
2. $0.4+0.5=0.9$
3. $0.2+0.7=0.9$
4. $2.5+1.2=3.7$
5. $4.7+3.2=7.9$
6. $0.5+0.7=1.2$
7. $0.9+1.3=2.2$
8. $0.7+4.5=5.2$
9. $2.8+2.3=5.1$
10. $3.2+1.9=5.1$
11. $1.7+4.8=6.5$
12. $5.2+6.5=11.7$
13. $3.5+16.8=20.3$
14. $2.6+11.8=14.4$
15. $13.7+5.4=19.1$
16. $17.9+7.3=25.2$
17. $4.8+29.6=34.4$
18. $8.7+19.6=28.3$
19. $10.7+9.6=20.3$
20. $12.8+8.9=21.7$

077 단계

077 단계 실력 진단 평가 ❶회
소수 한 자리 수의 뺄셈

제한 시간 20분 | 맞힌 개수 /24 | 선생님 확인

소수의 뺄셈을 하세요.

1. 0.4 − 0.1 = 0.3
2. 0.7 − 0.2 = 0.5
3. 0.9 − 0.7 = 0.2
4. 1.8 − 0.5 = 1.3
5. 2.5 − 2.3 = 0.2
6. 1.7 − 0.5 = 1.2
7. 1.3 − 0.9 = 0.4
8. 2.3 − 0.6 = 1.7
9. 3.8 − 2.9 = 0.9
10. 5.5 − 1.7 = 3.8
11. 6.5 − 3.9 = 2.6
12. 4.2 − 2.5 = 1.7
13. 5.4 − 3.7 = 1.7
14. 7.4 − 2.9 = 4.5
15. 5.5 − 1.9 = 3.6
16. 11.3 − 4.7 = 6.6
17. 15.3 − 9.6 = 5.7
18. 18.1 − 1.8 = 16.3
19. 42.5 − 3.8 = 38.7
20. 70.3 − 9.9 = 60.4
21. 30.5 − 4.9 = 25.6
22. 21.3 − 9.6 = 11.7
23. 84.3 − 59.5 = 24.8
24. 52.4 − 35.8 = 16.6

077 단계 실력 진단 평가 ❷회
소수 한 자리 수의 뺄셈

제한 시간 20분 | 맞힌 개수 /20 | 선생님 확인

소수의 뺄셈을 하세요.

1. 0.7−0.1 = 0.6
2. 0.3−0.2 = 0.1
3. 0.9−0.4 = 0.5
4. 1.6−0.2 = 1.4
5. 2.7−1.3 = 1.4
6. 2.4−1.8 = 0.6
7. 3.3−1.4 = 1.9
8. 3.2−0.3 = 2.9
9. 6.4−1.9 = 4.5
10. 4.4−0.7 = 3.7
11. 9.3−7.7 = 1.6
12. 4.4−2.9 = 1.5
13. 16.5−4.7 = 11.8
14. 20.4−7.9 = 12.5
15. 14.2−3.8 = 10.4
16. 32.1−4.3 = 27.8
17. 51.2−27.4 = 23.8
18. 26.5−18.6 = 7.9
19. 85.1−67.4 = 17.7
20. 64.1−47.5 = 16.6

078 단계

078 단계 실력 진단 평가 ❶회
소수 두 자리 수의 덧셈

제한 시간 20분 | 맞힌 개수 /24 | 선생님 확인

소수의 덧셈을 하세요.

1. 0.52 + 0.07 = 0.59
2. 0.23 + 0.11 = 0.34
3. 0.13 + 0.42 = 0.55
4. 0.42 + 0.36 = 0.78
5. 0.56 + 0.21 = 0.77
6. 3.64 + 0.23 = 3.87
7. 1.62 + 8.24 = 9.86
8. 0.27 + 0.56 = 0.83
9. 0.24 + 0.19 = 0.43
10. 2.31 + 5.94 = 8.25
11. 2.83 + 0.86 = 3.69
12. 5.43 + 4.19 = 9.62
13. 1.65 + 7.53 = 9.18
14. 5.74 + 8.16 = 13.9
15. 0.96 + 0.21 = 1.17
16. 4.27 + 6.47 = 10.74
17. 7.36 + 5.82 = 13.18
18. 5.78 + 1.54 = 7.32
19. 1.45 + 2.78 = 4.23
20. 5.43 + 1.67 = 7.1
21. 3.28 + 4.74 = 8.02
22. 2.83 + 1.29 = 4.12
23. 6.54 + 3.87 = 10.41
24. 4.37 + 5.69 = 10.06

078 단계 실력 진단 평가 ❷회
소수 두 자리 수의 덧셈

제한 시간 20분 | 맞힌 개수 /20 | 선생님 확인

소수의 덧셈을 하세요.

1. 0.13+0.53 = 0.66
2. 0.38+0.11 = 0.49
3. 0.23+0.35 = 0.58
4. 0.41+0.24 = 0.65
5. 3.31+0.26 = 3.57
6. 1.62+0.24 = 1.86
7. 0.54+0.18 = 0.72
8. 0.46+0.54 = 1
9. 0.24+0.38 = 0.62
10. 6.73+1.07 = 7.8
11. 0.65+1.93 = 2.58
12. 3.55+4.38 = 7.93
13. 1.72+7.87 = 9.59
14. 4.35+5.28 = 9.63
15. 7.38+4.16 = 11.54
16. 3.83+1.64 = 5.47
17. 5.09+4.96 = 10.05
18. 6.54+3.87 = 10.41
19. 1.85+2.96 = 4.81
20. 4.43+5.69 = 10.12

079 단계

079 단계 실력 진단 평가 ❶회
소수 두 자리 수의 뺄셈

제한 시간 20분 | 맞힌 개수 /24 | 선생님 확인

소수의 뺄셈을 하세요.

1. 0.48 − 0.15 = 0.33
2. 0.29 − 0.12 = 0.17
3. 0.67 − 0.25 = 0.42
4. 0.89 − 0.35 = 0.54
5. 1.76 − 0.52 = 1.24
6. 3.58 − 0.42 = 3.16
7. 6.58 − 1.24 = 5.34
8. 9.68 − 4.17 = 5.51
9. 6.94 − 1.14 = 5.8
10. 0.51 − 0.17 = 0.34
11. 0.63 − 0.34 = 0.29
12. 0.71 − 0.58 = 0.13
13. 0.72 − 0.63 = 0.09
14. 9.56 − 3.28 = 6.28
15. 4.76 − 1.49 = 3.27
16. 7.54 − 4.35 = 3.19
17. 5.84 − 3.35 = 2.49
18. 6.57 − 2.39 = 4.18
19. 4.32 − 0.57 = 3.75
20. 6.21 − 2.89 = 3.32
21. 7.11 − 2.56 = 4.55
22. 8.21 − 5.79 = 2.42
23. 9.73 − 5.98 = 3.75
24. 5.41 − 4.64 = 0.77

079 단계 실력 진단 평가 ❷회
소수 두 자리 수의 뺄셈

제한 시간 20분 | 맞힌 개수 /20 | 선생님 확인

소수의 뺄셈을 하세요.

1. 0.68−0.14 = 0.54
2. 0.98−0.35 = 0.63
3. 0.79−0.64 = 0.15
4. 0.89−0.46 = 0.43
5. 2.56−1.42 = 1.14
6. 6.96−2.23 = 4.73
7. 8.57−6.12 = 2.45
8. 0.82−0.15 = 0.67
9. 0.66−0.58 = 0.08
10. 0.94−0.77 = 0.17
11. 8.75−3.17 = 5.58
12. 6.42−2.26 = 4.16
13. 6.79−5.82 = 0.97
14. 6.55−1.73 = 4.82
15. 7.91−4.29 = 3.62
16. 8.13−5.94 = 2.19
17. 6.13−2.98 = 3.15
18. 9.24−3.34 = 5.9
19. 7.43−4.89 = 2.54
20. 5.62−4.78 = 0.84

080 단계

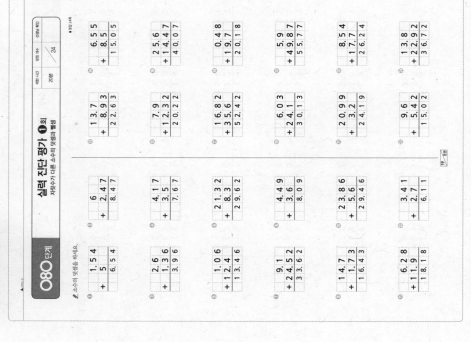

080 단계 실력 진단 평가 ❶회
자릿수가 다른 소수의 덧셈과 뺄셈

제한 시간	맞힌 개수	선생님 확인
20분	/24	

정답 24쪽

✎ 소수의 덧셈을 하세요.

① 1.54 + 5 = 6.54
② 6 + 2.47 = 8.47
③ 2.6 + 1.36 = 3.96
④ 4.17 + 3.5 = 7.67
⑤ 1.06 + 12.4 = 13.46
⑥ 21.32 + 8.3 = 29.62
⑦ 9.1 + 24.52 = 33.62
⑧ 4.49 + 3.6 = 8.09
⑨ 14.7 + 1.73 = 16.43
⑩ 23.86 + 5.6 = 29.46
⑪ 6.28 + 11.9 = 18.18
⑫ 3.41 + 2.7 = 6.11
⑬ 13.7 + 8.93 = 22.63
⑭ 6.55 + 8.5 = 15.05
⑮ 7.9 + 12.32 = 20.22
⑯ 25.6 + 14.47 = 40.07
⑰ 16.82 + 35.6 = 52.42
⑱ 0.48 + 19.7 = 20.18
⑲ 6.03 + 24.1 = 30.13
⑳ 5.9 + 49.87 = 55.77
㉑ 20.99 + 3.2 = 24.19
㉒ 8.54 + 17.7 = 26.24
㉓ 9.6 + 5.42 = 15.02
㉔ 13.8 + 22.92 = 36.72

080 단계 실력 진단 평가 ❷회
자릿수가 다른 소수의 덧셈과 뺄셈

제한 시간	맞힌 개수	선생님 확인
20분	/24	

정답 23쪽

✎ 소수의 뺄셈을 하세요.

① 6 − 0.34 = 5.66
② 3 − 1.29 = 1.71
③ 5.6 − 2.12 = 3.48
④ 8.1 − 3.47 = 4.63
⑤ 17.5 − 5.23 = 12.27
⑥ 9.82 − 2.6 = 7.22
⑦ 12.4 − 4 = 8.4
⑧ 4.23 − 1.6 = 2.63
⑨ 8.09 − 6.7 = 1.39
⑩ 11.5 − 5.66 = 5.84
⑪ 16.28 − 11.3 = 4.98
⑫ 33.18 − 17.7 = 15.48
⑬ 16.4 − 7.52 = 8.88
⑭ 25.17 − 18.5 = 6.67
⑮ 7.6 − 2.69 = 4.91
⑯ 9.13 − 4.4 = 4.73
⑰ 11.03 − 10.7 = 0.33
⑱ 21.22 − 18.3 = 2.92
⑲ 13.58 − 9.9 = 3.68
⑳ 15.3 − 7.65 = 7.65
㉑ 23.1 − 16.42 = 6.68
㉒ 18.21 − 14.8 = 3.41
㉓ 9.3 − 5.91 = 3.39
㉔ 20.8 − 8.93 = 11.87

KAIST 출신 수학 선생님들이 집필한

계산의 신 神

송명진·박종하 지음

8

초등

4학년 2학기

분수와 소수의 덧셈과 뺄셈 기본

권별 학습 구성

초등1 1권 | 자연수의 덧셈과 뺄셈 기본 (1)

001단계	수를 가르고 모으기
002단계	합이 9까지인 덧셈
003단계	차가 9까지인 뺄셈
	세 단계 묶어 풀기
	재미있는 수학이야기
004단계	덧셈과 뺄셈
005단계	10을 가르고 모으기
006단계	10의 덧셈과 뺄셈
	세 단계 묶어 풀기
	창의력 쑥쑥! 수학퀴즈
007단계	연이은 덧셈, 뺄셈
008단계	19까지의 수 모으고 가르기
009단계	(몇십)+(몇), (몇)+(몇십)
	세 단계 묶어 풀기
	창의력 쑥쑥! 수학퀴즈
010단계	(몇십 몇)±(몇)
	전체 묶어 풀기
	창의력 쑥쑥! 수학퀴즈

초등1 2권 | 자연수의 덧셈과 뺄셈 기본 (2)

011단계	(몇십)±(몇십)
012단계	(몇십 몇)+(몇십 몇)
013단계	(몇십 몇)−(몇십 몇)
	세 단계 묶어 풀기
	창의력 쑥쑥! 수학퀴즈
014단계	받아올림/받아내림이 없는 덧셈과 뺄셈 종합
015단계	세 수의 덧셈과 뺄셈
016단계	연이은 덧셈, 뺄셈
	세 단계 묶어 풀기
	창의력 쑥쑥! 수학퀴즈
017단계	받아올림이 있는 (몇)+(몇)
018단계	받아내림이 있는 (십몇)−(몇)
019단계	받아올림/받아내림이 있는 덧셈과 뺄셈 종합
	세 단계 묶어 풀기
	창의력 쑥쑥! 수학퀴즈
020단계	계산의 활용—규칙찾기
	전체 묶어 풀기
	재미있는 수학이야기

초등2 3권 | 자연수의 덧셈과 뺄셈 발전

021단계	(두 자리 수)+(한 자리 수)
022단계	(두 자리 수)+(두 자리 수) (1)
023단계	(두 자리 수)+(두 자리 수) (2)
	세 단계 묶어 풀기
	창의력 쑥쑥! 수학퀴즈
024단계	(두 자리 수)−(한 자리 수)
025단계	(몇십)−(두 자리 수)
026단계	(두 자리 수)−(두 자리 수)
	세 단계 묶어 풀기
	창의력 쑥쑥! 수학퀴즈
027단계	두 자리 수의 덧셈과 뺄셈 종합
028단계	덧셈, 뺄셈의 여러 가지 방법
029단계	덧셈과 뺄셈의 관계
	세 단계 묶어 풀기
	창의력 쑥쑥! 수학퀴즈
030단계	세 수의 혼합 계산
	전체 묶어 풀기
	창의력 쑥쑥! 수학퀴즈

초등2 4권 | 네 자리 수/ 곱셈구구

031단계	네 자리 수
032단계	각 자리의 숫자가 나타내는 값
033단계	뛰어 세기
	세 단계 묶어 풀기
	창의력 쑥쑥! 수학퀴즈
034단계	같은 수 여러 번 더하기
035단계	2, 5, 3, 4의 단 곱셈구구
036단계	6, 7, 8, 9의 단 곱셈구구 (1)
	세 단계 묶어 풀기
	창의력 쑥쑥! 수학퀴즈
037단계	6, 7, 8, 9의 단 곱셈구구 (2)
038단계	곱셈구구 종합 (1)
039단계	곱셈구구 종합 (2)
	세 단계 묶어 풀기
	창의력 쑥쑥! 수학퀴즈
040단계	계산의 활용—길이의 합과 차
	전체 묶어 풀기
	재미있는 수학이야기

초등3 5권 | 자연수의 덧셈과 뺄셈 / 곱셈과 나눗셈

041단계	(세 자리 수)+(세 자리 수) (1)
042단계	(세 자리 수)+(세 자리 수) (2)
043단계	(세 자리 수)−(세 자리 수) (1)
	세 단계 묶어 풀기
	재미있는 수학이야기
044단계	(세 자리 수)−(세 자리 수) (2)
045단계	나눗셈 기초
046단계	곱셈구구 범위에서의 나눗셈
	세 단계 묶어 풀기
	재미있는 수학이야기
047단계	(두 자리 수)×(한 자리 수) (1)
048단계	(두 자리 수)×(한 자리 수) (2)
049단계	길이의 덧셈과 뺄셈
	세 단계 묶어 풀기
	재미있는 수학이야기
050단계	시간의 합과 차
	전체 묶어 풀기
	창의력 쑥쑥! 수학퀴즈

초등3 6권 | 자연수의 곱셈과 나눗셈 발전

051단계	(세 자리 수)×(한 자리 수) (1)
052단계	(세 자리 수)×(한 자리 수) (2)
053단계	(두 자리 수)×(두 자리 수) (1)
	세 단계 묶어 풀기
	창의력 쑥쑥! 수학퀴즈
054단계	(두 자리 수)×(두 자리 수) (2)
055단계	(몇십)÷(몇), (몇백 몇십)÷(몇)
056단계	(두 자리 수)÷(한 자리 수) (1)
	세 단계 묶어 풀기
	재미있는 수학이야기
057단계	(두 자리 수)÷(한 자리 수) (2)
058단계	(두 자리 수)÷(한 자리 수) (3)
059단계	(세 자리 수)÷(한 자리 수)
	세 단계 묶어 풀기
	재미있는 수학이야기
060단계	들이와 무게의 덧셈과 뺄셈
	전체 묶어 풀기
	창의력 쑥쑥! 수학퀴즈

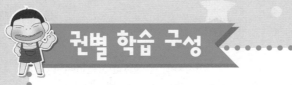

초등4 7권 | 자연수의 곱셈과 나눗셈 심화

061단계	다섯 자리 수
062단계	큰 수 알아보기
063단계	계산의 활용–각도의 합과 차
	세 단계 묶어 풀기
	창의력 쑥쑥! 수학퀴즈
064단계	(세 자리 수)×(몇십)
065단계	(세 자리 수)×(두 자리 수)
066단계	몇십으로 나누기
	세 단계 묶어 풀기
	재미있는 수학이야기
067단계	(두 자리 수)÷(두 자리 수)
068단계	(세 자리 수)÷(두 자리 수) (1)
069단계	(세 자리 수)÷(두 자리 수) (2)
	세 단계 묶어 풀기
	창의력 쑥쑥! 수학퀴즈
070단계	곱셈과 나눗셈 종합
	전체 묶어 풀기
	창의력 쑥쑥! 수학퀴즈

초등4 8권 | 분수와 소수의 덧셈과 뺄셈 기본

071단계	분모가 같은 진분수의 덧셈
072단계	분모가 같은 대분수의 덧셈
073단계	분모가 같은 진분수의 뺄셈
	세 단계 묶어 풀기
	창의력 쑥쑥! 수학퀴즈
074단계	분모가 같은 대분수의 뺄셈
075단계	대분수와 진분수의 덧셈과 뺄셈
076단계	소수 한 자리 수의 덧셈
	세 단계 묶어 풀기
	재미있는 수학이야기
077단계	소수 한 자리 수의 뺄셈
078단계	소수 두 자리 수의 덧셈
079단계	소수 두 자리 수의 뺄셈
	세 단계 묶어 풀기
	재미있는 수학이야기
080단계	자릿수가 다른 소수의 덧셈과 뺄셈
	전체 묶어 풀기
	재미있는 수학이야기

초등5 9권 | 자연수의 혼합 계산 / 분수의 덧셈과 뺄셈

081단계	덧셈과 뺄셈이 섞여 있는 식 계산
082단계	곱셈과 나눗셈이 섞여 있는 식 계산
083단계	덧셈, 뺄셈, 곱셈(나눗셈)의 혼합 계산
	세 단계 묶어 풀기
	재미있는 수학이야기
084단계	덧셈, 뺄셈, 곱셈, 나눗셈의 혼합 계산
085단계	약수와 배수
086단계	공약수와 공배수
	세 단계 묶어 풀기
	재미있는 수학이야기
087단계	최대공약수와 최소공배수
088단계	약분과 통분
089단계	분모가 다른 분수의 덧셈
	세 단계 묶어 풀기
	창의력 쑥쑥! 수학퀴즈
090단계	분모가 다른 분수의 뺄셈
	전체 묶어 풀기
	재미있는 수학이야기

초등5 10권 | 분수와 소수의 곱셈

091단계	분수와 자연수의 곱셈
092단계	분수의 곱셈(1)
093단계	분수의 곱셈(2)
	세 단계 묶어 풀기
	창의력 쑥쑥! 수학퀴즈
094단계	분수와 소수의 관계
095단계	곱의 소수점의 위치
096단계	소수와 자연수의 곱셈
	세 단계 묶어 풀기
	재미있는 수학이야기
097단계	1보다 작은 소수의 곱셈
098단계	1보다 큰 소수의 곱셈
099단계	분수, 소수의 곱셈 종합
	세 단계 묶어 풀기
	창의력 쑥쑥! 수학퀴즈
100단계	계산의 활용–평균
	전체 묶어 풀기
	창의력 쑥쑥! 수학퀴즈

초등6 11권 | 분수와 소수의 나눗셈 기본

101단계	분수의 나눗셈(1)
102단계	분수의 나눗셈(2)
103단계	소수의 나눗셈(1)
	세 단계 묶어 풀기
	창의력 쑥쑥! 수학퀴즈
104단계	소수의 나눗셈(2)
105단계	소수의 나눗셈(3)
106단계	소수의 나눗셈(4)
	세 단계 묶어 풀기
	창의력 쑥쑥! 수학퀴즈
107단계	소수의 나눗셈(5)
108단계	소수의 나눗셈(6)
109단계	소수의 나눗셈(7)
	세 단계 묶어 풀기
	재미있는 수학이야기
110단계	비와 비율
	전체 묶어 풀기
	재미있는 수학이야기

초등6 12권 | 분수와 소수의 나눗셈 발전

111단계	분수의 나눗셈(3)
112단계	분수의 나눗셈(4)
113단계	분수의 나눗셈(5)
	세 단계 묶어 풀기
	창의력 쑥쑥! 수학퀴즈
114단계	분수의 나눗셈(6)
115단계	소수의 나눗셈(8)
116단계	소수의 나눗셈(9)
	세 단계 묶어 풀기
	창의력 쑥쑥! 수학퀴즈
117단계	소수의 나눗셈(10)
118단계	소수의 나눗셈(11)
119단계	가장 작은 자연수의 비로 나타내기
	세 단계 묶어 풀기
	재미있는 수학이야기
120단계	비례식과 비례배분
	전체 묶어 풀기
	재미있는 수학이야기

계산의 신 활용 가이드

1 매일 자신의 학습을 체크해 보세요.

매일 문제를 풀면서 맞힌 개수를 적고, 걸린 시간 만큼 '스스로 학습 관리표'에 색칠해 보세요. 하루하루 지날수록 실력이 자라고, 계산 속도가 빨라지는 것을 눈으로 확인할 수 있습니다.

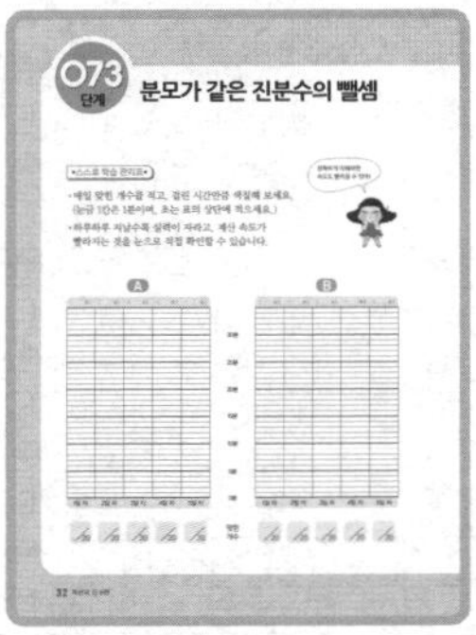

2 개념과 연산 과정을 이해하세요.

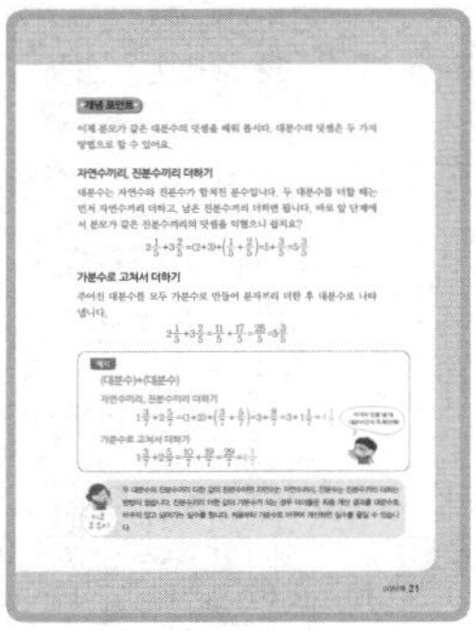

개념을 이해하고 예시를 통해 연산 과정을 확인하면 계산 과정에서 실수를 줄일 수 있어요. 또 아이의 학습을 도와주시는 선생님 또는 부모님을 위해 '지도 도우미'를 제시하였습니다.

3 매일 2쪽씩 꾸준히 반복 학습해 보세요.

매일 2쪽씩 5일 동안 차근차근 반복 학습하다 보면 어려운 문제도 두려움 없이 도전할 수 있습니다. 문제를 풀다가 계산 방법을 모를 때는 '개념 포인트'를 다시 한 번 학습한 후 풀어 보세요.

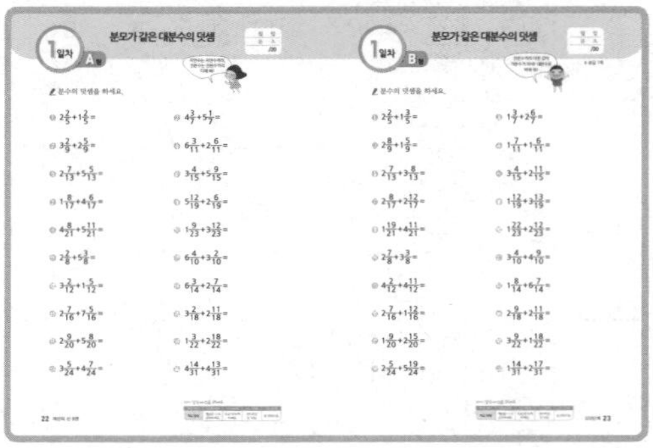

4 세 단계마다 또는 전체를 **묶어 복습**해 보세요.

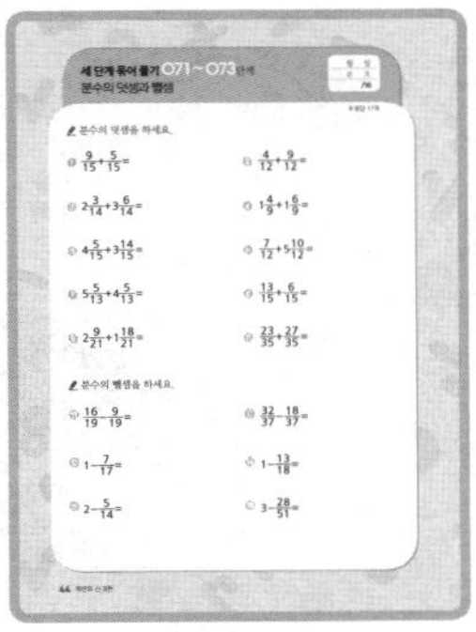

시간이 지나면 아이들은 학습했던 내용을 곧잘 잊어버리는 경향이 있어요. 그래서 세 단계마다 '묶어 풀기', 마지막에는 '전체 묶어 풀기'를 통해 학습했던 내용을 다시 복습할 수 있습니다.

5 즐거운 **수학이야기**와 **수학퀴즈** 함께 해요!

묶어 풀기가 끝나면 '재미있는 수학이야기'와 '수학퀴즈'가 기다리고 있어요. 흥미로운 수학이야기와 수학퀴즈는 좌뇌와 우뇌를 고루 발달시켜 주고, 창의성을 키워 준답니다.

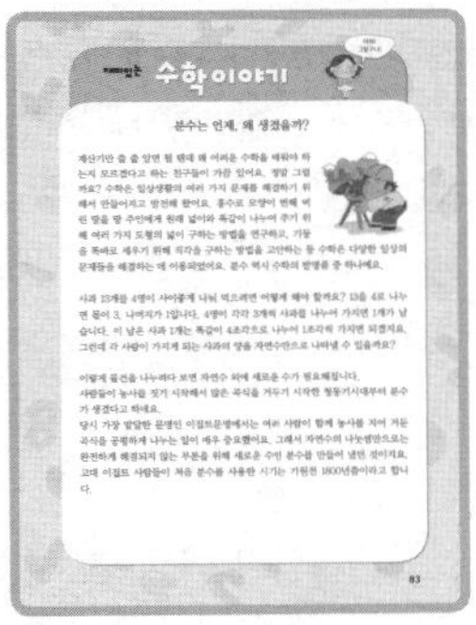

6 아이의 **학습 성취도**를 점검해 보세요.

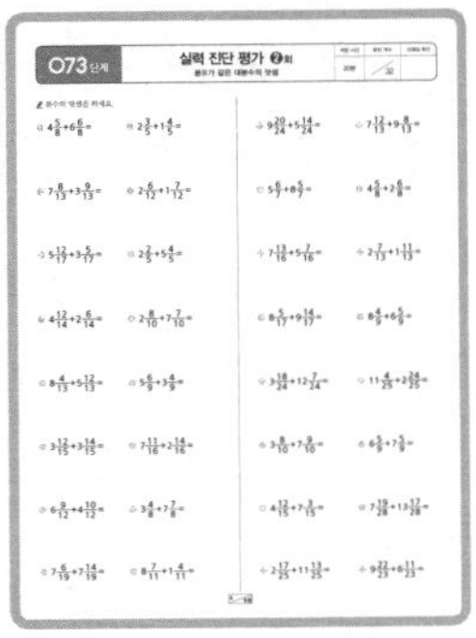

권두부록으로 제시된 '실력 진단 평가'로 아이의 학습 성취도를 점검할 수 있어요. 각 단계별로 2회씩 총 20회가 제공됩니다.

차 례

8권

매일 2쪽씩 풀며 계산의 신이 되자!

《계산의 신》은 초등학교 1학년부터 6학년 과정까지 총 120단계로 구성되어 있습니다.
매일 2쪽씩 꾸준히 반복 학습을 하면 탄탄한 계산력을 기를 수 있습니다.
더불어 복습할 수 있는 '묶어 풀기'가 있고, 지친 마음을 헤아려 주는
'재미있는 수학이야기'와 '수학퀴즈'가 있습니다.
꿈을담는틀의 《계산의 신》이 준비한 길로 들어오실 준비가 되셨나요?
그 길을 따라 걸으며 문제를 풀고 이야기를 듣다 보면
어느새 계산의 신이 되어 있을 거예요!

★★★★
구성과 일러스트가 인상적!

★★★★★
초등 수학은 이 책이면 끝!

071 단계

분모가 같은 진분수의 덧셈

◆스스로 학습 관리표◆

- 매일 맞힌 개수를 적고, 걸린 시간만큼 색칠해 보세요.
  (눈금 1칸은 1분이며, 초는 표의 상단에 적으세요.)
- 하루하루 지날수록 실력이 자라고, 계산 속도가 빨라지는 것을 눈으로 직접 확인할 수 있습니다.

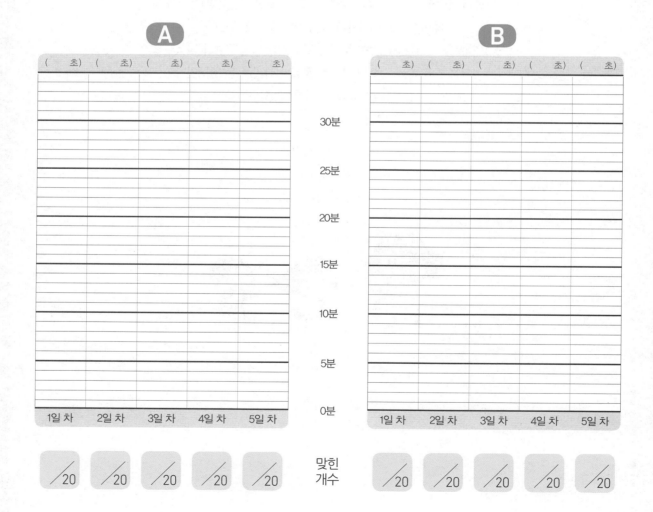

A

(초)	(초)	(초)	(초)	(초)
1일 차	2일 차	3일 차	4일 차	5일 차
/20	/20	/20	/20	/20

30분 25분 20분 15분 10분 5분 0분

맞힌 개수

B

(초)	(초)	(초)	(초)	(초)
1일 차	2일 차	3일 차	4일 차	5일 차
/20	/20	/20	/20	/20

개념 포인트

분모가 같은 진분수의 덧셈을 배워 봅시다. 분모가 같은 진분수끼리의 덧셈은 분모는 그대로 두고 분자끼리만 더하면 됩니다.

(진분수)+(진분수) = (진분수)

분자끼리 더한 값이 분모보다 작은 경우입니다.

$$\frac{1}{5}+\frac{2}{5}=\frac{3}{5}$$

(진분수)+(진분수) = (가분수)

분자끼리 더한 값이 분모와 같거나 분모보다 큰 경우입니다. 이 경우 가분수로 나온 답을 대분수로 고쳐줍니다.

$$\frac{2}{5}+\frac{4}{5}=\frac{6}{5}=1\frac{1}{5}$$

가분수를 대분수로 고치기

예시

(진분수)+(진분수)=(진분수)

$$\frac{1}{7}+\frac{4}{7}=\frac{1+4}{7}=\frac{5}{7}$$

(진분수)+(진분수)=(가분수)

$$\frac{6}{7}+\frac{4}{7}=\frac{6+4}{7}$$

$$=\frac{10}{7}=1\frac{3}{7}$$

가분수를 대분수로 고치기
10÷7=1 … 3

분수의 덧셈에서 가장 간단한 계산입니다. 아직 분수의 덧셈에 대한 개념이 제대로 잡히지 않은 아이들은 분모끼리도 더하는 경우가 있습니다. 분모가 같은 경우에는 분자만 더하면 된다고 확실히 알려 주세요.

1일차 **A형**

분모가 같은 진분수의 덧셈

월	일
분	초
	/20

✎ 분수의 덧셈을 하세요.

❶ $\frac{2}{5}+\frac{2}{5}=$

❷ $\frac{3}{7}+\frac{1}{7}=$

❸ $\frac{2}{9}+\frac{5}{9}=$

❹ $\frac{3}{11}+\frac{6}{11}=$

❺ $\frac{7}{13}+\frac{5}{13}=$

❻ $\frac{4}{15}+\frac{9}{15}=$

❼ $\frac{8}{17}+\frac{6}{17}=$

❽ $\frac{12}{19}+\frac{6}{19}=$

❾ $\frac{8}{21}+\frac{11}{21}=$

❿ $\frac{9}{23}+\frac{12}{23}=$

⓫ $\frac{2}{8}+\frac{3}{8}=$

⓬ $\frac{4}{10}+\frac{2}{10}=$

⓭ $\frac{2}{12}+\frac{5}{12}=$

⓮ $\frac{3}{14}+\frac{7}{14}=$

⓯ $\frac{7}{16}+\frac{8}{16}=$

⓰ $\frac{2}{18}+\frac{11}{18}=$

⓱ $\frac{9}{20}+\frac{8}{20}=$

⓲ $\frac{3}{22}+\frac{18}{22}=$

⓳ $\frac{5}{24}+\frac{7}{24}=$

⓴ $\frac{14}{31}+\frac{13}{31}=$

자기 점수에 ○표 하세요

맞힌 개수	12개 이하	13~16개	17~18개	19~20개
학습 방법	개념을 다시 공부하세요.	조금 더 노력하세요.	실수하면 안 돼요.	참 잘했어요.

1일차 B형

분모가 같은 진분수의 덧셈

월 일
분 초
/20

정답 2쪽

분자끼리 더한 값이
분모보다 크면 대분수로
바꿔 줘!

분수의 덧셈을 하세요.

❶ $\frac{2}{5}+\frac{3}{5}=$

❷ $\frac{3}{7}+\frac{6}{7}=$

❸ $\frac{8}{9}+\frac{5}{9}=$

❹ $\frac{7}{11}+\frac{6}{11}=$

❺ $\frac{7}{13}+\frac{8}{13}=$

❻ $\frac{4}{15}+\frac{11}{15}=$

❼ $\frac{8}{17}+\frac{12}{17}=$

❽ $\frac{12}{19}+\frac{13}{19}=$

❾ $\frac{19}{21}+\frac{11}{21}=$

❿ $\frac{22}{23}+\frac{12}{23}=$

⓫ $\frac{7}{8}+\frac{3}{8}=$

⓬ $\frac{4}{10}+\frac{9}{10}=$

⓭ $\frac{2}{12}+\frac{11}{12}=$

⓮ $\frac{8}{14}+\frac{7}{14}=$

⓯ $\frac{7}{16}+\frac{12}{16}=$

⓰ $\frac{9}{18}+\frac{11}{18}=$

⓱ $\frac{9}{20}+\frac{15}{20}=$

⓲ $\frac{9}{22}+\frac{18}{22}=$

⓳ $\frac{5}{24}+\frac{19}{24}=$

⓴ $\frac{14}{31}+\frac{17}{31}=$

자기 점수에 ○표 하세요

맞힌 개수	12개 이하	13~16개	17~18개	19~20개
학습 방법	개념을 다시 공부하세요.	조금 더 노력하세요.	실수하면 안 돼요.	참 잘했어요.

2일차 A형

분모가 같은 진분수의 덧셈

월 일
분 초
/20

분수의 덧셈을 하세요.

❶ $\frac{3}{9}+\frac{4}{9}=$

❷ $\frac{4}{8}+\frac{1}{8}=$

❸ $\frac{11}{31}+\frac{12}{31}=$

❹ $\frac{2}{11}+\frac{6}{11}=$

❺ $\frac{5}{24}+\frac{8}{24}=$

❻ $\frac{4}{15}+\frac{4}{15}=$

❼ $\frac{4}{10}+\frac{3}{10}=$

❽ $\frac{4}{12}+\frac{5}{12}=$

❾ $\frac{8}{21}+\frac{3}{21}=$

❿ $\frac{9}{19}+\frac{6}{19}=$

⓫ $\frac{8}{23}+\frac{11}{23}=$

⓬ $\frac{8}{18}+\frac{5}{18}=$

⓭ $\frac{5}{22}+\frac{9}{22}=$

⓮ $\frac{5}{14}+\frac{3}{14}=$

⓯ $\frac{2}{16}+\frac{3}{16}=$

⓰ $\frac{4}{9}+\frac{3}{9}=$

⓱ $\frac{5}{20}+\frac{8}{20}=$

⓲ $\frac{2}{5}+\frac{2}{5}=$

⓳ $\frac{3}{17}+\frac{6}{17}=$

⓴ $\frac{6}{13}+\frac{5}{13}=$

자기 점수에 ○표 하세요

맞힌 개수	12개 이하	13~16개	17~18개	19~20개
학습 방법	개념을 다시 공부하세요.	조금 더 노력 하세요.	실수하면 안 돼요.	참 잘했어요.

분모가 같은 진분수의 덧셈

월	일
분	초
	/20

정답 3쪽

✎ 분수의 덧셈을 하세요.

❶ $\frac{2}{3}+\frac{2}{3}=$

❷ $\frac{8}{12}+\frac{11}{12}=$

❸ $\frac{14}{13}+\frac{8}{13}=$

❹ $\frac{20}{25}+\frac{9}{25}=$

❺ $\frac{13}{17}+\frac{15}{17}=$

❻ $\frac{7}{16}+\frac{9}{16}=$

❼ $\frac{19}{23}+\frac{15}{23}=$

❽ $\frac{11}{14}+\frac{12}{14}=$

❾ $\frac{5}{6}+\frac{2}{6}=$

❿ $\frac{9}{13}+\frac{6}{13}=$

⓫ $\frac{7}{15}+\frac{9}{15}=$

⓬ $\frac{6}{8}+\frac{7}{8}=$

⓭ $\frac{3}{14}+\frac{12}{14}=$

⓮ $\frac{6}{15}+\frac{12}{15}=$

⓯ $\frac{3}{4}+\frac{2}{4}=$

⓰ $\frac{5}{9}+\frac{8}{9}=$

⓱ $\frac{9}{13}+\frac{12}{13}=$

⓲ $\frac{4}{7}+\frac{6}{7}=$

⓳ $\frac{11}{12}+\frac{8}{12}=$

⓴ $\frac{19}{30}+\frac{12}{30}=$

자기 점수에 ○표 하세요

맞힌 개수	12개 이하	13~16개	17~18개	19~20개
학습 방법	개념을 다시 공부하세요.	조금 더 노력하세요.	실수하면 안 돼요.	참 잘했어요.

3일차 A형

분모가 같은 진분수의 덧셈

월 일
분 초
/20

분수의 덧셈을 하세요.

① $\frac{12}{14}+\frac{1}{14}=$

② $\frac{3}{16}+\frac{2}{16}=$

③ $\frac{9}{18}+\frac{4}{18}=$

④ $\frac{2}{11}+\frac{8}{11}=$

⑤ $\frac{6}{11}+\frac{3}{11}=$

⑥ $\frac{1}{15}+\frac{3}{15}=$

⑦ $\frac{2}{8}+\frac{1}{8}=$

⑧ $\frac{5}{7}+\frac{1}{7}=$

⑨ $\frac{10}{21}+\frac{4}{21}=$

⑩ $\frac{2}{12}+\frac{9}{12}=$

⑪ $\frac{7}{17}+\frac{5}{17}=$

⑫ $\frac{3}{16}+\frac{6}{16}=$

⑬ $\frac{5}{22}+\frac{8}{22}=$

⑭ $\frac{2}{14}+\frac{3}{14}=$

⑮ $\frac{7}{19}+\frac{4}{19}=$

⑯ $\frac{3}{13}+\frac{4}{13}=$

⑰ $\frac{5}{20}+\frac{6}{20}=$

⑱ $\frac{1}{10}+\frac{8}{10}=$

⑲ $\frac{4}{24}+\frac{7}{24}=$

⑳ $\frac{2}{9}+\frac{3}{9}=$

자기 점수에 ○표 하세요

맞힌 개수	12개 이하	13~16개	17~18개	19~20개
학습 방법	개념을 다시 공부하세요.	조금 더 노력 하세요.	실수하면 안 돼요.	참 잘했어요.

3일차 B형

분모가 같은 진분수의 덧셈

월	일
분	초
	/20

정답 4쪽

분수의 덧셈을 하세요.

❶ $\frac{5}{7}+\frac{4}{7}=$

❷ $\frac{18}{20}+\frac{15}{20}=$

❸ $\frac{8}{9}+\frac{7}{9}=$

❹ $\frac{7}{8}+\frac{6}{8}=$

❺ $\frac{12}{13}+\frac{8}{13}=$

❻ $\frac{9}{10}+\frac{7}{10}=$

❼ $\frac{15}{17}+\frac{12}{17}=$

❽ $\frac{9}{14}+\frac{12}{14}=$

❾ $\frac{19}{21}+\frac{19}{21}=$

❿ $\frac{8}{16}+\frac{13}{16}=$

⓫ $\frac{24}{25}+\frac{17}{25}=$

⓬ $\frac{15}{16}+\frac{14}{16}=$

⓭ $\frac{9}{12}+\frac{8}{12}=$

⓮ $\frac{12}{14}+\frac{13}{14}=$

⓯ $\frac{9}{13}+\frac{15}{13}=$

⓰ $\frac{7}{9}+\frac{7}{9}=$

⓱ $\frac{8}{12}+\frac{11}{12}=$

⓲ $\frac{4}{5}+\frac{4}{5}=$

⓳ $\frac{17}{24}+\frac{18}{24}=$

⓴ $\frac{25}{30}+\frac{24}{30}=$

자기 점수에 ○표 하세요

맞힌 개수	12개 이하	13~16개	17~18개	19~20개
학습 방법	개념을 다시 공부하세요.	조금 더 노력하세요.	실수하면 안 돼요.	참 잘했어요.

4일차 A형

분모가 같은 진분수의 덧셈

월	일
분	초
	/20

분수의 덧셈을 하세요.

❶ $\frac{1}{3}+\frac{1}{3}=$

❷ $\frac{6}{17}+\frac{7}{17}=$

❸ $\frac{12}{39}+\frac{13}{39}=$

❹ $\frac{2}{11}+\frac{4}{11}=$

❺ $\frac{8}{25}+\frac{13}{25}=$

❻ $\frac{15}{31}+\frac{9}{31}=$

❼ $\frac{8}{33}+\frac{9}{33}=$

❽ $\frac{5}{19}+\frac{6}{19}=$

❾ $\frac{7}{21}+\frac{4}{21}=$

❿ $\frac{8}{17}+\frac{4}{17}=$

⓫ $\frac{17}{40}+\frac{12}{40}=$

⓬ $\frac{5}{11}+\frac{3}{11}=$

⓭ $\frac{10}{21}+\frac{9}{21}=$

⓮ $\frac{14}{35}+\frac{17}{35}=$

⓯ $\frac{3}{5}+\frac{1}{5}=$

⓰ $\frac{4}{9}+\frac{1}{9}=$

⓱ $\frac{6}{18}+\frac{5}{18}=$

⓲ $\frac{17}{44}+\frac{18}{44}=$

⓳ $\frac{9}{24}+\frac{10}{24}=$

⓴ $\frac{15}{39}+\frac{17}{39}=$

자기 점수에 ○표 하세요

맞힌 개수	12개 이하	13~16개	17~18개	19~20개
학습 방법	개념을 다시 공부하세요.	조금 더 노력하세요.	실수하면 안 돼요.	참 잘했어요.

분모가 같은 진분수의 덧셈

월	일
분	초
/20	

정답 5쪽

분수의 덧셈을 하세요.

❶ $\frac{5}{8}+\frac{7}{8}=$

❷ $\frac{9}{10}+\frac{8}{10}=$

❸ $\frac{24}{30}+\frac{29}{30}=$

❹ $\frac{7}{24}+\frac{17}{24}=$

❺ $\frac{7}{9}+\frac{8}{9}=$

❻ $\frac{14}{19}+\frac{17}{19}=$

❼ $\frac{6}{13}+\frac{7}{13}=$

❽ $\frac{13}{14}+\frac{8}{14}=$

❾ $\frac{12}{21}+\frac{19}{21}=$

❿ $\frac{11}{23}+\frac{17}{23}=$

⓫ $\frac{9}{13}+\frac{5}{13}=$

⓬ $\frac{9}{17}+\frac{16}{17}=$

⓭ $\frac{9}{15}+\frac{14}{15}=$

⓮ $\frac{12}{16}+\frac{13}{16}=$

⓯ $\frac{6}{7}+\frac{6}{7}=$

⓰ $\frac{22}{23}+\frac{15}{23}=$

⓱ $\frac{5}{12}+\frac{9}{12}=$

⓲ $\frac{3}{5}+\frac{3}{5}=$

⓳ $\frac{9}{16}+\frac{7}{16}=$

⓴ $\frac{7}{9}+\frac{4}{9}=$

자기 점수에 ○표 하세요

맞힌 개수	12개 이하	13~16개	17~18개	19~20개
학습 방법	개념을 다시 공부하세요.	조금 더 노력하세요.	실수하면 안 돼요.	참 잘했어요.

5일차 A형

분모가 같은 진분수의 덧셈

월	일
분	초
	/20

분수의 덧셈을 하세요.

❶ $\frac{2}{9}+\frac{6}{9}=$

❷ $\frac{13}{25}+\frac{8}{25}=$

❸ $\frac{3}{18}+\frac{8}{18}=$

❹ $\frac{9}{14}+\frac{2}{14}=$

❺ $\frac{15}{32}+\frac{8}{32}=$

❻ $\frac{17}{51}+\frac{12}{51}=$

❼ $\frac{11}{22}+\frac{8}{22}=$

❽ $\frac{9}{27}+\frac{8}{27}=$

❾ $\frac{7}{10}+\frac{2}{10}=$

❿ $\frac{13}{37}+\frac{12}{37}=$

⓫ $\frac{4}{8}+\frac{3}{8}=$

⓬ $\frac{7}{33}+\frac{18}{33}=$

⓭ $\frac{9}{21}+\frac{7}{21}=$

⓮ $\frac{7}{18}+\frac{10}{18}=$

⓯ $\frac{19}{48}+\frac{24}{48}=$

⓰ $\frac{5}{13}+\frac{7}{13}=$

⓱ $\frac{7}{19}+\frac{8}{19}=$

⓲ $\frac{9}{37}+\frac{18}{37}=$

⓳ $\frac{13}{29}+\frac{7}{29}=$

⓴ $\frac{8}{14}+\frac{5}{14}=$

자기 점수에 ○표 하세요

맞힌 개수	12개 이하	13~16개	17~18개	19~20개
학습 방법	개념을 다시 공부하세요.	조금 더 노력하세요.	실수하면 안 돼요.	참 잘했어요.

분모가 같은 진분수의 덧셈

월 일
분 초
/20

정답 6쪽

✎ 분수의 덧셈을 하세요.

① $\frac{4}{5}+\frac{1}{5}=$

② $\frac{7}{16}+\frac{9}{16}=$

③ $\frac{7}{14}+\frac{8}{14}=$

④ $\frac{10}{12}+\frac{11}{12}=$

⑤ $\frac{12}{17}+\frac{11}{17}=$

⑥ $\frac{12}{14}+\frac{13}{14}=$

⑦ $\frac{12}{18}+\frac{13}{18}=$

⑧ $\frac{9}{14}+\frac{11}{14}=$

⑨ $\frac{9}{13}+\frac{15}{13}=$

⑩ $\frac{12}{13}+\frac{10}{13}=$

⑪ $\frac{19}{21}+\frac{11}{21}=$

⑫ $\frac{8}{11}+\frac{7}{11}=$

⑬ $\frac{8}{9}+\frac{3}{9}=$

⑭ $\frac{7}{11}+\frac{10}{11}=$

⑮ $\frac{3}{4}+\frac{2}{4}=$

⑯ $\frac{12}{17}+\frac{13}{17}=$

⑰ $\frac{19}{21}+\frac{18}{21}=$

⑱ $\frac{4}{5}+\frac{2}{5}=$

⑲ $\frac{9}{25}+\frac{16}{25}=$

⑳ $\frac{19}{30}+\frac{12}{30}=$

자기 점수에 ○표 하세요

맞힌 개수	12개 이하	13~16개	17~18개	19~20개
학습 방법	개념을 다시 공부하세요.	조금 더 노력하세요.	실수하면 안 돼요.	참 잘했어요.

072 단계 분모가 같은 대분수의 덧셈

◆스스로 학습 관리표◆

- 매일 맞힌 개수를 적고, 걸린 시간만큼 색칠해 보세요.
(눈금 1칸은 1분이며, 초는 표의 상단에 적으세요.)
- 하루하루 지날수록 실력이 자라고, 계산 속도가 빨라지는 것을 눈으로 직접 확인할 수 있습니다.

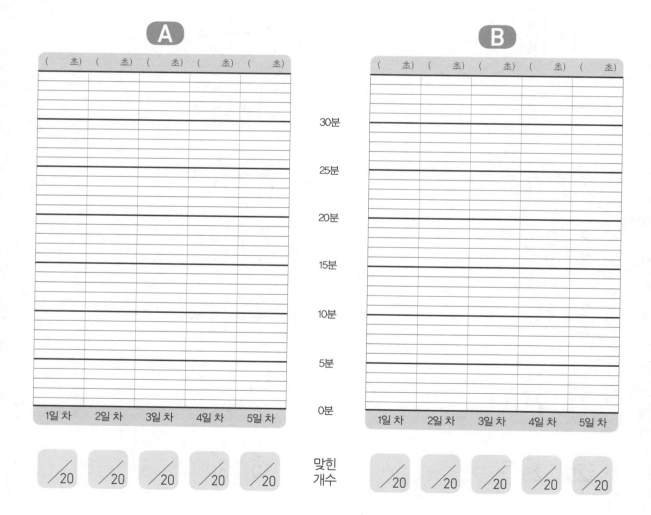

A

(초)	(초)	(초)	(초)	(초)
1일 차	2일 차	3일 차	4일 차	5일 차
/20	/20	/20	/20	/20

B

(초)	(초)	(초)	(초)	(초)
1일 차	2일 차	3일 차	4일 차	5일 차
/20	/20	/20	/20	/20

30분
25분
20분
15분
10분
5분
0분

맞힌 개수

개념 포인트

이제 분모가 같은 대분수의 덧셈을 배워 봅시다. 대분수의 덧셈은 두 가지 방법으로 할 수 있어요.

자연수끼리, 진분수끼리 더하기

대분수는 자연수와 진분수가 합쳐진 분수입니다. 두 대분수를 더할 때는 먼저 자연수끼리 더하고, 남은 진분수끼리 더하면 됩니다. 바로 앞 단계에서 분모가 같은 진분수끼리의 덧셈을 익혔으니 쉽지요?

$$2\frac{1}{5}+3\frac{2}{5}=(2+3)+\left(\frac{1}{5}+\frac{2}{5}\right)=5+\frac{3}{5}=5\frac{3}{5}$$

가분수로 고쳐서 더하기

주어진 대분수를 모두 가분수로 만들어 분자끼리 더한 후 대분수로 나타냅니다.

$$2\frac{1}{5}+3\frac{2}{5}=\frac{11}{5}+\frac{17}{5}=\frac{28}{5}=5\frac{3}{5}$$

예시

(대분수)+(대분수)

자연수끼리, 진분수끼리 더하기

$$1\frac{3}{7}+2\frac{5}{7}=(1+2)+\left(\frac{3}{7}+\frac{5}{7}\right)=3+\frac{8}{7}=3+1\frac{1}{7}=4\frac{1}{7}$$

마지막 답을 낼 때,
대분수인지 꼭 확인해!

가분수로 고쳐서 더하기

$$1\frac{3}{7}+2\frac{5}{7}=\frac{10}{7}+\frac{19}{7}=\frac{29}{7}=4\frac{1}{7}$$

두 대분수의 진분수끼리 더한 값이 진분수이면 자연수는 자연수끼리, 진분수는 진분수끼리 더하는 방법이 쉽습니다. 진분수끼리 더한 값이 가분수가 되는 경우 아이들은 최종 계산 결과를 대분수로 바꾸지 않고 넘어가는 실수를 합니다. 처음부터 가분수로 바꾸어 계산하면 실수를 줄일 수 있습니다.

1일차 A형

분모가 같은 대분수의 덧셈

월	일
분	초
	/20

자연수는 자연수끼리,
진분수는 진분수끼리
더해 봐!

✎ 분수의 덧셈을 하세요.

❶ $2\frac{2}{5}+1\frac{2}{5}=$

❷ $4\frac{3}{7}+5\frac{1}{7}=$

❸ $3\frac{2}{9}+2\frac{5}{9}=$

❹ $6\frac{3}{11}+2\frac{6}{11}=$

❺ $2\frac{7}{13}+5\frac{5}{13}=$

❻ $3\frac{4}{15}+5\frac{9}{15}=$

❼ $1\frac{8}{17}+4\frac{6}{17}=$

❽ $5\frac{12}{19}+2\frac{6}{19}=$

❾ $4\frac{8}{21}+5\frac{11}{21}=$

❿ $1\frac{9}{23}+3\frac{12}{23}=$

⓫ $2\frac{2}{8}+5\frac{3}{8}=$

⓬ $6\frac{4}{10}+3\frac{2}{10}=$

⓭ $3\frac{2}{12}+1\frac{5}{12}=$

⓮ $6\frac{3}{14}+2\frac{7}{14}=$

⓯ $2\frac{7}{16}+7\frac{5}{16}=$

⓰ $3\frac{2}{18}+2\frac{11}{18}=$

⓱ $2\frac{9}{20}+5\frac{8}{20}=$

⓲ $1\frac{3}{22}+2\frac{18}{22}=$

⓳ $3\frac{5}{24}+4\frac{7}{24}=$

⓴ $4\frac{14}{31}+4\frac{13}{31}=$

자기 점수에 ○표 하세요

맞힌 개수	12개 이하	13~16개	17~18개	19~20개
학습 방법	개념을 다시 공부하세요.	조금 더 노력하세요.	실수하면 안 돼요.	참 잘했어요.

분모가 같은 대분수의 덧셈

월 일
분 초
/20

정답 7쪽

진분수끼리 더한 값이
가분수가 되네! 대분수로
바꿔 줘!

✎ 분수의 덧셈을 하세요.

❶ $2\frac{2}{5}+1\frac{3}{5}=$

❷ $1\frac{3}{7}+2\frac{6}{7}=$

❸ $2\frac{8}{9}+1\frac{5}{9}=$

❹ $1\frac{7}{11}+1\frac{6}{11}=$

❺ $2\frac{7}{13}+3\frac{8}{13}=$

❻ $3\frac{4}{15}+2\frac{11}{15}=$

❼ $2\frac{8}{17}+2\frac{12}{17}=$

❽ $1\frac{12}{19}+3\frac{13}{19}=$

❾ $1\frac{19}{21}+4\frac{11}{21}=$

❿ $1\frac{22}{23}+2\frac{12}{23}=$

⓫ $2\frac{7}{8}+3\frac{3}{8}=$

⓬ $3\frac{4}{10}+4\frac{9}{10}=$

⓭ $4\frac{2}{12}+4\frac{11}{12}=$

⓮ $1\frac{8}{14}+6\frac{7}{14}=$

⓯ $2\frac{7}{16}+1\frac{12}{16}=$

⓰ $2\frac{9}{18}+2\frac{11}{18}=$

⓱ $1\frac{9}{20}+2\frac{15}{20}=$

⓲ $3\frac{9}{22}+1\frac{18}{22}=$

⓳ $2\frac{5}{24}+5\frac{19}{24}=$

⓴ $1\frac{14}{31}+2\frac{17}{31}=$

자기 점수에 ○표 하세요

맞힌 개수	12개 이하	13~16개	17~18개	19~20개
학습 방법	개념을 다시 공부하세요.	조금 더 노력하세요.	실수하면 안 돼요.	참 잘했어요.

2일차 A형

분모가 같은 대분수의 덧셈

월	일
분	초
	/20

✎ 분수의 덧셈을 하세요.

❶ $5\frac{3}{15}+2\frac{10}{15}=$

❷ $1\frac{1}{8}+3\frac{4}{8}=$

❸ $1\frac{2}{11}+2\frac{8}{11}=$

❹ $1\frac{4}{15}+3\frac{4}{15}=$

❺ $2\frac{6}{9}+4\frac{1}{9}=$

❻ $3\frac{4}{15}+5\frac{5}{15}=$

❼ $3\frac{2}{7}+4\frac{3}{7}=$

❽ $2\frac{6}{10}+3\frac{3}{10}=$

❾ $3\frac{9}{25}+4\frac{13}{25}=$

❿ $1\frac{17}{30}+3\frac{12}{30}=$

⓫ $3\frac{5}{8}+6\frac{2}{8}=$

⓬ $2\frac{4}{17}+5\frac{8}{17}=$

⓭ $5\frac{15}{27}+5\frac{8}{27}=$

⓮ $6\frac{17}{31}+7\frac{8}{31}=$

⓯ $8\frac{7}{14}+7\frac{6}{14}=$

⓰ $9\frac{5}{22}+4\frac{13}{22}=$

⓱ $7\frac{8}{20}+4\frac{9}{20}=$

⓲ $7\frac{3}{12}+5\frac{6}{12}=$

⓳ $7\frac{13}{35}+7\frac{14}{35}=$

⓴ $3\frac{17}{31}+8\frac{12}{31}=$

자기 점수에 ○표 하세요

맞힌 개수	12개 이하	13~16개	17~18개	19~20개
학습 방법	개념을 다시 공부하세요.	조금 더 노력하세요.	실수하면 안 돼요.	참 잘했어요.

분모가 같은 대분수의 덧셈

월	일
분	초
	/20

정답 8쪽

분수의 덧셈을 하세요.

1. $3\frac{6}{10}+4\frac{5}{10}=$
2. $4\frac{9}{13}+3\frac{11}{13}=$
3. $2\frac{3}{7}+3\frac{5}{7}=$
4. $5\frac{4}{5}+5\frac{3}{5}=$
5. $2\frac{10}{11}+4\frac{7}{11}=$
6. $3\frac{8}{17}+2\frac{11}{17}=$
7. $2\frac{18}{27}+2\frac{12}{27}=$
8. $4\frac{12}{31}+5\frac{23}{31}=$
9. $2\frac{17}{19}+4\frac{5}{19}=$
10. $5\frac{17}{20}+4\frac{14}{20}=$
11. $2\frac{13}{14}+3\frac{10}{14}=$
12. $3\frac{10}{11}+4\frac{9}{11}=$
13. $4\frac{13}{14}+3\frac{2}{14}=$
14. $4\frac{9}{15}+5\frac{10}{15}=$
15. $3\frac{13}{18}+4\frac{5}{18}=$
16. $1\frac{13}{25}+6\frac{14}{25}=$
17. $2\frac{9}{15}+2\frac{13}{15}=$
18. $3\frac{8}{23}+1\frac{17}{23}=$
19. $4\frac{5}{9}+3\frac{7}{9}=$
20. $4\frac{14}{28}+2\frac{17}{28}=$

자기 점수에 ○표 하세요

맞힌 개수	12개 이하	13~16개	17~18개	19~20개
학습 방법	개념을 다시 공부하세요.	조금 더 노력 하세요.	실수하면 안 돼요.	참 잘했어요.

3일차 A형

분모가 같은 대분수의 덧셈

월	일
분	초
	/20

✎ 분수의 덧셈을 하세요.

❶ $2\frac{1}{9}+4\frac{3}{9}=$

❷ $4\frac{4}{7}+7\frac{2}{7}=$

❸ $4\frac{12}{20}+4\frac{7}{20}=$

❹ $1\frac{3}{8}+5\frac{2}{8}=$

❺ $4\frac{7}{13}+1\frac{4}{13}=$

❻ $9\frac{3}{10}+4\frac{6}{10}=$

❼ $5\frac{8}{23}+4\frac{6}{23}=$

❽ $2\frac{14}{19}+8\frac{2}{19}=$

❾ $4\frac{9}{24}+3\frac{13}{24}=$

❿ $7\frac{2}{12}+4\frac{7}{12}=$

⓫ $3\frac{3}{12}+5\frac{6}{12}=$

⓬ $4\frac{7}{15}+5\frac{4}{15}=$

⓭ $3\frac{3}{12}+1\frac{2}{12}=$

⓮ $5\frac{3}{17}+3\frac{9}{17}=$

⓯ $2\frac{2}{16}+7\frac{5}{16}=$

⓰ $3\frac{3}{12}+3\frac{1}{12}=$

⓱ $7\frac{9}{28}+5\frac{4}{28}=$

⓲ $8\frac{17}{34}+5\frac{12}{34}=$

⓳ $5\frac{5}{13}+4\frac{7}{13}=$

⓴ $1\frac{19}{31}+6\frac{8}{31}=$

자기 점수에 ○표 하세요

맞힌 개수	12개 이하	13~16개	17~18개	19~20개
학습 방법	개념을 다시 공부하세요.	조금 더 노력하세요.	실수하면 안 돼요.	참 잘했어요.

분모가 같은 대분수의 덧셈

월 일
분 초
/20

정답 9쪽

분수의 덧셈을 하세요.

① $2\frac{7}{8}+2\frac{6}{8}=$

② $3\frac{5}{7}+5\frac{4}{7}=$

③ $4\frac{12}{13}+3\frac{3}{13}=$

④ $1\frac{20}{23}+1\frac{16}{23}=$

⑤ $2\frac{17}{29}+1\frac{18}{29}=$

⑥ $1\frac{4}{9}+2\frac{5}{9}=$

⑦ $3\frac{8}{14}+5\frac{9}{14}=$

⑧ $1\frac{24}{35}+3\frac{27}{35}=$

⑨ $4\frac{10}{14}+2\frac{7}{14}=$

⑩ $1\frac{10}{11}+5\frac{7}{11}=$

⑪ $3\frac{4}{14}+4\frac{13}{14}=$

⑫ $2\frac{13}{19}+2\frac{9}{19}=$

⑬ $4\frac{6}{8}+1\frac{7}{8}=$

⑭ $3\frac{13}{17}+4\frac{12}{17}=$

⑮ $5\frac{7}{11}+4\frac{8}{11}=$

⑯ $5\frac{11}{13}+2\frac{6}{13}=$

⑰ $2\frac{11}{20}+2\frac{17}{20}=$

⑱ $1\frac{8}{10}+1\frac{5}{10}=$

⑲ $2\frac{4}{9}+3\frac{6}{9}=$

⑳ $3\frac{5}{15}+5\frac{11}{15}=$

자기 점수에 ○표 하세요

맞힌 개수	12개 이하	13~16개	17~18개	19~20개
학습 방법	개념을 다시 공부하세요.	조금 더 노력하세요.	실수하면 안 돼요.	참 잘했어요.

분모가 같은 대분수의 덧셈

월	일
분	초
	/20

분수의 덧셈을 하세요.

① $2\frac{4}{12}+5\frac{3}{12}=$

② $1\frac{4}{12}+1\frac{5}{12}=$

③ $7\frac{15}{31}+2\frac{9}{31}=$

④ $3\frac{4}{11}+7\frac{5}{11}=$

⑤ $4\frac{5}{13}+3\frac{6}{13}=$

⑥ $5\frac{5}{10}+2\frac{3}{10}=$

⑦ $3\frac{11}{23}+3\frac{8}{23}=$

⑧ $5\frac{11}{19}+4\frac{7}{19}=$

⑨ $5\frac{2}{10}+3\frac{5}{10}=$

⑩ $4\frac{1}{8}+5\frac{5}{8}=$

⑪ $9\frac{2}{7}+6\frac{3}{7}=$

⑫ $12\frac{11}{28}+9\frac{9}{28}=$

⑬ $2\frac{5}{12}+4\frac{6}{12}=$

⑭ $4\frac{3}{9}+3\frac{2}{9}=$

⑮ $4\frac{8}{16}+7\frac{5}{16}=$

⑯ $2\frac{2}{5}+2\frac{1}{5}=$

⑰ $4\frac{7}{24}+5\frac{12}{24}=$

⑱ $9\frac{14}{34}+3\frac{19}{34}=$

⑲ $6\frac{3}{13}+6\frac{5}{13}=$

⑳ $6\frac{6}{14}+7\frac{7}{14}=$

자기 점수에 ○표 하세요

맞힌 개수	12개 이하	13~16개	17~18개	19~20개
학습 방법	개념을 다시 공부하세요.	조금 더 노력하세요.	실수하면 안 돼요.	참 잘했어요.

4일차 B형

분모가 같은 대분수의 덧셈

월	일
분	초
	/20

정답 10쪽

분수의 덧셈을 하세요.

① $5\frac{6}{11}+3\frac{9}{11}=$

② $2\frac{6}{7}+2\frac{6}{7}=$

③ $4\frac{13}{17}+3\frac{14}{17}=$

④ $2\frac{7}{11}+2\frac{8}{11}=$

⑤ $3\frac{8}{15}+2\frac{11}{15}=$

⑥ $2\frac{5}{9}+1\frac{7}{9}=$

⑦ $4\frac{13}{17}+2\frac{12}{17}=$

⑧ $2\frac{13}{19}+3\frac{14}{19}=$

⑨ $2\frac{8}{9}+3\frac{7}{9}=$

⑩ $1\frac{9}{10}+1\frac{5}{10}=$

⑪ $3\frac{8}{14}+4\frac{13}{14}=$

⑫ $2\frac{13}{19}+5\frac{13}{19}=$

⑬ $4\frac{5}{8}+3\frac{6}{8}=$

⑭ $2\frac{19}{21}+4\frac{14}{21}=$

⑮ $2\frac{1}{5}+2\frac{4}{5}=$

⑯ $5\frac{11}{13}+3\frac{8}{13}=$

⑰ $2\frac{16}{20}+2\frac{17}{20}=$

⑱ $4\frac{22}{23}+2\frac{16}{23}=$

⑲ $2\frac{7}{15}+2\frac{8}{15}=$

⑳ $3\frac{9}{13}+3\frac{8}{13}=$

자기 점수에 ○표 하세요

맞힌 개수	12개 이하	13~16개	17~18개	19~20개
학습 방법	개념을 다시 공부하세요.	조금 더 노력하세요.	실수하면 안 돼요.	참 잘했어요.

5일차 A형

분모가 같은 대분수의 덧셈

월 일
분 초
/20

분수의 덧셈을 하세요.

❶ $5\frac{5}{10}+2\frac{3}{10}=$

❷ $4\frac{10}{22}+3\frac{11}{22}=$

❸ $8\frac{3}{8}+4\frac{4}{8}=$

❹ $13\frac{7}{25}+8\frac{14}{25}=$

❺ $3\frac{4}{12}+4\frac{6}{12}=$

❻ $5\frac{6}{17}+4\frac{8}{17}=$

❼ $4\frac{5}{16}+8\frac{7}{16}=$

❽ $3\frac{3}{12}+3\frac{1}{12}=$

❾ $8\frac{16}{35}+9\frac{11}{35}=$

❿ $2\frac{3}{11}+4\frac{2}{11}=$

⓫ $2\frac{2}{5}+2\frac{1}{5}=$

⓬ $6\frac{9}{24}+5\frac{10}{24}=$

⓭ $7\frac{20}{31}+9\frac{7}{31}=$

⓮ $2\frac{3}{14}+8\frac{9}{14}=$

⓯ $6\frac{8}{21}+9\frac{2}{21}=$

⓰ $2\frac{4}{23}+4\frac{12}{23}=$

⓱ $8\frac{7}{19}+3\frac{2}{19}=$

⓲ $2\frac{11}{24}+5\frac{12}{24}=$

⓳ $8\frac{1}{12}+5\frac{4}{12}=$

⓴ $5\frac{15}{27}+5\frac{8}{27}=$

자기 점수에 ○표 하세요

맞힌 개수	12개 이하	13~16개	17~18개	19~20개
학습 방법	개념을 다시 공부하세요.	조금 더 노력하세요.	실수하면 안 돼요.	참 잘했어요.

분모가 같은 대분수의 덧셈

월 일
분 초
/20

정답 11쪽

분수의 덧셈을 하세요.

① $1\frac{9}{10}+1\frac{5}{10}=$

② $6\frac{4}{11}+5\frac{9}{11}=$

③ $4\frac{6}{15}+3\frac{9}{15}=$

④ $3\frac{4}{9}+2\frac{6}{9}=$

⑤ $7\frac{19}{28}+3\frac{14}{28}=$

⑥ $8\frac{7}{11}+4\frac{9}{11}=$

⑦ $3\frac{8}{24}+5\frac{19}{24}=$

⑧ $4\frac{16}{29}+10\frac{19}{29}=$

⑨ $1\frac{14}{20}+8\frac{13}{20}=$

⑩ $2\frac{3}{7}+3\frac{5}{7}=$

⑪ $2\frac{7}{13}+4\frac{11}{13}=$

⑫ $9\frac{8}{13}+2\frac{8}{13}=$

⑬ $2\frac{1}{5}+2\frac{4}{5}=$

⑭ $5\frac{17}{23}+1\frac{16}{23}=$

⑮ $7\frac{6}{8}+3\frac{4}{8}=$

⑯ $3\frac{20}{21}+4\frac{16}{21}=$

⑰ $9\frac{14}{17}+2\frac{8}{17}=$

⑱ $4\frac{21}{27}+5\frac{11}{27}=$

⑲ $2\frac{9}{13}+5\frac{8}{13}=$

⑳ $1\frac{11}{14}+7\frac{8}{14}=$

자기 점수에 ○표 하세요

맞힌 개수	12개 이하	13~16개	17~18개	19~20개
학습 방법	개념을 다시 공부하세요.	조금 더 노력하세요.	실수하면 안 돼요.	참 잘했어요.

073 단계

분모가 같은 진분수의 뺄셈

◆스스로 학습 관리표◆

- 매일 맞힌 개수를 적고, 걸린 시간만큼 색칠해 보세요.
  (눈금 1칸은 1분이며, 초는 표의 상단에 적으세요.)
- 하루하루 지날수록 실력이 자라고, 계산 속도가 빨라지는 것을 눈으로 직접 확인할 수 있습니다.

A

(초)	(초)	(초)	(초)	(초)	
					30분
					25분
					20분
					15분
					10분
					5분
					0분
1일 차	2일 차	3일 차	4일 차	5일 차	
/20	/20	/20	/20	/20	맞힌 개수

B

(초)	(초)	(초)	(초)	(초)
1일 차	2일 차	3일 차	4일 차	5일 차
/20	/20	/20	/20	/20

◆개념 포인트◆

이제까지 분모가 같은 분수의 덧셈을 배웠습니다. 이제부터는 분수의 뺄셈을 배워 봅시다.

분모가 같은 진분수의 뺄셈

분모가 같은 진분수의 덧셈과 마찬가지로 분모는 같으니까 그대로 두고 분자끼리 뺄셈을 하면 됩니다.

$$\frac{3}{5}-\frac{1}{5}=\frac{3-1}{5}=\frac{2}{5}$$

그러면 $\frac{1}{3}-\frac{1}{3}$은 어떻게 계산할까요? 분모가 같으니까 그대로 두고 분자만 계산하면 1−1=0. 그러면 $\frac{0}{3}$인가요? 어떤 수에서 그것과 똑같은 수를 빼면 남는 것이 없으므로 $\frac{1}{3}-\frac{1}{3}=0$입니다. 즉, 계산에서 분자가 0이 되면 전체 수가 0이 됩니다.

자연수와 진분수의 뺄셈

자연수에서 1을 진분수의 분모와 같은 가분수로 만들어 분자끼리 뺄셈을 해 줍니다.

$$2-\frac{1}{4}=1\frac{4}{4}-\frac{1}{4}=1\frac{4-1}{4}=1\frac{3}{4}$$

예시

(진분수)−(진분수) $\frac{9}{11}-\frac{5}{11}=\frac{9-5}{11}=\frac{4}{11}$

(자연수)−(진분수) $5-\frac{2}{9}=4\frac{9}{9}-\frac{2}{9}=4\frac{9-2}{9}=4\frac{7}{9}$

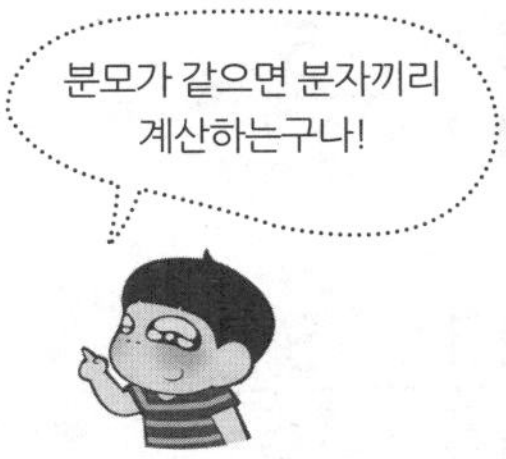
분모가 같으면 분자끼리
계산하는구나!

지도
도우미

분수의 뺄셈 중 가장 간단한 부분입니다. 분모가 같으면 분자끼리 계산한다는 것을 다시 일깨워 주세요. 자연수에서 진분수를 뺄 때, 자연수를 분수로 바꾸는 과정에서 빼는 분수의 분모와 같은 가분수로 만드는 것을 아이들이 힘들어 할 수 있습니다. 익숙해지도록 차근차근 연습시켜 주시고 칭찬과 격려 잊지 마세요.

1일차 A형

분모가 같은 진분수의 뺄셈

월 일
분 초
/20

분수의 뺄셈을 하세요.

① $\frac{4}{5}-\frac{2}{5}=$

② $\frac{3}{7}-\frac{2}{7}=$

③ $\frac{5}{9}-\frac{2}{9}=$

④ $\frac{10}{11}-\frac{7}{11}=$

⑤ $\frac{12}{13}-\frac{5}{13}=$

⑥ $\frac{14}{15}-\frac{8}{15}=$

⑦ $\frac{14}{17}-\frac{9}{17}=$

⑧ $\frac{13}{19}-\frac{6}{19}=$

⑨ $\frac{18}{21}-\frac{10}{21}=$

⑩ $\frac{21}{23}-\frac{12}{23}=$

⑪ $\frac{7}{8}-\frac{3}{8}=$

⑫ $\frac{9}{10}-\frac{2}{10}=$

⑬ $\frac{11}{12}-\frac{5}{12}=$

⑭ $\frac{11}{14}-\frac{2}{14}=$

⑮ $\frac{13}{16}-\frac{5}{16}=$

⑯ $\frac{17}{18}-\frac{9}{18}=$

⑰ $\frac{9}{20}-\frac{9}{20}=$

⑱ $\frac{19}{22}-\frac{8}{22}=$

⑲ $\frac{23}{24}-\frac{7}{24}=$

⑳ $\frac{30}{31}-\frac{13}{31}=$

자기 점수에 ○표 하세요

맞힌 개수	12개 이하	13~16개	17~18개	19~20개
학습 방법	개념을 다시 공부하세요.	조금 더 노력 하세요.	실수하면 안 돼요.	참 잘했어요.

1일차 B형

분모가 같은 진분수의 뺄셈

월	일
분	초
	/20

자연수는 빼는 분수의
분모와 같은 가분수로
바꿔 봐!

정답 12쪽

✎ 분수의 뺄셈을 하세요.

❶ $1-\frac{3}{5}=$

❷ $1-\frac{6}{7}=$

❸ $1-\frac{5}{9}=$

❹ $1-\frac{6}{11}=$

❺ $1-\frac{8}{13}=$

❻ $2-\frac{11}{15}=$

❼ $2-\frac{12}{17}=$

❽ $3-\frac{13}{19}=$

❾ $4-\frac{11}{21}=$

❿ $5-\frac{12}{23}=$

⓫ $1-\frac{3}{8}=$

⓬ $1-\frac{9}{10}=$

⓭ $1-\frac{11}{12}=$

⓮ $1-\frac{7}{14}=$

⓯ $2-\frac{12}{16}=$

⓰ $5-\frac{11}{18}=$

⓱ $9-\frac{15}{20}=$

⓲ $11-\frac{18}{22}=$

⓳ $3-\frac{19}{24}=$

⓴ $2-\frac{14}{31}=$

자기 점수에 ○표 하세요

맞힌 개수	12개 이하	13~16개	17~18개	19~20개
학습 방법	개념을 다시 공부하세요.	조금 더 노력하세요.	실수하면 안 돼요.	참 잘했어요.

2일차 A형

분모가 같은 진분수의 뺄셈

월	일
분	초
	/20

✎ 분수의 뺄셈을 하세요.

① $\frac{6}{9}-\frac{2}{9}=$

② $\frac{13}{25}-\frac{8}{25}=$

③ $\frac{8}{18}-\frac{3}{18}=$

④ $\frac{10}{11}-\frac{8}{11}=$

⑤ $\frac{22}{25}-\frac{13}{25}=$

⑥ $\frac{25}{31}-\frac{6}{31}=$

⑦ $\frac{32}{33}-\frac{9}{33}=$

⑧ $\frac{11}{19}-\frac{6}{19}=$

⑨ $\frac{7}{10}-\frac{2}{10}=$

⑩ $\frac{36}{37}-\frac{18}{37}=$

⑪ $\frac{4}{8}-\frac{3}{8}=$

⑫ $\frac{32}{33}-\frac{18}{33}=$

⑬ $\frac{19}{21}-\frac{8}{21}=$

⑭ $\frac{32}{35}-\frac{17}{35}=$

⑮ $\frac{4}{5}-\frac{1}{5}=$

⑯ $\frac{8}{9}-\frac{3}{9}=$

⑰ $\frac{12}{18}-\frac{5}{18}=$

⑱ $\frac{41}{44}-\frac{18}{44}=$

⑲ $\frac{21}{29}-\frac{7}{29}=$

⑳ $\frac{13}{14}-\frac{4}{14}=$

자기 점수에 ○표 하세요

맞힌 개수	12개 이하	13~16개	17~18개	19~20개
학습 방법	개념을 다시 공부하세요.	조금 더 노력하세요.	실수하면 안 돼요.	참 잘했어요.

분모가 같은 진분수의 뺄셈

월	일
분	초
	/20

정답 13쪽

✎ 분수의 뺄셈을 하세요.

❶ $1-\frac{12}{14}=$

❷ $1-\frac{12}{16}=$

❸ $1-\frac{13}{18}=$

❹ $2-\frac{9}{11}=$

❺ $2-\frac{10}{11}=$

❻ $3-\frac{11}{15}=$

❼ $4-\frac{9}{10}=$

❽ $5-\frac{11}{12}=$

❾ $8-\frac{20}{21}=$

❿ $9-\frac{11}{12}=$

⓫ $7-\frac{13}{17}=$

⓬ $6-\frac{15}{16}=$

⓭ $5-\frac{21}{22}=$

⓮ $4-\frac{8}{14}=$

⓯ $3-\frac{15}{19}=$

⓰ $3-\frac{8}{9}=$

⓱ $2-\frac{13}{20}=$

⓲ $3-\frac{3}{5}=$

⓳ $5-\frac{14}{17}=$

⓴ $8-\frac{7}{9}=$

자기 점수에 ○표 하세요

맞힌 개수	12개 이하	13~16개	17~18개	19~20개
학습 방법	개념을 다시 공부하세요.	조금 더 노력 하세요.	실수하면 안 돼요.	참 잘했어요.

3일차 A형

분모가 같은 진분수의 뺄셈

월	일
분	초
	/20

분수의 뺄셈을 하세요.

① $\frac{2}{3}-\frac{1}{3}=$

② $\frac{14}{17}-\frac{7}{17}=$

③ $\frac{30}{39}-\frac{13}{39}=$

④ $\frac{9}{14}-\frac{5}{14}=$

⑤ $\frac{15}{32}-\frac{8}{32}=$

⑥ $\frac{47}{51}-\frac{28}{51}=$

⑦ $\frac{20}{22}-\frac{7}{22}=$

⑧ $\frac{26}{27}-\frac{8}{27}=$

⑨ $\frac{18}{21}-\frac{13}{21}=$

⑩ $\frac{12}{17}-\frac{4}{17}=$

⑪ $\frac{17}{40}-\frac{12}{40}=$

⑫ $\frac{10}{11}-\frac{3}{11}=$

⑬ $\frac{20}{21}-\frac{9}{21}=$

⑭ $\frac{13}{18}-\frac{9}{18}=$

⑮ $\frac{45}{48}-\frac{39}{48}=$

⑯ $\frac{12}{13}-\frac{7}{13}=$

⑰ $\frac{16}{19}-\frac{9}{19}=$

⑱ $\frac{32}{37}-\frac{18}{37}=$

⑲ $\frac{23}{24}-\frac{9}{24}=$

⑳ $\frac{35}{39}-\frac{17}{39}=$

자기 점수에 ○표 하세요

맞힌 개수	12개 이하	13~16개	17~18개	19~20개
학습 방법	개념을 다시 공부하세요.	조금 더 노력 하세요.	실수하면 안 돼요.	참 잘했어요.

분모가 같은 진분수의 뺄셈

월 일
분 초
/20

정답 14쪽

분수의 뺄셈을 하세요.

❶ $1-\frac{1}{3}=$

❷ $1-\frac{7}{17}=$

❸ $1-\frac{13}{39}=$

❹ $2-\frac{5}{14}=$

❺ $2-\frac{8}{32}=$

❻ $3-\frac{28}{51}=$

❼ $3-\frac{7}{22}=$

❽ $4-\frac{8}{27}=$

❾ $10-\frac{13}{21}=$

❿ $10-\frac{4}{17}=$

⓫ $10-\frac{12}{40}=$

⓬ $1-\frac{3}{11}=$

⓭ $1-\frac{9}{21}=$

⓮ $1-\frac{9}{18}=$

⓯ $2-\frac{39}{48}=$

⓰ $2-\frac{7}{13}=$

⓱ $3-\frac{9}{19}=$

⓲ $3-\frac{18}{37}=$

⓳ $4-\frac{9}{24}=$

⓴ $9-\frac{17}{39}=$

자기 점수에 ○표 하세요

맞힌 개수	12개 이하	13~16개	17~18개	19~20개
학습 방법	개념을 다시 공부하세요.	조금 더 노력 하세요.	실수하면 안 돼요.	참 잘했어요.

4일차 A형

분모가 같은 진분수의 뺄셈

월	일
분	초
	/20

✎ 분수의 뺄셈을 하세요.

❶ $\frac{12}{14}-\frac{1}{14}=$

❷ $\frac{12}{16}-\frac{5}{16}=$

❸ $\frac{13}{18}-\frac{5}{18}=$

❹ $\frac{9}{11}-\frac{6}{11}=$

❺ $\frac{10}{11}-\frac{3}{11}=$

❻ $\frac{11}{15}-\frac{4}{15}=$

❼ $\frac{8}{10}-\frac{3}{10}=$

❽ $\frac{11}{12}-\frac{2}{12}=$

❾ $\frac{20}{21}-\frac{9}{21}=$

❿ $\frac{11}{12}-\frac{8}{12}=$

⓫ $\frac{13}{17}-\frac{4}{17}=$

⓬ $\frac{15}{16}-\frac{6}{16}=$

⓭ $\frac{21}{22}-\frac{8}{22}=$

⓮ $\frac{12}{14}-\frac{3}{14}=$

⓯ $\frac{15}{19}-\frac{7}{19}=$

⓰ $\frac{8}{9}-\frac{1}{9}=$

⓱ $\frac{13}{20}-\frac{4}{20}=$

⓲ $\frac{3}{5}-\frac{2}{5}=$

⓳ $\frac{12}{17}-\frac{4}{17}=$

⓴ $\frac{7}{9}-\frac{3}{9}=$

자기 점수에 ○표 하세요

맞힌 개수	12개 이하	13~16개	17~18개	19~20개
학습 방법	개념을 다시 공부하세요.	조금 더 노력하세요.	실수하면 안 돼요.	참 잘했어요.

분모가 같은 진분수의 뺄셈

월 일
분 초
/20

정답 15쪽

분수의 뺄셈을 하세요.

❶ $1-\frac{2}{9}=$

❷ $1-\frac{8}{25}=$

❸ $2-\frac{3}{18}=$

❹ $2-\frac{8}{11}=$

❺ $3-\frac{13}{25}=$

❻ $3-\frac{6}{31}=$

❼ $4-\frac{9}{33}=$

❽ $4-\frac{6}{19}=$

❾ $5-\frac{2}{10}=$

❿ $5-\frac{18}{37}=$

⓫ $1-\frac{3}{8}=$

⓬ $3-\frac{18}{33}=$

⓭ $5-\frac{8}{21}=$

⓮ $7-\frac{17}{35}=$

⓯ $9-\frac{1}{5}=$

⓰ $2-\frac{3}{9}=$

⓱ $4-\frac{5}{18}=$

⓲ $6-\frac{18}{44}=$

⓳ $8-\frac{7}{29}=$

⓴ $10-\frac{4}{14}=$

자기 점수에 ○표 하세요

맞힌 개수	12개 이하	13~16개	17~18개	19~20개
학습 방법	개념을 다시 공부하세요.	조금 더 노력하세요.	실수하면 안 돼요.	참 잘했어요.

5일차 A형

분모가 같은 진분수의 뺄셈

월	일
분	초
	/20

✎ 분수의 뺄셈을 하세요.

❶ $\frac{7}{9}-\frac{2}{9}=$

❷ $\frac{7}{8}-\frac{4}{8}=$

❸ $\frac{30}{31}-\frac{12}{31}=$

❹ $\frac{9}{11}-\frac{6}{11}=$

❺ $\frac{21}{24}-\frac{8}{24}=$

❻ $\frac{11}{15}-\frac{7}{15}=$

❼ $\frac{7}{8}-\frac{2}{8}=$

❽ $\frac{5}{7}-\frac{1}{7}=$

❾ $\frac{20}{21}-\frac{7}{21}=$

❿ $\frac{11}{12}-\frac{4}{12}=$

⓫ $\frac{22}{23}-\frac{11}{23}=$

⓬ $\frac{13}{18}-\frac{5}{18}=$

⓭ $\frac{21}{22}-\frac{8}{22}=$

⓮ $\frac{13}{14}-\frac{4}{14}=$

⓯ $\frac{15}{16}-\frac{9}{16}=$

⓰ $\frac{12}{13}-\frac{5}{13}=$

⓱ $\frac{19}{20}-\frac{6}{20}=$

⓲ $\frac{9}{10}-\frac{8}{10}=$

⓳ $\frac{21}{24}-\frac{9}{24}=$

⓴ $\frac{7}{9}-\frac{3}{9}=$

자기 점수에 ○표 하세요

맞힌 개수	12개 이하	13~16개	17~18개	19~20개
학습 방법	개념을 다시 공부하세요.	조금 더 노력하세요.	실수하면 안 돼요.	참 잘했어요.

5일차 B형

분모가 같은 진분수의 뺄셈

월	일
분	초
	/20

정답 16쪽

✎ 분수의 뺄셈을 하세요.

❶ $1-\frac{8}{25}=$

❷ $1-\frac{3}{4}=$

❸ $1-\frac{12}{37}=$

❹ $2-\frac{9}{13}=$

❺ $2-\frac{14}{23}=$

❻ $3-\frac{5}{14}=$

❼ $4-\frac{11}{33}=$

❽ $3-\frac{12}{17}=$

❾ $8-\frac{14}{21}=$

❿ $10-\frac{8}{17}=$

⓫ $1-\frac{2}{9}=$

⓬ $1-\frac{9}{10}=$

⓭ $4-\frac{21}{23}=$

⓮ $4-\frac{6}{14}=$

⓯ $2-\frac{13}{16}=$

⓰ $2-\frac{5}{11}=$

⓱ $3-\frac{7}{19}=$

⓲ $11-\frac{16}{22}=$

⓳ $5-\frac{11}{17}=$

⓴ $9-\frac{17}{39}=$

자기 점수에 ○표 하세요

맞힌 개수	12개 이하	13~16개	17~18개	19~20개
학습 방법	개념을 다시 공부하세요.	조금 더 노력 하세요.	실수하면 안 돼요.	참 잘했어요.

세 단계 묶어 풀기 071 ~ 073단계
분수의 덧셈과 뺄셈

월 일
분 초
/16

정답 17쪽

✎ 분수의 덧셈을 하세요.

❶ $\frac{9}{15}+\frac{5}{15}=$

❷ $\frac{4}{12}+\frac{9}{12}=$

❸ $2\frac{3}{14}+3\frac{6}{14}=$

❹ $1\frac{4}{9}+1\frac{6}{9}=$

❺ $4\frac{5}{15}+3\frac{14}{15}=$

❻ $\frac{7}{12}+5\frac{10}{12}=$

❼ $5\frac{5}{13}+4\frac{5}{13}=$

❽ $\frac{13}{15}+\frac{6}{15}=$

❾ $2\frac{9}{21}+1\frac{18}{21}=$

❿ $\frac{23}{35}+\frac{27}{35}=$

✎ 분수의 뺄셈을 하세요.

⓫ $\frac{16}{19}-\frac{9}{19}=$

⓬ $\frac{32}{37}-\frac{18}{37}=$

⓭ $1-\frac{7}{17}=$

⓮ $1-\frac{13}{18}=$

⓯ $2-\frac{5}{14}=$

⓰ $3-\frac{28}{51}=$

창의력 쑥쑥! 수학 퀴즈

분수에 대한 퀴즈를 풀어 볼까요?
다음 □ 안에는 똑같은 수가 들어갑니다.
바른 식이 되게 하는 알맞은 수를
1에서 9까지의 수 중에서 찾아 주세요.

$$\frac{1}{\square}+\frac{2}{\square}+\frac{3}{\square}+\frac{4}{\square}+\frac{5}{\square}+\frac{6}{\square}+\frac{7}{\square}+\frac{8}{\square}=9$$

답 혹시 1에서 9까지의 수를 하나하나 넣어서 계산해서 답을 찾은 친구 있나요? 더해야 하는 분수가 여덟 개나 되니까 복잡하고 어려워 보이는데도 포기하지 않고 문제를 풀려고 했으니 잘 했어요!

그런데 우리는 분모가 같은 분수의 덧셈을 하는 방법을 배웠잖아요. 그 방법대로 한번 풀어 볼까요?

분모에 어떤 수가 들어 가야 할지 아직 모르지만, 분모가 같은 분수들이니까 우선 분자들을 모두 더해봅시다. 1에서 8까지 더하면 얼마인가요? 다음과 같이 더하면 쉽게 구할 수 있어요.

$$\overbrace{1+\underbrace{2+\underbrace{3+\overbrace{4+5}+6}+7}_{9}+8}^{9}=9+9+9+9=36$$

분자들의 합이 36이니까 주어진 식은 $\frac{36}{\square}=9$가 됩니다.

36을 9로 나누면 □를 얻을 수 있습니다. 즉, 36÷9=4이므로
□에 4라는 수가 들어간다는 것을 알 수 있습니다.

074 단계 분모가 같은 대분수의 뺄셈

◆스스로 학습 관리표◆

- 매일 맞힌 개수를 적고, 걸린 시간만큼 색칠해 보세요. (눈금 1칸은 1분이며, 초는 표의 상단에 적으세요.)
- 하루하루 지날수록 실력이 자라고, 계산 속도가 빨라지는 것을 눈으로 직접 확인할 수 있습니다.

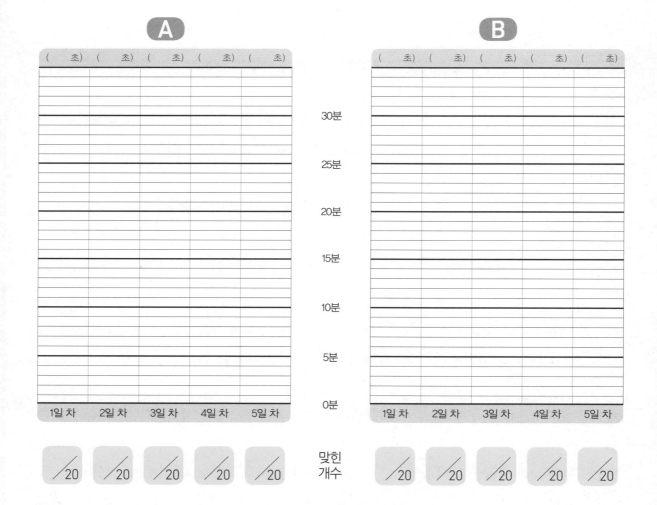

A

(초)	(초)	(초)	(초)	(초)	
					30분
					25분
					20분
					15분
					10분
					5분
					0분
1일 차	2일 차	3일 차	4일 차	5일 차	
/20	/20	/20	/20	/20	맞힌 개수

B

(초)	(초)	(초)	(초)	(초)	
					30분
					25분
					20분
					15분
					10분
					5분
					0분
1일 차	2일 차	3일 차	4일 차	5일 차	
/20	/20	/20	/20	/20	맞힌 개수

개념 포인트

분모가 같은 대분수의 뺄셈

분모가 같은 대분수의 덧셈과 마찬가지로 자연수는 자연수끼리, 분수는 분수끼리 계산을 해 주면 됩니다.

$$3\frac{4}{7}-1\frac{2}{7}=(3-1)+\frac{4-2}{7}=2\frac{2}{7}$$

$3\frac{1}{7}-1\frac{4}{7}$처럼 분수끼리 뺄 수 없을 때는 어떻게 할까요? 자연수 부분에서 1을 가분수로 만들어 뺄셈을 하면 됩니다.

$$3\frac{1}{7}-1\frac{4}{7}=2\frac{8}{7}-1\frac{4}{7}=(2-1)+\frac{8-4}{7}=1\frac{4}{7}$$

예시

(대분수)−(대분수)

$$5\frac{2}{9}-1\frac{4}{9}=4\frac{11}{9}-1\frac{4}{9}=(4-1)+\frac{11-4}{9}=3\frac{7}{9}$$

자연수에서 1을 가져와
가분수로 만들어.

지도
도우미

자연수에서 1을 가져와 가분수로 만들어 분수 계산을 하는 것은 자연수의 뺄셈에서 받아내림하여 계산하는 것과 원리가 같다는 것을 알려 주세요. 이 부분만 잘할 수 있다면 분수의 뺄셈도 쉽게 할 수 있답니다.

1일차 A형

분모가 같은 대분수의 뺄셈

월	일
분	초
	/20

자연수는 자연수끼리
분수는 분수끼리 계산
하면 돼!

✎ 분수의 뺄셈을 하세요.

❶ $4\frac{3}{5}-2\frac{1}{5}=$

❷ $5\frac{3}{7}-1\frac{2}{7}=$

❸ $3\frac{5}{9}-2\frac{2}{9}=$

❹ $7\frac{9}{11}-7\frac{5}{11}=$

❺ $8\frac{12}{13}-4\frac{5}{13}=$

❻ $3\frac{14}{15}-1\frac{8}{15}=$

❼ $9\frac{14}{17}-6\frac{9}{17}=$

❽ $7\frac{13}{19}-3\frac{6}{19}=$

❾ $6\frac{10}{21}-1\frac{10}{21}=$

❿ $7\frac{21}{23}-5=$

⓫ $6\frac{7}{8}-5\frac{3}{8}=$

⓬ $4\frac{9}{10}-2\frac{2}{10}=$

⓭ $9\frac{11}{12}-4\frac{5}{12}=$

⓮ $7\frac{11}{14}-3\frac{2}{14}=$

⓯ $5\frac{13}{16}-2\frac{5}{16}=$

⓰ $8\frac{17}{18}-1\frac{9}{18}=$

⓱ $5\frac{9}{20}-3\frac{9}{20}=$

⓲ $3\frac{19}{22}-2\frac{8}{22}=$

⓳ $12\frac{23}{24}-7=$

⓴ $9\frac{30}{31}-5=$

자기 점수에 ○표 하세요

맞힌 개수	12개 이하	13~16개	17~18개	19~20개
학습 방법	개념을 다시 공부하세요.	조금 더 노력하세요.	실수하면 안 돼요.	참 잘했어요.

분모가 같은 대분수의 뺄셈

월 일
분 초
/20

정답 18쪽

분수끼리 뺄 수 없을 땐,
자연수 부분에서 1을 가분수로
만들어 줘!

분수의 뺄셈을 하세요.

❶ $5-4\frac{3}{5}=$

❷ $3-1\frac{6}{7}=$

❸ $9-6\frac{5}{9}=$

❹ $10-7\frac{6}{11}=$

❺ $3\frac{5}{13}-1\frac{8}{13}=$

❻ $5\frac{2}{15}-3\frac{11}{15}=$

❼ $8\frac{3}{17}-7\frac{12}{17}=$

❽ $7\frac{2}{19}-4\frac{13}{19}=$

❾ $4\frac{10}{21}-2\frac{11}{21}=$

❿ $9\frac{10}{23}-7\frac{12}{23}=$

⓫ $7-6\frac{3}{8}=$

⓬ $4-2\frac{9}{10}=$

⓭ $11-3\frac{11}{12}=$

⓮ $9-2\frac{7}{14}=$

⓯ $7\frac{11}{16}-2\frac{12}{16}=$

⓰ $5\frac{9}{18}-2\frac{11}{18}=$

⓱ $9\frac{7}{20}-3\frac{15}{20}=$

⓲ $11\frac{3}{22}-4\frac{18}{22}=$

⓳ $8\frac{5}{24}-2\frac{19}{24}=$

⓴ $7\frac{2}{31}-1\frac{14}{31}=$

자기 점수에 ○표 하세요

맞힌 개수	12개 이하	13~16개	17~18개	19~20개
학습 방법	개념을 다시 공부하세요.	조금 더 노력 하세요.	실수하면 안 돼요.	참 잘했어요.

2일차 A형

분모가 같은 대분수의 뺄셈

월 일
분 초
/20

분수의 뺄셈을 하세요.

❶ $5\frac{5}{10}-2\frac{3}{10}=$

❷ $3\frac{11}{23}-3\frac{8}{23}=$

❸ $9\frac{4}{7}-6\frac{2}{7}=$

❹ $12\frac{11}{28}-9\frac{9}{28}=$

❺ $4\frac{9}{12}-4\frac{6}{12}=$

❻ $2\frac{14}{17}-1\frac{8}{17}=$

❼ $2\frac{11}{16}-1\frac{5}{16}=$

❽ $3\frac{3}{12}-3\frac{1}{12}=$

❾ $7\frac{13}{35}-5=$

❿ $4\frac{2}{11}-2=$

⓫ $2\frac{2}{5}-2\frac{1}{5}=$

⓬ $6\frac{23}{24}-5\frac{12}{24}=$

⓭ $4\frac{17}{31}-3\frac{8}{31}=$

⓮ $8\frac{7}{14}-7\frac{6}{14}=$

⓯ $7\frac{20}{21}-5\frac{11}{21}=$

⓰ $5\frac{21}{23}-3\frac{12}{23}=$

⓱ $5\frac{12}{19}-2\frac{6}{19}=$

⓲ $4\frac{19}{24}-3\frac{13}{24}=$

⓳ $7\frac{2}{12}-4=$

⓴ $5\frac{15}{27}-2=$

자기 점수에 ○표 하세요

맞힌 개수	12개 이하	13~16개	17~18개	19~20개
학습 방법	개념을 다시 공부하세요.	조금 더 노력 하세요.	실수하면 안 돼요.	참 잘했어요.

분모가 같은 대분수의 뺄셈

월 일
분 초
/20

정답 19쪽

✎ 분수의 뺄셈을 하세요.

① $6-3\frac{2}{7}=$

② $3-1\frac{6}{7}=$

③ $10-7\frac{13}{18}=$

④ $3-2\frac{5}{11}=$

⑤ $3\frac{7}{13}-1\frac{12}{13}=$

⑥ $7\frac{3}{15}-2\frac{10}{15}=$

⑦ $4\frac{7}{23}-3\frac{22}{23}=$

⑧ $5\frac{4}{19}-2\frac{12}{19}=$

⑨ $4\frac{5}{24}-3\frac{23}{24}=$

⑩ $7\frac{1}{12}-4\frac{7}{12}=$

⑪ $9-6\frac{7}{8}=$

⑫ $6-3\frac{7}{10}=$

⑬ $7-6\frac{5}{9}=$

⑭ $9-7\frac{2}{9}=$

⑮ $7\frac{11}{16}-4\frac{15}{16}=$

⑯ $4\frac{1}{12}-3\frac{11}{12}=$

⑰ $5\frac{9}{28}-4\frac{27}{28}=$

⑱ $8\frac{15}{34}-5\frac{33}{34}=$

⑲ $11\frac{3}{24}-4\frac{16}{24}=$

⑳ $7\frac{1}{31}-1\frac{21}{31}=$

자기 점수에 ○표 하세요

맞힌 개수	12개 이하	13~16개	17~18개	19~20개
학습 방법	개념을 다시 공부하세요.	조금 더 노력 하세요.	실수하면 안 돼요.	참 잘했어요.

3일차 A형

분모가 같은 대분수의 뺄셈

월 일
분 초
/20

분수의 뺄셈을 하세요.

① $5\frac{4}{12}-2\frac{3}{12}=$

② $3\frac{9}{12}-1\frac{5}{12}=$

③ $7\frac{15}{31}-2\frac{9}{31}=$

④ $7\frac{9}{11}-2\frac{5}{11}=$

⑤ $4\frac{12}{13}-3\frac{6}{13}=$

⑥ $5\frac{5}{10}-2\frac{3}{10}=$

⑦ $3\frac{11}{23}-3\frac{8}{23}=$

⑧ $5\frac{11}{19}-4\frac{7}{19}=$

⑨ $5\frac{3}{10}-3\frac{1}{10}=$

⑩ $4\frac{4}{8}-2\frac{3}{8}=$

⑪ $9\frac{6}{7}-6\frac{3}{7}=$

⑫ $13\frac{15}{28}-8\frac{6}{28}=$

⑬ $8\frac{11}{12}-4\frac{6}{12}=$

⑭ $4\frac{7}{9}-3\frac{2}{9}=$

⑮ $10\frac{8}{16}-7\frac{5}{16}=$

⑯ $6\frac{2}{5}-2\frac{1}{5}=$

⑰ $9\frac{17}{24}-5\frac{12}{24}=$

⑱ $9\frac{32}{34}-3\frac{19}{34}=$

⑲ $6\frac{12}{13}-3=$

⑳ $9\frac{6}{17}-7=$

자기 점수에 ○표 하세요

맞힌 개수	12개 이하	13~16개	17~18개	19~20개
학습 방법	개념을 다시 공부하세요.	조금 더 노력 하세요.	실수하면 안 돼요.	참 잘했어요.

3일차 B형

분모가 같은 대분수의 뺄셈

월 일
분 초
/20

정답 20쪽

✎ 분수의 뺄셈을 하세요.

❶ $6-4\frac{2}{11}=$

❷ $8-3\frac{5}{12}=$

❸ $9-6\frac{11}{14}=$

❹ $10-7\frac{13}{18}=$

❺ $5\frac{2}{13}-3\frac{9}{13}=$

❻ $3\frac{3}{10}-2\frac{4}{10}=$

❼ $8-5\frac{7}{9}=$

❽ $2\frac{4}{19}-1\frac{17}{19}=$

❾ $5\frac{3}{10}-2\frac{9}{10}=$

❿ $8\frac{21}{23}-3\frac{22}{23}=$

⓫ $7-4\frac{7}{12}=$

⓬ $7-5\frac{13}{35}=$

⓭ $7-6\frac{5}{9}=$

⓮ $4-2\frac{6}{11}=$

⓯ $5\frac{7}{16}-2\frac{9}{16}=$

⓰ $6\frac{13}{21}-2\frac{17}{21}=$

⓱ $5\frac{5}{19}-2\frac{18}{19}=$

⓲ $9\frac{13}{34}-3\frac{31}{34}=$

⓳ $9\frac{15}{24}-7\frac{16}{24}=$

⓴ $9\frac{6}{17}-7\frac{7}{17}=$

자기 점수에 ○표 하세요

맞힌 개수	12개 이하	13~16개	17~18개	19~20개
학습 방법	개념을 다시 공부하세요.	조금 더 노력 하세요.	실수하면 안 돼요.	참 잘했어요.

4일차 A형

분모가 같은 대분수의 뺄셈

월	일
분	초
	/20

분수의 뺄셈을 하세요.

① $4\frac{3}{9}-2\frac{1}{9}=$

② $10\frac{4}{7}-7\frac{2}{7}=$

③ $4\frac{12}{20}-4\frac{7}{20}=$

④ $8\frac{5}{8}-3\frac{4}{8}=$

⑤ $7\frac{7}{13}-5\frac{5}{13}=$

⑥ $6\frac{4}{10}-3\frac{2}{10}=$

⑦ $5\frac{8}{23}-4\frac{6}{23}=$

⑧ $5\frac{12}{19}-2\frac{5}{19}=$

⑨ $4\frac{19}{24}-3\frac{8}{24}=$

⑩ $7\frac{11}{12}-4\frac{7}{12}=$

⑪ $8\frac{3}{12}-5=$

⑫ $7\frac{7}{15}-5\frac{4}{15}=$

⑬ $3\frac{11}{12}-1\frac{2}{12}=$

⑭ $9\frac{13}{17}-5\frac{8}{17}=$

⑮ $8\frac{12}{16}-4\frac{5}{16}=$

⑯ $4\frac{3}{12}-3\frac{1}{12}=$

⑰ $10\frac{9}{28}-8=$

⑱ $8\frac{30}{34}-5\frac{12}{34}=$

⑲ $5\frac{11}{13}-4\frac{7}{13}=$

⑳ $4\frac{29}{31}-4\frac{13}{31}=$

자기 점수에 ○표 하세요

맞힌 개수	12개 이하	13~16개	17~18개	19~20개
학습 방법	개념을 다시 공부하세요.	조금 더 노력하세요.	실수하면 안 돼요.	참 잘했어요.

분모가 같은 대분수의 빼기

월	일
분	초
	/20

정답 21쪽

분수의 뺄셈을 하세요.

① $6-2\frac{7}{12}=$

② $4-1\frac{5}{12}=$

③ $8-2\frac{9}{31}=$

④ $8-3\frac{4}{11}=$

⑤ $5\frac{4}{13}-1\frac{11}{13}=$

⑥ $4\frac{7}{10}-2\frac{9}{10}=$

⑦ $6\frac{7}{23}-3\frac{19}{23}=$

⑧ $5\frac{4}{19}-4\frac{17}{19}=$

⑨ $5\frac{3}{10}-3\frac{9}{10}=$

⑩ $4\frac{1}{8}-2\frac{5}{8}=$

⑪ $7-6\frac{3}{7}=$

⑫ $11-9\frac{9}{28}=$

⑬ $5-4\frac{12}{17}=$

⑭ $8-4\frac{5}{9}=$

⑮ $12\frac{3}{16}-8\frac{13}{16}=$

⑯ $6\frac{1}{5}-2\frac{4}{5}=$

⑰ $6\frac{5}{24}-5\frac{19}{24}=$

⑱ $9\frac{15}{34}-3\frac{31}{34}=$

⑲ $6\frac{4}{13}-3\frac{7}{13}=$

⑳ $9\frac{6}{17}-7\frac{15}{17}=$

자기 점수에 ○표 하세요

맞힌 개수	12개 이하	13~16개	17~18개	19~20개
학습 방법	개념을 다시 공부하세요.	조금 더 노력하세요.	실수하면 안 돼요.	참 잘했어요.

분모가 같은 대분수의 뺄셈

월	일
분	초
	/20

분수의 뺄셈을 하세요.

① $8\frac{6}{12}-2\frac{2}{12}=$

② $9\frac{5}{7}-1\frac{2}{7}=$

③ $2\frac{11}{20}-1\frac{9}{20}=$

④ $7\frac{5}{9}-2\frac{4}{9}=$

⑤ $8\frac{12}{13}-4\frac{5}{13}=$

⑥ $7\frac{7}{10}-3\frac{3}{10}=$

⑦ $9\frac{14}{17}-6\frac{9}{17}=$

⑧ $4\frac{12}{25}-1\frac{4}{25}=$

⑨ $5\frac{8}{10}-3\frac{2}{10}=$

⑩ $10\frac{21}{23}-4\frac{13}{23}=$

⑪ $9\frac{8}{10}-2\frac{1}{10}=$

⑫ $6\frac{22}{24}-3\frac{15}{24}=$

⑬ $7\frac{7}{12}-5\frac{2}{12}=$

⑭ $6\frac{15}{17}-5\frac{11}{17}=$

⑮ $5\frac{9}{13}-4\frac{5}{13}=$

⑯ $8\frac{2}{5}-2\frac{1}{5}=$

⑰ $11\frac{14}{19}-3\frac{8}{19}=$

⑱ $5\frac{31}{34}-2\frac{25}{34}=$

⑲ $12\frac{23}{24}-4\frac{9}{24}=$

⑳ $9\frac{10}{17}-7\frac{4}{17}=$

자기 점수에 ○표 하세요

맞힌 개수	12개 이하	13~16개	17~18개	19~20개
학습 방법	개념을 다시 공부하세요.	조금 더 노력 하세요.	실수하면 안 돼요.	참 잘했어요.

5일차 B형

분모가 같은 대분수의 뺄셈

월	일
분	초
	/20

정답 22쪽

✎ 분수의 뺄셈을 하세요.

❶ $8-3\frac{3}{7}=$

❷ $7-5\frac{6}{13}=$

❸ $8-7\frac{5}{17}=$

❹ $9-4\frac{7}{11}=$

❺ $7\frac{2}{13}-5\frac{5}{13}=$

❻ $6\frac{1}{10}-3\frac{7}{10}=$

❼ $5\frac{8}{23}-4\frac{20}{23}=$

❽ $9\frac{3}{14}-2\frac{12}{14}=$

❾ $8\frac{5}{24}-2\frac{21}{24}=$

❿ $11\frac{2}{12}-3\frac{8}{12}=$

⓫ $8-4\frac{5}{8}=$

⓬ $6-3\frac{3}{10}=$

⓭ $4-3\frac{11}{12}=$

⓮ $7-5\frac{9}{14}=$

⓯ $8\frac{3}{16}-4\frac{7}{16}=$

⓰ $6\frac{1}{12}-4\frac{9}{12}=$

⓱ $9\frac{5}{28}-8\frac{26}{28}=$

⓲ $8\frac{7}{34}-6\frac{19}{34}=$

⓳ $5\frac{5}{13}-4\frac{12}{13}=$

⓴ $4\frac{9}{31}-3\frac{29}{31}=$

자기 점수에 ○표 하세요

맞힌 개수	12개 이하	13~16개	17~18개	19~20개
학습 방법	개념을 다시 공부하세요.	조금 더 노력하세요.	실수하면 안 돼요.	참 잘했어요.

075 단계

대분수와 진분수의 덧셈과 뺄셈

◆스스로 학습 관리표◆

- 매일 맞힌 개수를 적고, 걸린 시간만큼 색칠해 보세요. (눈금 1칸은 1분이며, 초는 표의 상단에 적으세요.)
- 하루하루 지날수록 실력이 자라고, 계산 속도가 빨라지는 것을 눈으로 직접 확인할 수 있습니다.

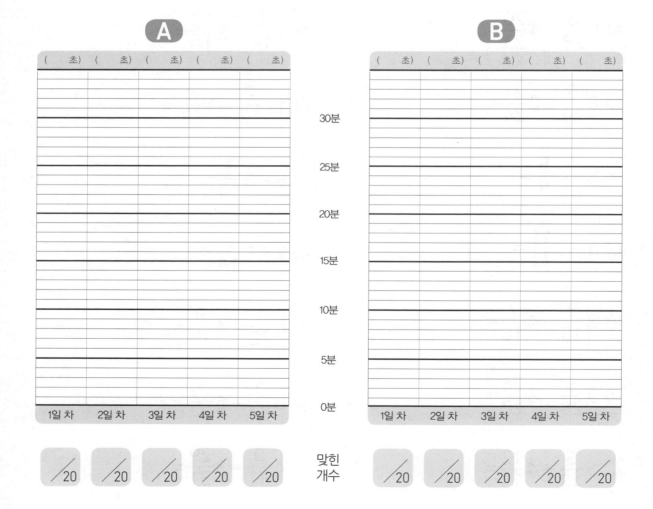

A

(초)	(초)	(초)	(초)	(초)
1일 차	2일 차	3일 차	4일 차	5일 차
/20	/20	/20	/20	/20

B

(초)	(초)	(초)	(초)	(초)
1일 차	2일 차	3일 차	4일 차	5일 차
/20	/20	/20	/20	/20

30분
25분
20분
15분
10분
5분
0분

맞힌 개수

개념 포인트

대분수와 진분수의 덧셈

진분수끼리 먼저 더한 다음 자연수와 계산합니다. 그러나 진분수끼리 더한 결과가 가분수가 되면 대분수로 나타내고 자연수와 더해 줍니다.

$$3\frac{5}{7}+\frac{3}{7}=3+\frac{5+3}{7}=3+\frac{8}{7}=3+1\frac{1}{7}=4\frac{1}{7}$$

대분수와 진분수의 뺄셈

진분수끼리 먼저 빼 준 다음 자연수와 계산합니다. 그런데 진분수끼리 뺄 수 없으면 자연수에서 1을 받아내림한 후에 가분수로 바꾸어 계산합니다.

$$2\frac{1}{5}-\frac{4}{5}=1\frac{6}{5}-\frac{4}{5}=1+\frac{6-4}{5}=1\frac{2}{5}$$

예시

(대분수)+(진분수)

$$1\frac{2}{4}+\frac{3}{4}=1+\frac{2+3}{4}=1+\frac{5}{4}=1+1\frac{1}{4}=2\frac{1}{4}$$

(대분수)−(진분수)

$$5\frac{2}{9}-\frac{4}{9}=4\frac{11}{9}-\frac{4}{9}=4+\frac{11-4}{9}=4\frac{7}{9}$$

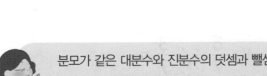

분모가 같은 대분수와 진분수의 덧셈과 뺄셈을 마무리하는 단계입니다. 071단계에서 074단계까지 배우고 익힌 내용을 적용해서 차근차근 풀도록 지도해 주세요. 만약 아이가 어려워하면 앞의 내용을 다시 복습시켜 주세요. 진도를 빠르게 나가는 것보다는 확실하게 이해하고 넘어가는 것이 수학을 잘하는 지름길입니다.

1일차 A형

대분수와 진분수의 덧셈과 뺄셈

월	일
분	초
	/20

진분수끼리 먼저 더하고 가분수는 대분수로!

✎ 분수의 덧셈을 하세요.

❶ $4\frac{2}{5}+\frac{2}{5}=$

❷ $5\frac{3}{7}+\frac{2}{7}=$

❸ $3\frac{2}{9}+\frac{5}{9}=$

❹ $7\frac{2}{11}+\frac{5}{11}=$

❺ $\frac{7}{13}+4\frac{5}{13}=$

❻ $\frac{11}{15}+1\frac{2}{15}=$

❼ $\frac{8}{17}+6\frac{7}{17}=$

❽ $\frac{11}{19}+3\frac{6}{19}=$

❾ $\frac{10}{21}+3\frac{9}{21}=$

❿ $\frac{2}{23}+7\frac{19}{23}=$

⓫ $6\frac{7}{8}+\frac{3}{8}=$

⓬ $6\frac{5}{9}+\frac{7}{9}=$

⓭ $9\frac{5}{12}+\frac{10}{12}=$

⓮ $7\frac{11}{14}+\frac{5}{14}=$

⓯ $4\frac{3}{5}+\frac{2}{5}=$

⓰ $\frac{17}{18}+1\frac{9}{18}=$

⓱ $\frac{5}{11}+7\frac{9}{11}=$

⓲ $\frac{6}{7}+5\frac{3}{7}=$

⓳ $\frac{23}{24}+3\frac{7}{24}=$

⓴ $\frac{5}{9}+3\frac{8}{9}=$

자기 점수에 ○표 하세요

맞힌 개수	12개 이하	13~16개	17~18개	19~20개
학습 방법	개념을 다시 공부하세요.	조금 더 노력하세요.	실수하면 안 돼요.	참 잘했어요.

1일차 B형

대분수와 진분수의 덧셈과 뺄셈

월 일

분 초

/20

정답 23쪽

분수의 뺄셈을 하세요.

❶ $5\frac{4}{5}-\frac{3}{5}=$

❷ $3\frac{6}{7}-\frac{3}{7}=$

❸ $9\frac{5}{9}-\frac{2}{9}=$

❹ $7\frac{8}{11}-\frac{6}{11}=$

❺ $3\frac{11}{13}-\frac{8}{13}=$

❻ $5\frac{11}{15}-\frac{4}{15}=$

❼ $4\frac{15}{17}-\frac{7}{17}=$

❽ $7\frac{15}{19}-\frac{13}{19}=$

❾ $4\frac{17}{21}-\frac{11}{21}=$

❿ $9\frac{19}{23}-\frac{12}{23}=$

⓫ $7\frac{1}{8}-\frac{3}{8}=$

⓬ $4\frac{3}{10}-\frac{9}{10}=$

⓭ $11\frac{5}{12}-\frac{11}{12}=$

⓮ $9\frac{3}{14}-\frac{9}{14}=$

⓯ $7\frac{11}{16}-\frac{12}{16}=$

⓰ $5\frac{11}{18}-\frac{17}{18}=$

⓱ $9\frac{14}{20}-\frac{17}{20}=$

⓲ $10\frac{3}{22}-\frac{19}{22}=$

⓳ $8\frac{7}{24}-\frac{14}{24}=$

⓴ $6\frac{3}{31}-\frac{27}{31}=$

자기 점수에 ○표 하세요

맞힌 개수	12개 이하	13~16개	17~18개	19~20개
학습 방법	개념을 다시 공부하세요.	조금 더 노력 하세요.	실수하면 안 돼요.	참 잘했어요.

대분수와 진분수의 덧셈과 뺄셈

월	일
분	초
	/20

✎ 분수의 덧셈을 하세요.

① $\frac{1}{9}+4\frac{3}{9}=$

② $\frac{4}{7}+7\frac{2}{7}=$

③ $4\frac{12}{20}+\frac{7}{20}=$

④ $1\frac{1}{8}+\frac{4}{8}=$

⑤ $\frac{7}{13}+5\frac{5}{13}=$

⑥ $6\frac{4}{10}+\frac{2}{10}=$

⑦ $\frac{8}{23}+4\frac{6}{23}=$

⑧ $5\frac{12}{19}+\frac{6}{19}=$

⑨ $\frac{9}{24}+3\frac{13}{24}=$

⑩ $7\frac{2}{12}+\frac{7}{12}=$

⑪ $2\frac{13}{14}+\frac{10}{14}=$

⑫ $\frac{10}{11}+4\frac{9}{11}=$

⑬ $\frac{13}{14}+3\frac{2}{14}=$

⑭ $4\frac{9}{15}+\frac{10}{15}=$

⑮ $\frac{13}{18}+4\frac{5}{18}=$

⑯ $1\frac{13}{25}+\frac{14}{25}=$

⑰ $\frac{9}{15}+2\frac{13}{15}=$

⑱ $3\frac{8}{23}+\frac{17}{23}=$

⑲ $\frac{5}{9}+3\frac{7}{9}=$

⑳ $\frac{14}{28}+2\frac{17}{28}=$

자기 점수에 ○표 하세요

맞힌 개수	12개 이하	13~16개	17~18개	19~20개
학습 방법	개념을 다시 공부하세요.	조금 더 노력 하세요.	실수하면 안 돼요.	참 잘했어요.

대분수와 진분수의 덧셈과 뺄셈

월	일
분	초
	/20

정답 24쪽

✎ 분수의 뺄셈을 하세요.

❶ $9\frac{6}{7}-\frac{3}{7}=$

❷ $12\frac{11}{28}-\frac{9}{28}=$

❸ $8\frac{11}{12}-\frac{6}{12}=$

❹ $4\frac{7}{9}-\frac{2}{9}=$

❺ $4\frac{12}{13}-\frac{6}{13}=$

❻ $5\frac{5}{10}-\frac{3}{10}=$

❼ $3\frac{11}{23}-\frac{8}{23}=$

❽ $5\frac{11}{19}-\frac{7}{19}=$

❾ $9\frac{17}{24}-\frac{12}{24}=$

❿ $9\frac{32}{34}-\frac{19}{34}=$

⓫ $3\frac{3}{10}-\frac{4}{10}=$

⓬ $9\frac{9}{17}-\frac{15}{17}=$

⓭ $2\frac{4}{19}-\frac{15}{19}=$

⓮ $8\frac{21}{23}-\frac{22}{23}=$

⓯ $5\frac{7}{16}-\frac{9}{16}=$

⓰ $6\frac{13}{21}-\frac{17}{21}=$

⓱ $5\frac{5}{19}-\frac{18}{19}=$

⓲ $8\frac{15}{34}-\frac{33}{34}=$

⓳ $9\frac{15}{24}-\frac{16}{24}=$

⓴ $9\frac{6}{17}-\frac{7}{17}=$

자기 점수에 ○표 하세요

맞힌 개수	12개 이하	13~16개	17~18개	19~20개
학습 방법	개념을 다시 공부하세요.	조금 더 노력 하세요.	실수하면 안 돼요.	참 잘했어요.

3일차 A형

대분수와 진분수의 덧셈과 뺄셈

월	일
분	초
	/20

✎ 분수의 덧셈을 하세요.

❶ $5\frac{3}{15}+\frac{10}{15}=$

❷ $\frac{1}{8}+3\frac{4}{8}=$

❸ $1\frac{2}{11}+\frac{8}{11}=$

❹ $\frac{4}{15}+3\frac{4}{15}=$

❺ $2\frac{6}{9}+\frac{1}{9}=$

❻ $\frac{4}{15}+5\frac{5}{15}=$

❼ $3\frac{2}{7}+\frac{3}{7}=$

❽ $2\frac{6}{10}+\frac{3}{10}=$

❾ $\frac{9}{25}+4\frac{13}{25}=$

❿ $9\frac{2}{12}+\frac{4}{12}=$

⓫ $3\frac{4}{14}+\frac{13}{14}=$

⓬ $2\frac{13}{19}+\frac{9}{19}=$

⓭ $4\frac{6}{8}+\frac{7}{8}=$

⓮ $\frac{13}{17}+4\frac{12}{17}=$

⓯ $\frac{7}{11}+4\frac{8}{11}=$

⓰ $\frac{11}{13}+2\frac{6}{13}=$

⓱ $2\frac{11}{20}+\frac{17}{20}=$

⓲ $1\frac{8}{10}+\frac{5}{10}=$

⓳ $2\frac{4}{9}+\frac{6}{9}=$

⓴ $\frac{5}{15}+5\frac{11}{15}=$

자기 점수에 ○표 하세요

맞힌 개수	12개 이하	13~16개	17~18개	19~20개
학습 방법	개념을 다시 공부하세요.	조금 더 노력 하세요.	실수하면 안 돼요.	참 잘했어요.

대분수와 진분수의 덧셈과 뺄셈

월	일
분	초
	/20

정답 25쪽

분수의 뺄셈을 하세요.

❶ $5\frac{5}{10}-\frac{3}{10}=$

❷ $4\frac{9}{23}-\frac{7}{23}=$

❸ $9\frac{4}{7}-\frac{2}{7}=$

❹ $15\frac{11}{28}-\frac{3}{28}=$

❺ $4\frac{9}{12}-\frac{6}{12}=$

❻ $2\frac{14}{17}-\frac{8}{17}=$

❼ $2\frac{15}{16}-\frac{12}{16}=$

❽ $3\frac{3}{12}-\frac{1}{12}=$

❾ $5\frac{12}{19}-\frac{6}{19}=$

❿ $4\frac{19}{24}-\frac{13}{24}=$

⓫ $3\frac{7}{13}-\frac{12}{13}=$

⓬ $5\frac{2}{15}-\frac{11}{15}=$

⓭ $4\frac{7}{23}-\frac{22}{23}=$

⓮ $5\frac{4}{19}-\frac{12}{19}=$

⓯ $4\frac{5}{24}-\frac{23}{24}=$

⓰ $7\frac{1}{12}-\frac{7}{12}=$

⓱ $5\frac{9}{28}-\frac{27}{28}=$

⓲ $5\frac{11}{34}-\frac{30}{34}=$

⓳ $8\frac{5}{24}-\frac{19}{24}=$

⓴ $7\frac{1}{31}-\frac{21}{31}=$

자기 점수에 ○표 하세요

맞힌 개수	12개 이하	13~16개	17~18개	19~20개
학습 방법	개념을 다시 공부하세요.	조금 더 노력 하세요.	실수하면 안 돼요.	참 잘했어요.

대분수와 진분수의 덧셈과 뺄셈

월 일
분 초
/20

✐ 분수의 덧셈을 하세요.

① $5\frac{5}{10}+\frac{3}{10}=$

② $3\frac{11}{23}+\frac{8}{23}=$

③ $\frac{2}{7}+6\frac{3}{7}=$

④ $\frac{11}{28}+9\frac{9}{28}=$

⑤ $2\frac{5}{12}+\frac{6}{12}=$

⑥ $\frac{4}{17}+5\frac{8}{17}=$

⑦ $2\frac{2}{16}+\frac{5}{16}=$

⑧ $3\frac{3}{12}+\frac{1}{12}=$

⑨ $\frac{13}{35}+7\frac{14}{35}=$

⑩ $1\frac{2}{11}+\frac{8}{11}=$

⑪ $3\frac{8}{14}+\frac{13}{14}=$

⑫ $\frac{13}{19}+5\frac{13}{19}=$

⑬ $4\frac{5}{8}+\frac{6}{8}=$

⑭ $\frac{19}{21}+4\frac{14}{21}=$

⑮ $2\frac{1}{5}+\frac{4}{5}=$

⑯ $\frac{11}{13}+3\frac{8}{13}=$

⑰ $2\frac{16}{20}+\frac{17}{20}=$

⑱ $\frac{22}{23}+2\frac{16}{23}=$

⑲ $2\frac{7}{15}+\frac{8}{15}=$

⑳ $\frac{9}{13}+3\frac{8}{13}=$

자기 점수에 ○표 하세요

맞힌 개수	12개 이하	13~16개	17~18개	19~20개
학습 방법	개념을 다시 공부하세요.	조금 더 노력하세요.	실수하면 안 돼요.	참 잘했어요.

대분수와 진분수의 덧셈과 뺄셈

월	일
분	초
	/20

정답 26쪽

분수의 뺄셈을 하세요.

① $5\frac{4}{12}-\frac{3}{12}=$

② $3\frac{9}{12}-\frac{5}{12}=$

③ $7\frac{15}{31}-\frac{9}{31}=$

④ $7\frac{9}{11}-\frac{5}{11}=$

⑤ $7\frac{11}{13}-\frac{4}{13}=$

⑥ $9\frac{8}{10}-\frac{2}{10}=$

⑦ $3\frac{14}{23}-\frac{9}{23}=$

⑧ $3\frac{14}{19}-\frac{7}{19}=$

⑨ $5\frac{19}{23}-\frac{11}{23}=$

⑩ $5\frac{17}{18}-\frac{11}{18}=$

⑪ $5\frac{2}{13}-\frac{9}{13}=$

⑫ $7\frac{5}{10}-\frac{6}{10}=$

⑬ $10\frac{4}{17}-\frac{13}{17}=$

⑭ $4\frac{3}{19}-\frac{14}{19}=$

⑮ $2\frac{2}{7}-\frac{4}{7}=$

⑯ $9\frac{2}{17}-\frac{14}{17}=$

⑰ $4\frac{3}{13}-\frac{10}{13}=$

⑱ $3\frac{3}{34}-\frac{27}{34}=$

⑲ $8\frac{5}{21}-\frac{14}{21}=$

⑳ $7\frac{1}{13}-\frac{9}{13}=$

자기 점수에 ○표 하세요

맞힌 개수	12개 이하	13~16개	17~18개	19~20개
학습 방법	개념을 다시 공부하세요.	조금 더 노력 하세요.	실수하면 안 돼요.	참 잘했어요.

5일차 A형

대분수와 진분수의 덧셈과 뺄셈

월	일
분	초
	/20

분수의 덧셈을 하세요.

① $\frac{4}{12}+5\frac{3}{12}=$

② $\frac{4}{12}+1\frac{5}{12}=$

③ $7\frac{15}{31}+\frac{9}{31}=$

④ $3\frac{4}{11}+\frac{5}{11}=$

⑤ $\frac{5}{13}+3\frac{6}{13}=$

⑥ $\frac{5}{10}+2\frac{3}{10}=$

⑦ $3\frac{11}{23}+\frac{8}{23}=$

⑧ $5\frac{11}{19}+\frac{7}{19}=$

⑨ $\frac{2}{10}+3\frac{5}{10}=$

⑩ $\frac{1}{8}+5\frac{5}{8}=$

⑪ $3\frac{9}{13}+\frac{8}{13}=$

⑫ $5\frac{11}{13}+\frac{6}{13}=$

⑬ $\frac{1}{5}+2\frac{4}{5}=$

⑭ $\frac{20}{23}+1\frac{16}{23}=$

⑮ $2\frac{7}{8}+\frac{3}{8}=$

⑯ $2\frac{19}{21}+\frac{14}{21}=$

⑰ $3\frac{8}{17}+\frac{11}{17}=$

⑱ $\frac{18}{27}+2\frac{12}{27}=$

⑲ $2\frac{7}{13}+\frac{8}{13}=$

⑳ $\frac{13}{14}+3\frac{2}{14}=$

자기 점수에 ○표 하세요

맞힌 개수	12개 이하	13~16개	17~18개	19~20개
학습 방법	개념을 다시 공부하세요.	조금 더 노력 하세요.	실수하면 안 돼요.	참 잘했어요.

대분수와 진분수의 덧셈과 뺄셈

월	일
분	초
	/20

정답 27쪽

분수의 뺄셈을 하세요.

❶ $8\frac{6}{7}-\frac{2}{7}=$

❷ $3\frac{9}{12}-\frac{5}{12}=$

❸ $10\frac{5}{7}-\frac{4}{7}=$

❹ $5\frac{10}{11}-\frac{4}{11}=$

❺ $8\frac{11}{13}-\frac{9}{13}=$

❻ $6\frac{8}{10}-\frac{1}{10}=$

❼ $4\frac{15}{17}-\frac{7}{17}=$

❽ $9\frac{17}{19}-\frac{14}{19}=$

❾ $4\frac{20}{24}-\frac{16}{24}=$

❿ $7\frac{19}{21}-\frac{8}{21}=$

⓫ $8\frac{4}{13}-\frac{11}{13}=$

⓬ $4\frac{12}{22}-\frac{18}{22}=$

⓭ $5\frac{3}{23}-\frac{21}{23}=$

⓮ $11\frac{17}{25}-\frac{24}{25}=$

⓯ $8\frac{4}{16}-\frac{13}{16}=$

⓰ $9\frac{1}{12}-\frac{11}{12}=$

⓱ $7\frac{8}{19}-\frac{17}{19}=$

⓲ $1\frac{9}{34}-\frac{31}{34}=$

⓳ $8\frac{7}{24}-\frac{14}{24}=$

⓴ $8\frac{4}{31}-\frac{28}{31}=$

자기 점수에 ○표 하세요

맞힌 개수	12개 이하	13~16개	17~18개	19~20개
학습 방법	개념을 다시 공부하세요.	조금 더 노력 하세요.	실수하면 안 돼요.	참 잘했어요.

076 단계 소수 한 자리 수의 덧셈

◆스스로 학습 관리표◆

- 매일 맞힌 개수를 적고, 걸린 시간만큼 색칠해 보세요.
  (눈금 1칸은 1분이며, 초는 표의 상단에 적으세요.)
- 하루하루 지날수록 실력이 자라고, 계산 속도가 빨라지는 것을 눈으로 직접 확인할 수 있습니다.

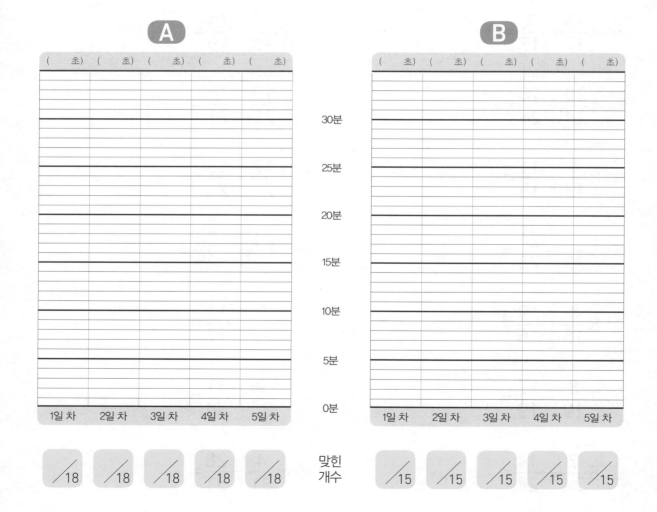

A

	1일 차	2일 차	3일 차	4일 차	5일 차
초	(초)	(초)	(초)	(초)	(초)
30분					
25분					
20분					
15분					
10분					
5분					
0분					
맞힌 개수	/18	/18	/18	/18	/18

B

	1일 차	2일 차	3일 차	4일 차	5일 차
초	(초)	(초)	(초)	(초)	(초)
30분					
25분					
20분					
15분					
10분					
5분					
0분					
맞힌 개수	/15	/15	/15	/15	/15

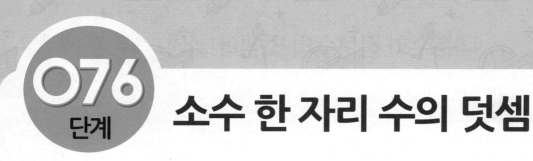

개념 포인트

소수 한 자리 수의 덧셈은 소수점끼리 맞추어 자연수의 덧셈과 같은 방법으로 계산하고 합의 소수점을 같은 자리에 맞추어 찍습니다. 자연수의 덧셈 계산과 거의 비슷해서 쉽습니다.

0.3+0.4는 얼마인가요?

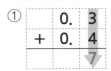

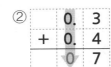

	0.3	→	0.1이 3개
+	0.4	→	0.1이 4개
	0.7	←	0.1이 7개

예시

소수의 세로셈

①

	0.	3
+	0.	4
		7

②

	0.	3
+	0.	4
	0	7

③

	0.	3
+	0.	4
	0.	7

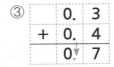

계산의 첫 부분에서 소수점을 제대로 맞추지 못하거나 계산은 다 해놓고 마지막에 소수점을 찍지 않는 실수를 많이 합니다. 사소한 실수를 하지 않도록 주의시켜 주세요.

1일차 A형

소수 한 자리 수의 덧셈

월	일
분	초
	/18

✎ 소수의 덧셈을 하세요.

1. $0.3 + 0.6$
2. $0.2 + 0.4$
3. $0.4 + 0.1$
4. $0.2 + 0.2$
5. $3.2 + 5.6$
6. $1.2 + 3.4$
7. $0.7 + 0.4$
8. $0.6 + 1.6$
9. $0.5 + 2.9$
10. $2.5 + 1.6$
11. $3.8 + 3.7$
12. $5.8 + 5.4$
13. $35.1 + 6.7$
14. $2.6 + 18.6$
15. $1.4 + 24.8$
16. $10.8 + 53.7$
17. $32.7 + 43.6$
18. $51.7 + 38.6$

자기 점수에 ○표 하세요

맞힌 개수	10개 이하	11~14개	15~16개	17~18개
학습 방법	개념을 다시 공부하세요.	조금 더 노력하세요.	실수하면 안 돼요.	참 잘했어요.

1일차 B형

소수 한 자리 수의 덧셈

월 일
분 초
/15

정답 28쪽

소수의 덧셈을 하세요.

① 0.6+0.2

② 0.4+0.5

③ 0.3+0.3

④ 1.2+3.4

⑤ 4.7+3.2

⑥ 0.5+0.7

⑦ 4.4+0.7

⑧ 2.8+2.3

⑨ 3.2+1.9

⑩ 3.5+16.8

⑪ 17.9+7.3

⑫ 4.8+29.6

⑬ 12.8+8.9

⑭ 11.6+7.8

⑮ 0.8+19.7

자기 점수에 ○표 하세요

맞힌 개수	8개 이하	9~11개	12~13개	14~15개
학습 방법	개념을 다시 공부하세요.	조금 더 노력 하세요.	실수하면 안 돼요.	참 잘했어요.

2일차 A형

소수 한 자리 수의 덧셈

월 일
분 초
/18

소수점 아래 마지막 자리가 0이면 생략해 줘!

✎ 소수의 덧셈을 하세요.

❶ $1.5 + 2.1$

❷ $1.2 + 4.6$

❸ $5.8 + 3.1$

❹ $4.3 + 4.3$

❺ $3.2 + 4.1$

❻ $7.5 + 1.3$

❼ $0.7 + 1.5$

❽ $2.8 + 1.7$

❾ $4.8 + 5.3$

❿ $2.6 + 3.6$

⓫ $1.5 + 4.8$

⓬ $5.9 + 4.6$

⓭ $2.5 + 17.5$

⓮ $14.1 + 6.9$

⓯ $1.6 + 18.7$

⓰ $10.9 + 79.3$

⓱ $36.7 + 13.7$

⓲ $14.5 + 15.6$

자기 점수에 ○표 하세요

맞힌 개수	10개 이하	11~14개	15~16개	17~18개
학습 방법	개념을 다시 공부하세요.	조금 더 노력 하세요.	실수하면 안 돼요.	참 잘했어요.

소수 한 자리 수의 덧셈

월	일
분	초
	/15

정답 29쪽

소수의 덧셈을 하세요.

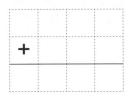

① 0.4+0.4

② 0.2+0.7

③ 2.5+1.2

④ 1.7+6.1

⑤ 3.4+1.5

⑥ 0.3+0.8

⑦ 0.9+1.3

⑧ 2.8+4.7

⑨ 3.6+3.8

⑩ 2.6+11.8

⑪ 10.8+2.8

⑫ 4.3+17.9

⑬ 10.6+5.8

⑭ 4.4+15.6

⑮ 8.7+19.6

자기 점수에 ○표 하세요

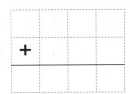

맞힌 개수	8개 이하	9~11개	12~13개	14~15개
학습 방법	개념을 다시 공부하세요.	조금 더 노력하세요.	실수하면 안 돼요.	참 잘했어요.

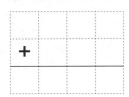

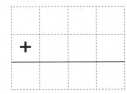

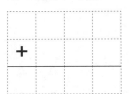

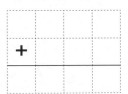

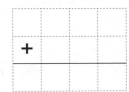

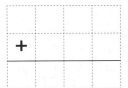

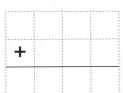

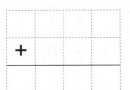

3일차 A형

소수 한 자리 수의 덧셈

월	일
분	초
	/18

✎ 소수의 덧셈을 하세요.

① $1.7 + 2.1$

② $1.5 + 1.3$

③ $1.5 + 3.2$

④ $1.3 + 2.3$

⑤ $0.4 + 0.9$

⑥ $0.8 + 0.8$

⑦ $2.4 + 0.8$

⑧ $1.4 + 2.7$

⑨ $2.5 + 3.8$

⑩ $4.7 + 1.9$

⑪ $7.5 + 2.9$

⑫ $4.4 + 2.8$

⑬ $2.9 + 17.1$

⑭ $45.5 + 7.6$

⑮ $2.7 + 15.4$

⑯ $10.3 + 38.6$

⑰ $32.7 + 43.6$

⑱ $51.7 + 38.6$

자기 점수에 ○표 하세요

맞힌 개수	10개 이하	11~14개	15~16개	17~18개
학습 방법	개념을 다시 공부하세요.	조금 더 노력하세요.	실수하면 안 돼요.	참 잘했어요.

3일차 B형

소수 한 자리 수의 덧셈

월 일
분 초
/15

정답 30쪽

✎ 소수의 덧셈을 하세요.

❶ 2.1+2.1

❷ 1.2+2.6

❸ 1.3+3.2

❹ 4.2+2.3

❺ 0.9+1.7

❻ 0.2+0.8

❼ 0.7+4.5

❽ 2.5+1.6

❾ 1.7+4.8

❿ 3.7+14.9

⓫ 22.8+7.4

⓬ 4.7+35.7

⓭ 14.5+5.7

⓮ 2.4+17.6

⓯ 10.7+9.6

자기 점수에 ○표 하세요

맞힌 개수	8개 이하	9~11개	12~13개	14~15개
학습 방법	개념을 다시 공부하세요.	조금 더 노력 하세요.	실수하면 안 돼요.	참 잘했어요.

4일차 A형

소수 한 자리 수의 덧셈

월 일
분 초
/18

소수의 덧셈을 하세요.

❶ 1.3 + 1.5 =

❷ 4.3 + 2.1 =

❸ 1.1 + 1.5 =

❹ 1.2 + 2.2 =

❺ 0.7 + 0.8 =

❻ 0.4 + 2.9 =

❼ 2.6 + 0.8 =

❽ 5.7 + 3.4 =

❾ 4.3 + 8.5 =

❿ 3.2 + 1.8 =

⓫ 2.7 + 2.5 =

⓬ 5.6 + 3.6 =

⓭ 2.8 + 11.9 =

⓮ 1.4 + 24.8 =

⓯ 35.1 + 6.7 =

⓰ 20.9 + 32.5 =

⓱ 10.9 + 35.9 =

⓲ 38.7 + 11.4 =

자기 점수에 ○표 하세요

맞힌 개수	10개 이하	11~14개	15~16개	17~18개
학습 방법	개념을 다시 공부하세요.	조금 더 노력 하세요.	실수하면 안 돼요.	참 잘했어요.

소수 한 자리 수의 덧셈

월	일
분	초
	/15

정답 31쪽

소수의 덧셈을 하세요.

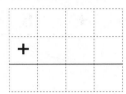

❶ 1.4+1.3

❷ 2.5+1.4

❸ 2.5+4.1

❹ 3.6+4.2

❺ 0.9+0.5

❻ 0.8+0.7

❼ 4.5+0.5

❽ 5.2+6.5

❾ 3.9+2.9

❿ 2.8+37.8

⓫ 12.8+8.9

⓬ 4.8+55.3

⓭ 12.4+7.8

⓮ 2.5+13.7

⓯ 15.6+3.7

자기 점수에 ○표 하세요

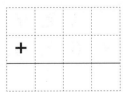

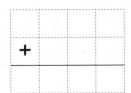

맞힌 개수	8개 이하	9~11개	12~13개	14~15개
학습 방법	개념을 다시 공부하세요.	조금 더 노력하세요.	실수하면 안 돼요.	참 잘했어요.

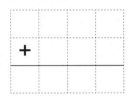

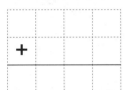

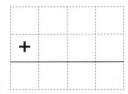

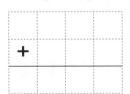

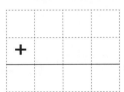

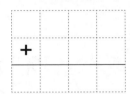

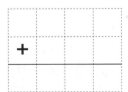

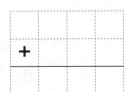

5일차 A형

소수 한 자리 수의 덧셈

월	일
분	초
	/18

✎ 소수의 덧셈을 하세요.

❶ $1.3 + 6.1$

❷ $3.2 + 1.5$

❸ $1.3 + 4.3$

❹ $2.4 + 1.5$

❺ $5.6 + 6.2$

❻ $8.3 + 8.4$

❼ $0.9 + 1.9$

❽ $0.8 + 3.7$

❾ $1.9 + 1.5$

❿ $4.2 + 4.8$

⓫ $6.4 + 1.9$

⓬ $1.8 + 3.6$

⓭ $16.4 + 8.5$

⓮ $1.2 + 18.9$

⓯ $1.4 + 24.8$

⓰ $15.7 + 61.5$

⓱ $47.6 + 16.4$

⓲ $12.7 + 63.5$

자기 점수에 ○표 하세요

맞힌 개수	10개 이하	11~14개	15~16개	17~18개
학습 방법	개념을 다시 공부하세요.	조금 더 노력하세요.	실수하면 안 돼요.	참 잘했어요.

소수 한 자리 수의 덧셈

월	일
분	초
	/15

정답 32쪽

소수의 덧셈을 하세요.

❶ 4.1+1.7

❷ 1.7+6.2

❸ 4.3+5.1

❹ 2.5+4.2

❺ 3.8+1.1

❻ 5.4+8.3

❼ 2.5+3.8

❽ 5.6+2.9

❾ 7.9+1.3

❿ 7.6+12.7

⓫ 13.7+5.4

⓬ 9.1+10.9

⓭ 14.5+4.8

⓮ 11.4+3.9

⓯ 6.9+14.9

자기 점수에 ○표 하세요

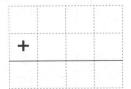

맞힌 개수	8개 이하	9~11개	12~13개	14~15개
학습 방법	개념을 다시 공부하세요.	조금 더 노력 하세요.	실수하면 안 돼요.	참 잘했어요.

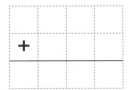

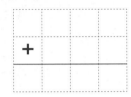

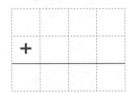

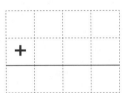

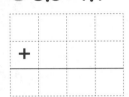

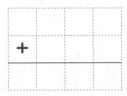

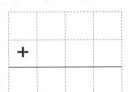

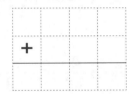

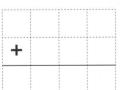

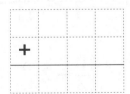

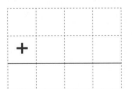

세 단계 묶어 풀기 074 ~ 076단계
대분수와 진분수의 덧셈과 뺄셈

월 일
분 초
/20

정답 33쪽

분수의 계산을 하세요.

① $\frac{6}{9}-\frac{4}{9}=$

② $\frac{6}{14}-\frac{5}{14}=$

③ $\frac{8}{11}-\frac{4}{11}=$

④ $4-\frac{3}{17}=$

⑤ $4-\frac{1}{3}=$

⑥ $5\frac{2}{9}-1\frac{1}{9}=$

⑦ $2\frac{13}{15}-1\frac{6}{15}=$

⑧ $4\frac{3}{9}-3\frac{3}{9}=$

⑨ $3\frac{7}{11}-1\frac{8}{11}=$

⑩ $4\frac{5}{12}-2\frac{10}{12}=$

⑪ $5\frac{4}{13}-3\frac{9}{13}=$

⑫ $5\frac{7}{10}-2\frac{8}{10}=$

⑬ $5\frac{4}{11}+\frac{10}{11}=$

⑭ $\frac{9}{15}+4\frac{7}{15}=$

⑮ $\frac{10}{14}+2\frac{3}{14}=$

⑯ $4\frac{1}{15}-\frac{9}{15}=$

⑰ $1\frac{9}{14}-\frac{10}{14}=$

⑱ $5\frac{2}{11}-\frac{4}{11}=$

⑲ $3\frac{11}{15}-\frac{4}{15}=$

⑳ $4\frac{8}{15}-\frac{7}{15}=$

재미있는 수학이야기

분수는 언제, 왜 생겼을까?

계산기만 쓸 줄 알면 될 텐데 왜 어려운 수학을 배워야 하는지 모르겠다고 하는 친구들이 가끔 있어요. 정말 그럴까요? 수학은 일상생활의 여러 가지 문제를 해결하기 위해서 만들어지고 발전해 왔어요. 홍수로 모양이 변해 버린 땅을 땅 주인에게 원래 넓이와 똑같이 나누어 주기 위해 여러 가지 도형의 넓이 구하는 방법을 연구하고, 기둥을 똑바로 세우기 위해 직각을 구하는 방법을 고안하는 등 수학은 다양한 일상의 문제들을 해결하는 데 이용되었어요. 분수 역시 수학의 발명품 중 하나예요.

사과 13개를 4명이 사이좋게 나눠 먹으려면 어떻게 해야 할까요? 13을 4로 나누면 몫이 3, 나머지가 1입니다. 4명이 각각 3개씩 사과를 나누어 가지면 1개가 남습니다. 이 남은 사과 1개는 똑같이 4조각으로 나누어 1조각씩 가지면 되겠지요. 그런데 각 사람이 가지게 되는 사과의 양을 자연수만으로 나타낼 수 있을까요?

이렇게 물건을 나누려다 보면 자연수 외에 새로운 수가 필요해집니다.
사람들이 농사를 짓기 시작해서 많은 곡식을 거두기 시작한 청동기시대부터 분수가 생겼다고 하네요.
당시 가장 발달한 문명인 이집트문명에서는 여러 사람이 함께 농사를 지어 거둔 곡식을 공평하게 나누는 일이 매우 중요했어요. 그래서 자연수의 나눗셈만으로는 완전하게 해결되지 않는 부분을 위해 새로운 수인 분수를 만들어 냈던 것이지요.
고대 이집트 사람들이 처음 분수를 사용한 시기는 기원전 1800년쯤이라고 합니다.

077 단계 소수 한 자리 수의 뺄셈

◆스스로 학습 관리표◆

- 매일 맞힌 개수를 적고, 걸린 시간만큼 색칠해 보세요. (눈금 1칸은 1분이며, 초는 표의 상단에 적으세요.)
- 하루하루 지날수록 실력이 자라고, 계산 속도가 빨라지는 것을 눈으로 직접 확인할 수 있습니다.

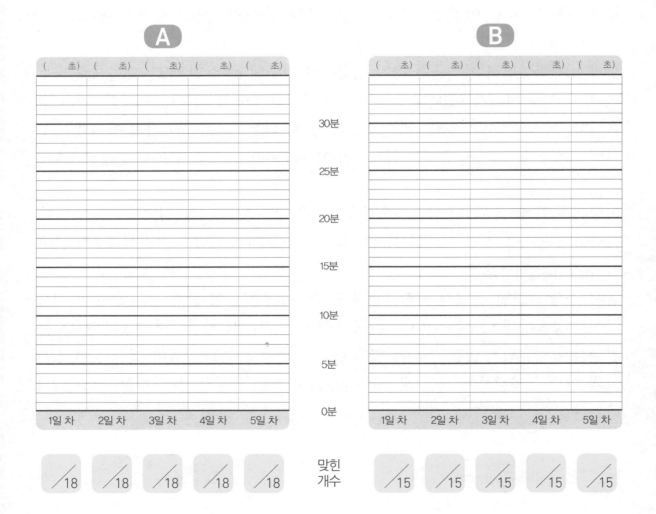

A

	1일 차	2일 차	3일 차	4일 차	5일 차
	(초)	(초)	(초)	(초)	(초)
30분					
25분					
20분					
15분					
10분					
5분					
0분					
맞힌 개수	/18	/18	/18	/18	/18

B

	1일 차	2일 차	3일 차	4일 차	5일 차
	(초)	(초)	(초)	(초)	(초)
30분					
25분					
20분					
15분					
10분					
5분					
0분					
맞힌 개수	/15	/15	/15	/15	/15

개념 포인트

소수 한 자리 수의 덧셈과 마찬가지로 소수 한 자리 수끼리의 뺄셈은 소수점끼리 맞추어 자연수의 뺄셈과 같은 방법으로 계산하고 차의 소수점을 같은 자리에 맞추어 찍습니다. 이때 소수점 앞에 계산한 값이 0이더라도 꼭 써서 나타내야 합니다.

0.8−0.3은 얼마인가요?

	0.8	→	0.1이 8개
−	0.3	→	0.1이 3개
	0.5	←	0.1이 5개

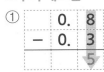

예시

소수의 세로셈

①

	0.	8
−	0.	3
		5

②

	0.	8
−	0.	3
	0	5

③

	0.	8
−	0.	3
	0.	5

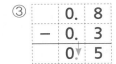

계산하려는 두 수의 소수점을 맞춘 뒤 자연수의 뺄셈하듯이 계산하고 마지막에 소수점을 그대로 내려 찍으면 됩니다. 소수점은 꼭 0을 쓴 다음에 찍어야 하며 소수점 아래의 값이 모두 0이면 소수점을 찍지 않는다는 것도 알려 주세요.

1일차 A형

소수 한 자리 수의 뺄셈

월 일
분 초
/18

받아내림이 두 번 있는 소수의 뺄셈 문제가 있으니 유의해!

✎ 소수의 뺄셈을 하세요.

❶ $0.4 - 0.1$

❷ $0.7 - 0.2$

❸ $1.8 - 0.5$

❹ $2.9 - 0.9$

❺ $2.5 - 2.3$

❻ $3.8 - 1.4$

❼ $1.3 - 0.9$

❽ $2.1 - 0.8$

❾ $3.8 - 2.9$

❿ $3.4 - 0.7$

⓫ $2.5 - 0.6$

⓬ $3.3 - 0.4$

⓭ $11.9 - 1.7$

⓮ $11.3 - 4.7$

⓯ $42.5 - 3.8$

⓰ $37.1 - 15.7$

⓱ $70.3 - 9.9$

⓲ $43.2 - 38.9$

자기 점수에 ○표 하세요

맞힌 개수	10개 이하	11~14개	15~16개	17~18개
학습 방법	개념을 다시 공부하세요.	조금 더 노력 하세요.	실수하면 안 돼요.	참 잘했어요.

1일차 B형

소수 한 자리 수의 뺄셈

월 일
분 초
/15

뺄셈 계산을 한 결과에
소수점 찍어주는 것, 잊지마!

정답 34쪽

✎ 소수의 뺄셈을 하세요.

❶ 0.6−0.2

❷ 0.7−0.1

❸ 0.8−0.4

❹ 1.6−0.2

❺ 2.6−0.5

❻ 2.7−1.3

❼ 1.3−0.8

❽ 2.4−1.8

❾ 3.3−1.4

❿ 13.4−3.7

⓫ 28.3−9.4

⓬ 32.1−4.3

⓭ 42.9−9.7

⓮ 51.2−27.4

⓯ 35.1−29.7

자기 점수에 ○표 하세요

맞힌 개수	8개 이하	9~11개	12~13개	14~15개
학습 방법	개념을 다시 공부하세요.	조금 더 노력하세요.	실수하면 안 돼요.	참 잘했어요.

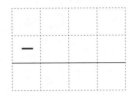

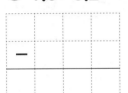

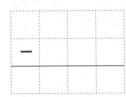

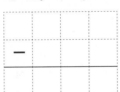

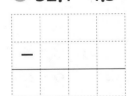

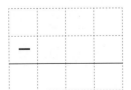

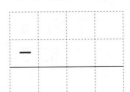

2일차 A형

소수 한 자리 수의 뺄셈

월	일
분	초
	/18

소수의 뺄셈을 하세요.

❶ 0.3 − 0.1 =

❷ 0.9 − 0.2 =

❸ 4.9 − 0.2 =

❹ 1.7 − 0.5 =

❺ 4.8 − 0.6 =

❻ 2.3 − 0.6 =

❼ 2.6 − 1.7 =

❽ 4.1 − 0.5 =

❾ 2.1 − 0.8 =

❿ 5.5 − 1.7 =

⓫ 7.4 − 6.6 =

⓬ 6.5 − 3.9 =

⓭ 15.3 − 9.6 =

⓮ 20.4 − 9.8 =

⓯ 30.5 − 4.9 =

⓰ 21.3 − 9.6 =

⓱ 72.6 − 36.9 =

⓲ 39.4 − 16.6 =

자기 점수에 ○표 하세요

맞힌 개수	10개 이하	11~14개	15~16개	17~18개
학습 방법	개념을 다시 공부하세요.	조금 더 노력 하세요.	실수하면 안 돼요.	참 잘했어요.

2일차 B형

소수 한 자리 수의 뺄셈

월 일
분 초
/15

정답 35쪽

소수의 뺄셈을 하세요.

❶ 0.3−0.2

❷ 0.9−0.4

❸ 0.4−0.2

❹ 2.8−0.3

❺ 4.8−0.1

❻ 3.2−0.3

❼ 4.4−0.7

❽ 1.6−0.7

❾ 4.1−0.6

❿ 15.7−8.9

⓫ 16.5−4.7

⓬ 42.2−3.7

⓭ 52.2−2.8

⓮ 26.5−18.6

⓯ 83.4−74.7

자기 점수에 ○표 하세요

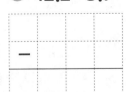

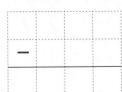

맞힌 개수	8개 이하	9~11개	12~13개	14~15개
학습 방법	개념을 다시 공부하세요.	조금 더 노력 하세요.	실수하면 안 돼요.	참 잘했어요.

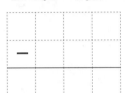

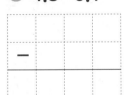

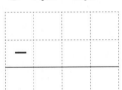

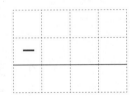

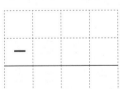

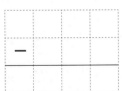

3일차 A형

소수 한 자리 수의 뺄셈

월 일
분 초
/18

소수의 뺄셈을 하세요.

❶ $0.5 - 0.2 = \square$

❷ $0.9 - 0.7 = \square$

❸ $4.8 - 0.6 = \square$

❹ $2.3 - 0.8 = \square$

❺ $4.2 - 0.4 = \square$

❻ $1.6 - 0.8 = \square$

❼ $3.2 - 0.6 = \square$

❽ $2.6 - 0.7 = \square$

❾ $5.6 - 3.7 = \square$

❿ $4.2 - 2.5 = \square$

⓫ $6.1 - 5.2 = \square$

⓬ $34.5 - 4.8 = \square$

⓭ $12.3 - 4.6 = \square$

⓮ $33.9 - 8.4 = \square$

⓯ $20.2 - 8.5 = \square$

⓰ $22.4 - 17.8 = \square$

⓱ $84.3 - 59.5 = \square$

⓲ $52.4 - 35.8 = \square$

자기 점수에 ○표 하세요

맞힌 개수	10개 이하	11~14개	15~16개	17~18개
학습 방법	개념을 다시 공부하세요.	조금 더 노력 하세요.	실수하면 안 돼요.	참 잘했어요.

소수 한 자리 수의 뺄셈

월	일
분	초
	/15

정답 36쪽

소수의 뺄셈을 하세요.

❶ 0.9−0.6

❷ 1.1−0.4

❸ 6.2−3.5

❹ 5.5−4.8

❺ 6.4−1.9

❻ 5.1−2.8

❼ 9.3−7.7

❽ 5.2−1.5

❾ 20.4−7.9

❿ 42.8−5.9

⓫ 61.3−9.5

⓬ 34.3−28.7

⓭ 64.1−47.5

⓮ 85.1−67.4

⓯ 53.6−16.8

자기 점수에 ○표 하세요

맞힌 개수	8개 이하	9~11개	12~13개	14~15개
학습 방법	개념을 다시 공부하세요.	조금 더 노력하세요.	실수하면 안 돼요.	참 잘했어요.

4일차 A형

소수 한 자리 수의 뺄셈

월	일
분	초
	/18

✎ 소수의 뺄셈을 하세요.

❶
$$\begin{array}{r} 0.9 \\ -\ 0.5 \\ \hline \end{array}$$

❷
$$\begin{array}{r} 0.8 \\ -\ 0.1 \\ \hline \end{array}$$

❸
$$\begin{array}{r} 6.3 \\ -\ 0.9 \\ \hline \end{array}$$

❹
$$\begin{array}{r} 3.4 \\ -\ 0.8 \\ \hline \end{array}$$

❺
$$\begin{array}{r} 4.7 \\ -\ 0.7 \\ \hline \end{array}$$

❻
$$\begin{array}{r} 7.2 \\ -\ 6.7 \\ \hline \end{array}$$

❼
$$\begin{array}{r} 5.4 \\ -\ 3.7 \\ \hline \end{array}$$

❽
$$\begin{array}{r} 7.4 \\ -\ 2.9 \\ \hline \end{array}$$

❾
$$\begin{array}{r} 6.6 \\ -\ 5.7 \\ \hline \end{array}$$

❿
$$\begin{array}{r} 5.5 \\ -\ 1.9 \\ \hline \end{array}$$

⓫
$$\begin{array}{r} 9.3 \\ -\ 3.5 \\ \hline \end{array}$$

⓬
$$\begin{array}{r} 18.1 \\ -\ 1.8 \\ \hline \end{array}$$

⓭
$$\begin{array}{r} 16.5 \\ -\ 3.8 \\ \hline \end{array}$$

⓮
$$\begin{array}{r} 35.3 \\ -\ 25.8 \\ \hline \end{array}$$

⓯
$$\begin{array}{r} 90.1 \\ -\ 58.4 \\ \hline \end{array}$$

⓰
$$\begin{array}{r} 55.4 \\ -\ 46.7 \\ \hline \end{array}$$

⓱
$$\begin{array}{r} 78.3 \\ -\ 39.8 \\ \hline \end{array}$$

⓲
$$\begin{array}{r} 25.1 \\ -\ 15.8 \\ \hline \end{array}$$

자기 점수에 ○표 하세요

맞힌 개수	10개 이하	11~14개	15~16개	17~18개
학습 방법	개념을 다시 공부하세요.	조금 더 노력하세요.	실수하면 안 돼요.	참 잘했어요.

소수 한 자리 수의 뺄셈

월 일
분 초
/15

정답 37쪽

소수의 뺄셈을 하세요.

① 6.1−5.1

② 4.7−0.4

③ 8.5−1.4

④ 6.1−5.5

⑤ 8.5−5.7

⑥ 4.4−2.9

⑦ 4.5−2.6

⑧ 3.6−1.8

⑨ 7.3−2.9

⑩ 6.6−4.8

⑪ 14.2−3.8

⑫ 34.3−17.9

⑬ 53.5−26.9

⑭ 78.1−68.9

⑮ 39.2−28.9

자기 점수에 ○표 하세요

맞힌 개수	8개 이하	9~11개	12~13개	14~15개
학습 방법	개념을 다시 공부하세요.	조금 더 노력하세요.	실수하면 안 돼요.	참 잘했어요.

5일차 A형

소수 한 자리 수의 뺄셈

월 일
분 초
/18

✎ 소수의 뺄셈을 하세요.

❶ $0.5 - 0.4$

❷ $1.9 - 0.6$

❸ $4.5 - 3.1$

❹ $9.5 - 3.7$

❺ $7.6 - 2.7$

❻ $6.3 - 1.8$

❼ $7.4 - 3.6$

❽ $5.4 - 2.8$

❾ $8.1 - 3.4$

❿ $7.2 - 1.5$

⓫ $5.5 - 2.6$

⓬ $9.1 - 6.9$

⓭ $14.2 - 3.8$

⓮ $11.5 - 5.7$

⓯ $39.2 - 28.9$

⓰ $46.1 - 45.6$

⓱ $75.4 - 43.5$

⓲ $87.5 - 31.7$

자기 점수에 ○표 하세요

맞힌 개수	10개 이하	11~14개	15~16개	17~18개
학습 방법	개념을 다시 공부하세요.	조금 더 노력하세요.	실수하면 안 돼요.	참 잘했어요.

소수 한 자리 수의 뺄셈

5일차 B형

월 일
분 초
/15

정답 38쪽

소수의 뺄셈을 하세요.

① 3.6−2.4

② 2.9−1.6

③ 4.2−3.8

④ 9.1−5.9

⑤ 7.5−2.7

⑥ 9.7−2.8

⑦ 5.6−3.7

⑧ 6.3−1.7

⑨ 7.8−3.9

⑩ 12.6−7.7

⑪ 14.5−4.8

⑫ 98.1−23.4

⑬ 64.2−22.6

⑭ 66.3−19.2

⑮ 57.2−46.8

자기 점수에 ○표 하세요

맞힌 개수	8개 이하	9~11개	12~13개	14~15개
학습 방법	개념을 다시 공부하세요.	조금 더 노력 하세요.	실수하면 안 돼요.	참 잘했어요.

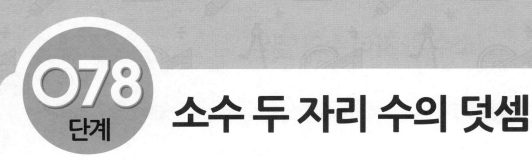

078 단계 소수 두 자리 수의 덧셈

◆스스로 학습 관리표◆

- 매일 맞힌 개수를 적고, 걸린 시간만큼 색칠해 보세요. (눈금 1칸은 1분이며, 초는 표의 상단에 적으세요.)
- 하루하루 지날수록 실력이 자라고, 계산 속도가 빨라지는 것을 눈으로 직접 확인할 수 있습니다.

A

(초)	(초)	(초)	(초)	(초)
1일 차	2일 차	3일 차	4일 차	5일 차
/18	/18	/18	/18	/18

30분, 25분, 20분, 15분, 10분, 5분, 0분

맞힌 개수

B

(초)	(초)	(초)	(초)	(초)
1일 차	2일 차	3일 차	4일 차	5일 차
/15	/15	/15	/15	/15

개념 포인트

소수 한 자리 수의 덧셈과 마찬가지로 소수점의 위치를 맞추어 자연수의 덧셈과 같은 방법으로 계산합니다. 이때 소수점의 위치를 맞추는 것이 중요합니다.

0.37+0.21은 얼마인가요?

	0.37	→	0.01이 37개
+	0.21	→	0.01이 21개
	0.58	←	0.01이 58개

예시

소수의 세로셈

①

	0.	3	7
+	0.	2	1
			8

②

	0.	3	7
+	0.	2	1
		5	8

③

	0.	3	7
+	0.	2	1
	0.	5	8

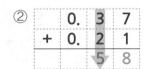

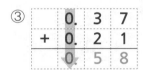

소수점을 제대로 맞춰야 계산할 수 있습니다. B형의 가로셈은 세로셈으로 바꾸어 써서 계산하게 합니다. 이때 소수점의 위치를 맞추는 것에 유의시켜 주세요.

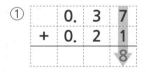

1일차 A형 소수 두 자리 수의 덧셈

월	일
분	초
	/18

소수의 덧셈을 하세요.

❶ $\begin{array}{r} 0.42 \\ +\ 0.36 \\ \hline \end{array}$

❷ $\begin{array}{r} 0.52 \\ +\ 0.07 \\ \hline \end{array}$

❸ $\begin{array}{r} 0.56 \\ +\ 0.21 \\ \hline \end{array}$

❹ $\begin{array}{r} 0.65 \\ +\ 0.31 \\ \hline \end{array}$

❺ $\begin{array}{r} 2.26 \\ +\ 0.31 \\ \hline \end{array}$

❻ $\begin{array}{r} 3.64 \\ +\ 0.23 \\ \hline \end{array}$

❼ $\begin{array}{r} 0.27 \\ +\ 0.56 \\ \hline \end{array}$

❽ $\begin{array}{r} 0.75 \\ +\ 0.25 \\ \hline \end{array}$

❾ $\begin{array}{r} 0.43 \\ +\ 3.27 \\ \hline \end{array}$

❿ $\begin{array}{r} 2.83 \\ +\ 0.86 \\ \hline \end{array}$

⓫ $\begin{array}{r} 4.92 \\ +\ 1.57 \\ \hline \end{array}$

⓬ $\begin{array}{r} 5.78 \\ +\ 1.54 \\ \hline \end{array}$

⓭ $\begin{array}{r} 1.45 \\ +\ 2.78 \\ \hline \end{array}$

⓮ $\begin{array}{r} 3.27 \\ +\ 5.82 \\ \hline \end{array}$

⓯ $\begin{array}{r} 5.43 \\ +\ 1.67 \\ \hline \end{array}$

⓰ $\begin{array}{r} 8.73 \\ +\ 3.49 \\ \hline \end{array}$

⓱ $\begin{array}{r} 4.62 \\ +\ 5.73 \\ \hline \end{array}$

⓲ $\begin{array}{r} 5.83 \\ +\ 9.37 \\ \hline \end{array}$

자기 점수에 ○표 하세요

맞힌 개수	10개 이하	11~14개	15~16개	17~18개
학습 방법	개념을 다시 공부하세요.	조금 더 노력하세요.	실수하면 안 돼요.	참 잘했어요.

1일차 B형

소수 두 자리 수의 덧셈

월 일
분 초
/15

정답 39쪽

✎ 소수의 덧셈을 하세요.

❶ 0.13+0.53

❷ 0.23+0.35

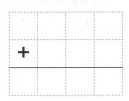

❸ 0.12+0.52

❹ 3.31+0.26

❺ 4.23+0.64

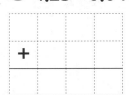

❻ 5.06+0.42

❼ 0.54+0.18

❽ 0.84+0.09

❾ 0.46+0.54

❿ 0.65+1.93

⓫ 3.67+0.26

⓬ 5.04+1.88

⓭ 2.54+1.09

⓮ 4.08+3.88

⓯ 3.83+1.64

자기 점수에 ○표 하세요

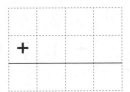

맞힌 개수	8개 이하	9~11개	12~13개	14~15개
학습 방법	개념을 다시 공부하세요.	조금 더 노력하세요.	실수하면 안 돼요.	참 잘했어요.

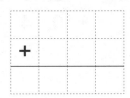

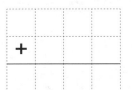

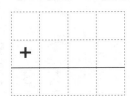

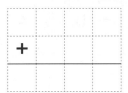

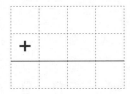

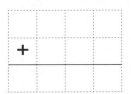

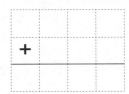

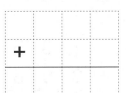

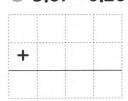

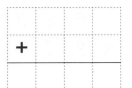

2일차 A형

소수 두 자리 수의 덧셈

월 일
분 초
/18

✎ 소수의 덧셈을 하세요.

① $\begin{array}{r} 0.13 \\ +\ 0.42 \\ \hline \end{array}$

② $\begin{array}{r} 0.25 \\ +\ 0.14 \\ \hline \end{array}$

③ $\begin{array}{r} 0.32 \\ +\ 0.54 \\ \hline \end{array}$

④ $\begin{array}{r} 1.62 \\ +\ 8.24 \\ \hline \end{array}$

⑤ $\begin{array}{r} 6.31 \\ +\ 4.53 \\ \hline \end{array}$

⑥ $\begin{array}{r} 3.48 \\ +\ 9.31 \\ \hline \end{array}$

⑦ $\begin{array}{r} 0.94 \\ +\ 0.09 \\ \hline \end{array}$

⑧ $\begin{array}{r} 4.32 \\ +\ 2.58 \\ \hline \end{array}$

⑨ $\begin{array}{r} 5.43 \\ +\ 4.19 \\ \hline \end{array}$

⑩ $\begin{array}{r} 6.73 \\ +\ 1.07 \\ \hline \end{array}$

⑪ $\begin{array}{r} 2.31 \\ +\ 5.94 \\ \hline \end{array}$

⑫ $\begin{array}{r} 1.65 \\ +\ 7.53 \\ \hline \end{array}$

⑬ $\begin{array}{r} 3.49 \\ +\ 1.35 \\ \hline \end{array}$

⑭ $\begin{array}{r} 0.85 \\ +\ 0.28 \\ \hline \end{array}$

⑮ $\begin{array}{r} 1.05 \\ +\ 0.96 \\ \hline \end{array}$

⑯ $\begin{array}{r} 2.83 \\ +\ 1.29 \\ \hline \end{array}$

⑰ $\begin{array}{r} 3.28 \\ +\ 4.74 \\ \hline \end{array}$

⑱ $\begin{array}{r} 5.83 \\ +\ 9.37 \\ \hline \end{array}$

자기 점수에 ○표 하세요

맞힌 개수	10개 이하	11~14개	15~16개	17~18개
학습 방법	개념을 다시 공부하세요.	조금 더 노력 하세요.	실수하면 안 돼요.	참 잘했어요.

2일차 B형

소수 두 자리 수의 덧셈

월 일
분 초
/15

정답 40쪽

소수의 덧셈을 하세요.

❶ 0.17+0.51

❷ 0.41+0.24

❸ 0.62+0.15

❹ 1.62+0.24

❺ 0.24+0.38

❻ 6.73+1.07

❼ 3.83+1.64

❽ 5.96+2.72

❾ 3.55+4.38

❿ 0.58+0.46

⓫ 0.67+0.33

⓬ 0.56+2.88

⓭ 6.39+7.91

⓮ 5.09+4.96

⓯ 6.54+3.87

자기 점수에 ○표 하세요

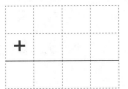

맞힌 개수	8개 이하	9~11개	12~13개	14~15개
학습 방법	개념을 다시 공부하세요.	조금 더 노력하세요.	실수하면 안 돼요.	참 잘했어요.

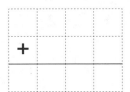

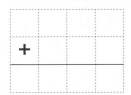

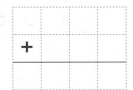

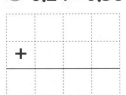

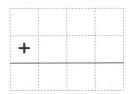

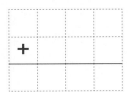

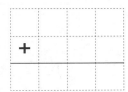

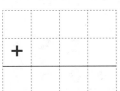

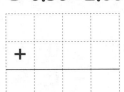

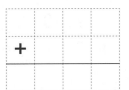

소수 두 자리 수의 덧셈

월	일
분	초
	/18

✎ 소수의 덧셈을 하세요.

❶ $0.23 + 0.36$

❷ $0.82 + 0.11$

❸ $0.44 + 0.23$

❹ $0.37 + 0.62$

❺ $0.71 + 0.58$

❻ $0.19 + 0.54$

❼ $0.24 + 0.19$

❽ $0.66 + 7.53$

❾ $4.65 + 0.17$

❿ $1.76 + 3.43$

⓫ $3.84 + 4.65$

⓬ $2.56 + 3.71$

⓭ $0.42 + 0.99$

⓮ $0.43 + 2.89$

⓯ $3.84 + 0.57$

⓰ $6.54 + 3.87$

⓱ $4.37 + 5.69$

⓲ $7.03 + 8.97$

자기 점수에 ○표 하세요

맞힌 개수	10개 이하	11~14개	15~16개	17~18개
학습 방법	개념을 다시 공부하세요.	조금 더 노력하세요.	실수하면 안 돼요.	참 잘했어요.

3일차 B형

소수 두 자리 수의 덧셈

월 일
분 초
/15

정답 41쪽

소수의 덧셈을 하세요.

❶ 0.42+0.34

❷ 0.12+0.61

❸ 0.63+0.25

❹ 5.14+0.65

❺ 1.62+8.24

❻ 6.31+4.53

❼ 0.18+0.35

❽ 0.59+0.36

❾ 1.28+0.47

❿ 1.72+7.87

⓫ 3.67+0.26

⓬ 0.58+0.46

⓭ 0.76+4.57

⓮ 3.93+6.67

⓯ 4.43+5.69

자기 점수에 ○표 하세요

맞힌 개수	8개 이하	9~11개	12~13개	14~15개
학습 방법	개념을 다시 공부하세요.	조금 더 노력 하세요.	실수하면 안 돼요.	참 잘했어요.

소수 두 자리 수의 덧셈

월	일
분	초
	/18

✎ 소수의 덧셈을 하세요.

❶ $0.11 + 0.15 =$

❷ $0.27 + 0.31 =$

❸ $0.65 + 0.22 =$

❹ $1.65 + 0.14 =$

❺ $3.48 + 1.31 =$

❻ $2.63 + 5.36 =$

❼ $0.78 + 0.45 =$

❽ $0.37 + 0.69 =$

❾ $0.23 + 0.77 =$

❿ $4.92 + 1.57 =$

⓫ $2.31 + 5.94 =$

⓬ $5.74 + 8.16 =$

⓭ $4.65 + 6.17 =$

⓮ $1.76 + 3.43 =$

⓯ $0.63 + 1.38 =$

⓰ $4.56 + 2.67 =$

⓱ $3.94 + 5.08 =$

⓲ $6.34 + 3.68 =$

자기 점수에 ○표 하세요

맞힌 개수	10개 이하	11~14개	15~16개	17~18개
학습 방법	개념을 다시 공부하세요.	조금 더 노력 하세요.	실수하면 안 돼요.	참 잘했어요.

4일차 B형

소수 두 자리 수의 덧셈

월 일
분 초
/15

정답 42쪽

소수의 덧셈을 하세요.

❶ 0.13+0.14

❷ 0.14+0.31

❸ 0.54+0.32

❹ 0.16+6.72

❺ 1.82+5.16

❻ 3.24+4.52

❼ 0.82+0.77

❽ 0.24+0.58

❾ 1.92+2.63

❿ 4.35+5.28

⓫ 2.34+3.56

⓬ 1.85+2.96

⓭ 2.04+7.96

⓮ 4.43+5.69

⓯ 3.58+6.49

자기 점수에 ○표 하세요

맞힌 개수	8개 이하	9~11개	12~13개	14~15개
학습 방법	개념을 다시 공부하세요.	조금 더 노력 하세요.	실수하면 안 돼요.	참 잘했어요.

5일차 A형

소수 두 자리 수의 덧셈

월 일
분 초
/18

소수의 덧셈을 하세요.

❶
$$\begin{array}{r} 0.17 \\ +\ 0.21 \\ \hline \end{array}$$

❷
$$\begin{array}{r} 0.23 \\ +\ 0.11 \\ \hline \end{array}$$

❸
$$\begin{array}{r} 0.37 \\ +\ 0.42 \\ \hline \end{array}$$

❹
$$\begin{array}{r} 1.32 \\ +\ 3.65 \\ \hline \end{array}$$

❺
$$\begin{array}{r} 1.62 \\ +\ 5.34 \\ \hline \end{array}$$

❻
$$\begin{array}{r} 3.47 \\ +\ 4.52 \\ \hline \end{array}$$

❼
$$\begin{array}{r} 0.17 \\ +\ 0.39 \\ \hline \end{array}$$

❽
$$\begin{array}{r} 0.28 \\ +\ 0.56 \\ \hline \end{array}$$

❾
$$\begin{array}{r} 0.96 \\ +\ 0.21 \\ \hline \end{array}$$

❿
$$\begin{array}{r} 4.27 \\ +\ 6.47 \\ \hline \end{array}$$

⓫
$$\begin{array}{r} 6.48 \\ +\ 3.23 \\ \hline \end{array}$$

⓬
$$\begin{array}{r} 8.33 \\ +\ 1.48 \\ \hline \end{array}$$

⓭
$$\begin{array}{r} 7.36 \\ +\ 5.82 \\ \hline \end{array}$$

⓮
$$\begin{array}{r} 0.78 \\ +\ 0.45 \\ \hline \end{array}$$

⓯
$$\begin{array}{r} 2.75 \\ +\ 5.79 \\ \hline \end{array}$$

⓰
$$\begin{array}{r} 8.29 \\ +\ 1.82 \\ \hline \end{array}$$

⓱
$$\begin{array}{r} 4.87 \\ +\ 5.38 \\ \hline \end{array}$$

⓲
$$\begin{array}{r} 6.54 \\ +\ 3.87 \\ \hline \end{array}$$

자기 점수에 ○표 하세요

맞힌 개수	10개 이하	11~14개	15~16개	17~18개
학습 방법	개념을 다시 공부하세요.	조금 더 노력 하세요.	실수하면 안 돼요.	참 잘했어요.

소수 두 자리 수의 덧셈

월 일
분 초
/15

정답 43쪽

소수의 덧셈을 하세요.

❶ 0.38+0.11

❷ 0.26+0.32

❸ 0.43+0.35

❹ 0.36+0.82

❺ 4.16+0.72

❻ 5.16+1.82

❼ 0.81+0.53

❽ 1.26+0.58

❾ 2.34+3.27

❿ 4.52+9.72

⓫ 7.38+4.16

⓬ 2.85+6.47

⓭ 6.48+1.92

⓮ 4.27+2.85

⓯ 7.36+3.95

자기 점수에 ○표 하세요

맞힌 개수	8개 이하	9~11개	12~13개	14~15개
학습 방법	개념을 다시 공부하세요.	조금 더 노력하세요.	실수하면 안 돼요.	참 잘했어요.

079 단계 소수 두 자리 수의 뺄셈

◆스스로 학습 관리표◆

- 매일 맞힌 개수를 적고, 걸린 시간만큼 색칠해 보세요. (눈금 1칸은 1분이며, 초는 표의 상단에 적으세요.)
- 하루하루 지날수록 실력이 자라고, 계산 속도가 빨라지는 것을 눈으로 직접 확인할 수 있습니다.

A

(초)	(초)	(초)	(초)	(초)
1일 차	2일 차	3일 차	4일 차	5일 차
/18	/18	/18	/18	/18

B

(초)	(초)	(초)	(초)	(초)
1일 차	2일 차	3일 차	4일 차	5일 차
/15	/15	/15	/15	/15

30분
25분
20분
15분
10분
5분
0분

맞힌 개수

◆개념 포인트◆

소수 두 자리 수의 덧셈과 마찬가지로 소수점의 위치를 먼저 맞추고, 자연수의 빼셈과 같은 방법으로 계산합니다.

0.37−0.28은 얼마인가요?

	0.37	→	0.01이 37개
−	0.28	→	0.01이 28개
	0.09	←	0.01이 9개

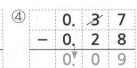

예시

소수의 세로셈

①

	0.	3	7
−	0.	2	8

②

		2	10
	0.	~~3~~	7
−	0.	2	8
			9

③

		2	10
	0.	~~3~~	7
−	0.	2	8
		0	9

④

	0.	~~3~~	7
−	0.	2	8
	0.	0	9

계산하려는 두 수의 소수점을 먼저 맞춰야 합니다. 위의 예처럼 빼셈에서는 소수점 앞에 계산한 값이 0이더라도 꼭 써서 나타내야 합니다.

1일차 A형

소수 두 자리 수의 뺄셈

월 일
분 초
/18

받아내림이 두 번 있는 소수의 뺄셈 문제가 있으니 유의해!

✎ 소수의 뺄셈을 하세요.

❶ $0.89 - 0.62$

❷ $0.67 - 0.25$

❸ $0.48 - 0.15$

❹ $4.76 - 0.24$

❺ $3.58 - 0.42$

❻ $0.28 - 0.09$

❼ $0.51 - 0.17$

❽ $0.72 - 0.63$

❾ $0.63 - 0.34$

❿ $0.84 - 0.59$

⓫ $9.56 - 3.28$

⓬ $5.34 - 1.17$

⓭ $5.64 - 2.61$

⓮ $7.54 - 4.35$

⓯ $4.32 - 0.57$

⓰ $6.21 - 2.89$

⓱ $7.34 - 3.67$

⓲ $5.41 - 3.82$

자기 점수에 ○표 하세요

맞힌 개수	10개 이하	11~14개	15~16개	17~18개
학습 방법	개념을 다시 공부하세요.	조금 더 노력하세요.	실수하면 안 돼요.	참 잘했어요.

1일차 B형

소수 두 자리 수의 뺄셈

월 일
분 초
/15

정답 44쪽

소수의 뺄셈을 하세요.

❶ 0.68−0.14

❷ 0.98−0.35

❸ 0.56−0.21

❹ 0.79−0.24

❺ 2.56−1.42

❻ 0.43−0.38

❼ 0.82−0.15

❽ 0.73−0.64

❾ 8.75−3.17

❿ 9.81−2.34

⓫ 6.42−2.26

⓬ 2.57−0.88

⓭ 3.14−2.98

⓮ 8.13−5.94

⓯ 6.13−2.98

자기 점수에 ○표 하세요

맞힌 개수	8개 이하	9~11개	12~13개	14~15개
학습 방법	개념을 다시 공부하세요.	조금 더 노력하세요.	실수하면 안 돼요.	참 잘했어요.

2일차 A형

소수 두 자리 수의 뺄셈

월 일
분 초
/18

✎ 소수의 뺄셈을 하세요.

❶ $0.29 - 0.12$

❷ $0.89 - 0.35$

❸ $0.96 - 0.85$

❹ $1.76 - 0.52$

❺ $6.58 - 1.24$

❻ $8.74 - 2.12$

❼ $0.51 - 0.12$

❽ $0.82 - 0.18$

❾ $0.71 - 0.58$

❿ $4.97 - 0.56$

⓫ $4.76 - 1.49$

⓬ $5.63 - 3.55$

⓭ $6.63 - 1.92$

⓮ $3.48 - 2.63$

⓯ $7.11 - 2.56$

⓰ $3.34 - 0.49$

⓱ $8.21 - 5.79$

⓲ $6.82 - 1.94$

자기 점수에 ○표 하세요

맞힌 개수	10개 이하	11~14개	15~16개	17~18개
학습 방법	개념을 다시 공부하세요.	조금 더 노력하세요.	실수하면 안 돼요.	참 잘했어요.

소수 두 자리 수의 뺄셈

월 일
분 초
/15

정답 45쪽

소수의 뺄셈을 하세요.

❶ 0.49−0.13

❷ 0.79−0.64

❸ 0.89−0.46

❹ 1.98−0.61

❺ 6.96−2.23

❻ 8.57−6.12

❼ 9.86−1.75

❽ 0.71−0.58

❾ 0.82−0.17

❿ 0.66−0.58

⓫ 6.79−5.82

⓬ 7.48−3.61

⓭ 8.53−4.64

⓮ 9.24−3.34

⓯ 7.43−4.89

자기 점수에 ○표 하세요

맞힌 개수	8개 이하	9~11개	12~13개	14~15개
학습 방법	개념을 다시 공부하세요.	조금 더 노력하세요.	실수하면 안 돼요.	참 잘했어요.

소수 두 자리 수의 뺄셈

월 일
분 초
/18

✎ 소수의 뺄셈을 하세요.

❶
$$\begin{array}{r} 0.76 \\ -\ 0.34 \\ \hline \end{array}$$

❷
$$\begin{array}{r} 0.47 \\ -\ 0.26 \\ \hline \end{array}$$

❸
$$\begin{array}{r} 0.68 \\ -\ 0.45 \\ \hline \end{array}$$

❹
$$\begin{array}{r} 3.57 \\ -\ 0.42 \\ \hline \end{array}$$

❺
$$\begin{array}{r} 8.42 \\ -\ 2.31 \\ \hline \end{array}$$

❻
$$\begin{array}{r} 9.68 \\ -\ 4.17 \\ \hline \end{array}$$

❼
$$\begin{array}{r} 0.73 \\ -\ 0.39 \\ \hline \end{array}$$

❽
$$\begin{array}{r} 0.61 \\ -\ 0.17 \\ \hline \end{array}$$

❾
$$\begin{array}{r} 0.91 \\ -\ 0.54 \\ \hline \end{array}$$

❿
$$\begin{array}{r} 7.49 \\ -\ 4.84 \\ \hline \end{array}$$

⓫
$$\begin{array}{r} 5.84 \\ -\ 3.35 \\ \hline \end{array}$$

⓬
$$\begin{array}{r} 5.92 \\ -\ 4.57 \\ \hline \end{array}$$

⓭
$$\begin{array}{r} 4.68 \\ -\ 1.97 \\ \hline \end{array}$$

⓮
$$\begin{array}{r} 9.36 \\ -\ 1.82 \\ \hline \end{array}$$

⓯
$$\begin{array}{r} 4.12 \\ -\ 2.99 \\ \hline \end{array}$$

⓰
$$\begin{array}{r} 9.73 \\ -\ 5.98 \\ \hline \end{array}$$

⓱
$$\begin{array}{r} 5.41 \\ -\ 4.64 \\ \hline \end{array}$$

⓲
$$\begin{array}{r} 6.21 \\ -\ 2.89 \\ \hline \end{array}$$

자기 점수에 ○표 하세요

맞힌 개수	10개 이하	11~14개	15~16개	17~18개
학습 방법	개념을 다시 공부하세요.	조금 더 노력하세요.	실수하면 안 돼요.	참 잘했어요.

3일차 B형

소수 두 자리 수의 뺄셈

월 일
분 초
/15

정답 46쪽

소수의 뺄셈을 하세요.

❶ 0.58−0.13

❷ 0.87−0.54

❸ 0.63−0.21

❹ 0.98−0.14

❺ 4.98−1.24

❻ 5.76−2.45

❼ 6.98−1.14

❽ 0.32−0.13

❾ 0.94−0.77

❿ 0.63−0.18

⓫ 6.55−1.73

⓬ 7.91−4.29

⓭ 4.61−3.68

⓮ 9.52−2.98

⓯ 5.62−4.78

자기 점수에 ○표 하세요

맞힌 개수	8개 이하	9~11개	12~13개	14~15개
학습 방법	개념을 다시 공부하세요.	조금 더 노력하세요.	실수하면 안 돼요.	참 잘했어요.

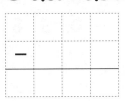

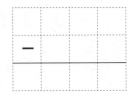

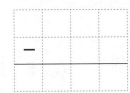

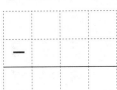

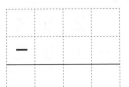

4일차 A형

소수 두 자리 수의 뺄셈

월 일
분 초
/18

✎ 소수의 뺄셈을 하세요.

❶ 0.99 − 0.35

❷ 0.79 − 0.38

❸ 0.58 − 0.21

❹ 2.88 − 0.46

❺ 6.94 − 1.14

❻ 3.78 − 2.56

❼ 6.27 − 2.04

❽ 0.85 − 0.39

❾ 0.94 − 0.18

❿ 0.67 − 0.29

⓫ 6.57 − 2.39

⓬ 5.72 − 4.68

⓭ 7.83 − 5.49

⓮ 6.93 − 3.17

⓯ 8.94 − 3.25

⓰ 4.53 − 3.76

⓱ 6.27 − 2.49

⓲ 2.54 − 1.68

자기 점수에 ○표 하세요

맞힌 개수	10개 이하	11~14개	15~16개	17~18개
학습 방법	개념을 다시 공부하세요.	조금 더 노력하세요.	실수하면 안 돼요.	참 잘했어요.

4일차 B형

소수 두 자리 수의 뺄셈

월 일
분 초
/15

정답 47쪽

소수의 뺄셈을 하세요.

❶ 0.73−0.21

❷ 0.36−0.23

❸ 0.89−0.15

❹ 0.97−0.52

❺ 4.59−2.46

❻ 7.67−1.33

❼ 0.82−0.76

❽ 0.96−0.79

❾ 4.28−0.59

❿ 5.67−4.75

⓫ 8.48−2.91

⓬ 6.46−1.37

⓭ 3.56−2.77

⓮ 8.15−3.76

⓯ 4.21−2.36

자기 점수에 ○표 하세요

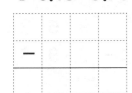

맞힌 개수	8개 이하	9~11개	12~13개	14~15개
학습 방법	개념을 다시 공부하세요.	조금 더 노력 하세요.	실수하면 안 돼요.	참 잘했어요.

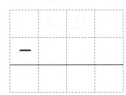

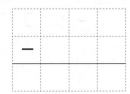

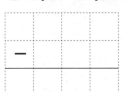

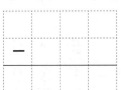

5일차 A형

소수 두 자리 수의 뺄셈

월 일
분 초
/18

소수의 뺄셈을 하세요.

❶
$$\begin{array}{r} 0.65 \\ -\ 0.32 \\ \hline \end{array}$$

❷
$$\begin{array}{r} 0.58 \\ -\ 0.23 \\ \hline \end{array}$$

❸
$$\begin{array}{r} 0.97 \\ -\ 0.26 \\ \hline \end{array}$$

❹
$$\begin{array}{r} 0.69 \\ -\ 0.35 \\ \hline \end{array}$$

❺
$$\begin{array}{r} 3.98 \\ -\ 2.13 \\ \hline \end{array}$$

❻
$$\begin{array}{r} 7.89 \\ -\ 6.81 \\ \hline \end{array}$$

❼
$$\begin{array}{r} 5.69 \\ -\ 2.35 \\ \hline \end{array}$$

❽
$$\begin{array}{r} 0.52 \\ -\ 0.14 \\ \hline \end{array}$$

❾
$$\begin{array}{r} 0.66 \\ -\ 0.57 \\ \hline \end{array}$$

❿
$$\begin{array}{r} 0.95 \\ -\ 0.28 \\ \hline \end{array}$$

⓫
$$\begin{array}{r} 6.73 \\ -\ 0.59 \\ \hline \end{array}$$

⓬
$$\begin{array}{r} 2.52 \\ -\ 1.48 \\ \hline \end{array}$$

⓭
$$\begin{array}{r} 7.81 \\ -\ 2.69 \\ \hline \end{array}$$

⓮
$$\begin{array}{r} 6.42 \\ -\ 2.96 \\ \hline \end{array}$$

⓯
$$\begin{array}{r} 5.76 \\ -\ 1.89 \\ \hline \end{array}$$

⓰
$$\begin{array}{r} 7.53 \\ -\ 2.65 \\ \hline \end{array}$$

⓱
$$\begin{array}{r} 9.62 \\ -\ 3.93 \\ \hline \end{array}$$

⓲
$$\begin{array}{r} 8.47 \\ -\ 1.59 \\ \hline \end{array}$$

자기 점수에 ○표 하세요

맞힌 개수	10개 이하	11~14개	15~16개	17~18개
학습 방법	개념을 다시 공부하세요.	조금 더 노력 하세요.	실수하면 안 돼요.	참 잘했어요.

5일차 B형

소수 두 자리 수의 뺄셈

월 일
분 초
/15

정답 48쪽

소수의 뺄셈을 하세요.

① 0.38−0.11

② 0.36−0.22

③ 0.86−0.12

④ 7.56−3.41

⑤ 8.58−6.34

⑥ 9.85−7.41

⑦ 0.61−0.27

⑧ 0.83−0.28

⑨ 0.56−0.27

⑩ 2.81−1.59

⑪ 7.38−2.85

⑫ 6.47−1.28

⑬ 6.31−4.79

⑭ 4.22−3.57

⑮ 9.65−6.98

자기 점수에 ○표 하세요

맞힌 개수	8개 이하	9~11개	12~13개	14~15개
학습 방법	개념을 다시 공부하세요.	조금 더 노력하세요.	실수하면 안 돼요.	참 잘했어요.

월 일
분 초
/18

세 단계 묶어 풀기 077~079단계
자릿수가 같은 소수의 덧셈과 뺄셈

정답 49쪽

✎ 계산을 하세요.

❶
	0.	5	3
+	2.	2	4

❷
	3.	2	1
+	2.	9	4

❸
	5.	4	7
+	2.	2	4

❹
	9.	4	8
+	2.	9	1

❺
	8.	7	2
+	2.	3	2

❻
	4.	9	1
+	5.	2	8

❼ 0.16+0.42

+			

❽ 5.89+6.52

+			

❾ 6.02+0.18

+			

❿ 8.62+0.57

+			

⓫ 2.93+4.56

+			

⓬ 3.58+9.81

+			

⓭
	2.	1
−	0.	2

⓮
	5.	4	3
−	3.	6	7

⓯
	9.	1	2
−	5.	6	8

⓰ 2.1−1.8

−			

⓱ 13.65−7.89

−				

⓲ 10.01−8.73

−				

재미있는 **수학이야기**

이집트 사람들의 분수

똑같이 생긴 빵 아홉 덩어리가 있어요. 10명의 사람들이 이 빵을 똑같이 나눠 먹고 싶어 해요. 어떻게 나눠 주면 좋을까요? 우선 첫 번째 빵을 똑같이 열 조각으로 나눈 다음, 사람들에게 하나씩 나눠 줍니다. 두 번째 빵도, 세 번째 빵도, 네 번째 빵도, 아홉 번째 빵까지 똑같이 열 조각으로 나눈 다음, 열 명에게 하나씩 주면 되겠지요. 모두 똑같이 10조각으로 나눈 가운데 하나인 빵 조각 아홉 개, 즉 $\frac{9}{10}$씩 가지게 됩니다. 그런데 이렇게 빵을 나누어 주면 작은 빵 조각 여러 개로 받게 되네요. 좀 더 큰 조각으로 빵을 나눠 줄 수 있는 방법은 없을까요?

이집트 사람들은 이 문제를 이렇게 풀었어요. 분자가 1인 여러 개의 단위분수와 $\frac{2}{3}$ 중에서 $\frac{9}{10}$에 가장 가까운 수는 $\frac{2}{3}$이니까 먼저 10명에게 $\frac{2}{3}$씩을 나누어 줍니다. 아홉 개의 빵을 $\frac{2}{3}$와 $\frac{1}{3}$로 나누면 $\frac{2}{3}$조각 9개, $\frac{1}{3}$조각 9개입니다. $\frac{2}{3}$조각 9개와 $\frac{1}{3}$조각 2개로 10명의 사람에게 모두 $\frac{2}{3}$조각을 주고 나면 남는 것은 $\frac{1}{3}$조각 7개, 즉 빵 2개와 $\frac{1}{3}$조각 1개가 됩니다.

빵 2개를 10명에게 똑같이 나누어 주려면 $\frac{1}{5}$조각씩 가지면 됩니다.

이제 남은 $\frac{1}{3}$조각 1개를 10명이 나눠 가지면 되기 때문에 $\frac{1}{30}$조각씩 10사람에게 주면 됩니다. 이것을 식으로 나타내면 $\frac{9}{10}=\frac{2}{3}+\frac{1}{5}+\frac{1}{30}$입니다.

$$\frac{9}{10}=\frac{2}{3}+\frac{1}{5}+\frac{1}{30}$$

이렇게 고대 이집트 사람들은 분수를 쓸 때, 분자가 1인 단위분수와 $\frac{2}{3}$를 사용해서 나타냈습니다.

080 단계 자릿수가 다른 소수의 덧셈과 뺄셈

◆스스로 학습 관리표◆

- 매일 맞힌 개수를 적고, 걸린 시간만큼 색칠해 보세요.
(눈금 1칸은 1분이며, 초는 표의 상단에 적으세요.)
- 하루하루 지날수록 실력이 자라고, 계산 속도가 빨라지는 것을 눈으로 직접 확인할 수 있습니다.

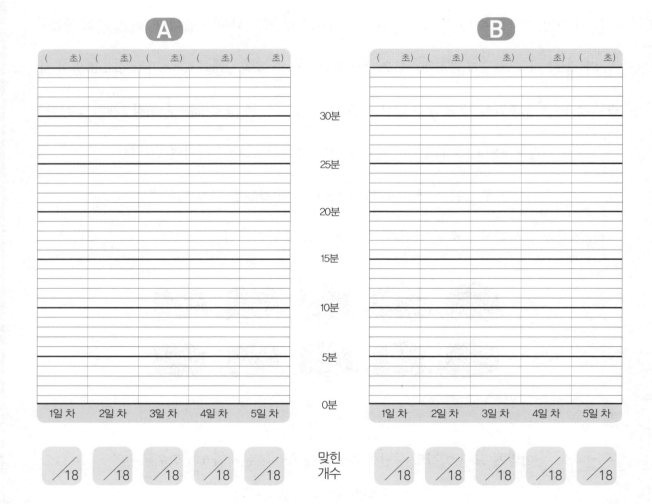

A

(초)	(초)	(초)	(초)	(초)
1일 차	2일 차	3일 차	4일 차	5일 차

B

(초)	(초)	(초)	(초)	(초)
1일 차	2일 차	3일 차	4일 차	5일 차

30분 25분 20분 15분 10분 5분 0분

/18	/18	/18	/18	/18	맞힌 개수	/18	/18	/18	/18	/18

◆개념 포인트◆

자릿수가 다른 소수의 덧셈과 뺄셈을 알아 봅시다.

0.87+0.4는 얼마인가요?

	0.87	→	0.01이 87개
+	0.4	→	0.01이 40개
	1.27	←	0.01이 127개

2.37−1.8은 얼마인가요?

	2.37	→	0.01이 237개
−	1.8	→	0.01이 180개
	0.57	←	0.01이 57개

소수의 세로셈은 먼저 소수점 위치를 맞추어 쓰세요. 소수의 자릿수가 다를 경우, 빈 자리에 0이 있다고 생각해서 자릿수가 같은 소수로 만들어서 계산합니다. 자연수의 덧셈 또는 뺄셈처럼 계산한 다음, 소수점을 그대로 아래로 옮겨 찍어 주면 됩니다.

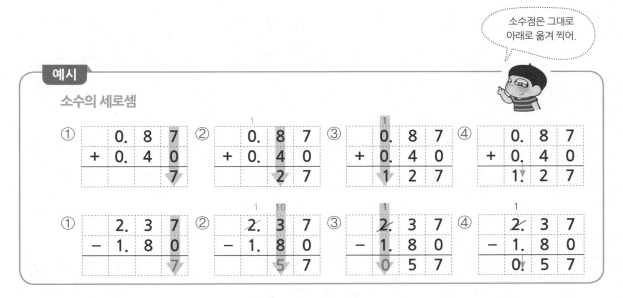

예시

소수의 세로셈

①

	0.	8	7
+	0.	4	0
			7

②

	1		
	0.	8	7
+	0.	4	0
		2	7

③

	1		
	0.	8	7
+	0.	4	0
	1	2	7

④

	0.	8	7
+	0.	4	0
	1.	2	7

①

	2.	3	7
−	1.	8	0
			7

②

	1	10	
	2.	3	7
−	1.	8	0
		5	7

③

	1		
	2.	3	7
−	1.	8	0
	0	5	7

④

	1		
	2.	3	7
−	1.	8	0
	0.	5	7

지도 도우미

소수의 덧셈과 뺄셈도 자연수의 덧셈과 뺄셈과 같이 받아올림 또는 받아내림이 있을 수도 있습니다. 자릿수가 다른 소수의 덧셈과 뺄셈에서도 소수점 위치를 맞추고, 빈 자리에 0을 넣어서 같은 자릿수로 만들어 주기만 하면 쉽게 계산할 수 있습니다. 계속해서 소수점 위치 맞추는 것에 유의시켜 주세요.

1일차 A형

자릿수가 다른 소수의 덧셈과 뺄셈

월	일
분	초
	/18

자연수의 경우에는 바로 뒤에 소수점이 생략되어 있어!

✎ 소수의 덧셈을 하세요.

❶ $2 + 1.46$

❷ $5 + 6.72$

❸ $4.59 + 3.7$

❹ $7.6 + 4.52$

❺ $5.8 + 8.49$

❻ $21.6 + 1.46$

❼ $2.89 + 31.4$

❽ $6.75 + 73.4$

❾ $4.9 + 38.27$

❿ $3.14 + 5.9$

⓫ $2.7 + 3.85$

⓬ $8.28 + 0.9$

⓭ $11.3 + 4.76$

⓮ $3.66 + 12.8$

⓯ $15.54 + 12.7$

⓰ $7.8 + 6.72$

⓱ $9.28 + 1.8$

⓲ $2.93 + 10.3$

자기 점수에 ○표 하세요

맞힌 개수	10개 이하	11~14개	15~16개	17~18개
학습 방법	개념을 다시 공부하세요.	조금 더 노력하세요.	실수하면 안 돼요.	참 잘했어요.

1일차 B형

자릿수가 다른 소수의 덧셈과 뺄셈

월	일
분	초
	/18

정답 50쪽

자릿수가 다른 경우, 빈 자리에 0을 써 주면 돼!

✎ 소수의 뺄셈을 하세요.

① 2.58 − 1.4

② 6.78 − 1.8

③ 4.7 − 3.52

④ 7.6 − 4.52

⑤ 10.8 − 8.49

⑥ 21.6 − 1.46

⑦ 11.3 − 2.84

⑧ 7.27 − 6.9

⑨ 34.9 − 8

⑩ 15.95 − 6.3

⑪ 27.18 − 18.2

⑫ 31 − 9.23

⑬ 13.7 − 10.75

⑭ 8 − 3.24

⑮ 15.6 − 4.78

⑯ 37.17 − 9.8

⑰ 9.2 − 1.86

⑱ 7.18 − 6.2

자기 점수에 ○표 하세요

맞힌 개수	10개 이하	11~14개	15~16개	17~18개
학습 방법	개념을 다시 공부하세요.	조금 더 노력 하세요.	실수하면 안 돼요.	참 잘했어요.

2일차 A형

자릿수가 다른 소수의 덧셈과 뺄셈

월 일
분 초
/18

소수의 덧셈을 하세요.

❶
$$\begin{array}{r} 3 \\ +\ 2.53 \\ \hline \end{array}$$

❷
$$\begin{array}{r} 6 \\ +\ 1.03 \\ \hline \end{array}$$

❸
$$\begin{array}{r} 2.19 \\ +\ 2.6 \\ \hline \end{array}$$

❹
$$\begin{array}{r} 4.8 \\ +\ 3.43 \\ \hline \end{array}$$

❺
$$\begin{array}{r} 0.8 \\ +\ 5.04 \\ \hline \end{array}$$

❻
$$\begin{array}{r} 10.7 \\ +\ 1.35 \\ \hline \end{array}$$

❼
$$\begin{array}{r} 8.63 \\ +\ 11.4 \\ \hline \end{array}$$

❽
$$\begin{array}{r} 3.17 \\ +\ 72.9 \\ \hline \end{array}$$

❾
$$\begin{array}{r} 5.2 \\ +\ 24.86 \\ \hline \end{array}$$

❿
$$\begin{array}{r} 7.16 \\ +\ 1.5 \\ \hline \end{array}$$

⓫
$$\begin{array}{r} 1.52 \\ +\ 9.6 \\ \hline \end{array}$$

⓬
$$\begin{array}{r} 2.94 \\ +\ 3.5 \\ \hline \end{array}$$

⓭
$$\begin{array}{r} 4 \\ +\ 11.57 \\ \hline \end{array}$$

⓮
$$\begin{array}{r} 0.6 \\ +\ 2.72 \\ \hline \end{array}$$

⓯
$$\begin{array}{r} 7.24 \\ +\ 4.6 \\ \hline \end{array}$$

⓰
$$\begin{array}{r} 5.8 \\ +\ 6.08 \\ \hline \end{array}$$

⓱
$$\begin{array}{r} 3.76 \\ +\ 6.7 \\ \hline \end{array}$$

⓲
$$\begin{array}{r} 0.89 \\ +\ 0.5 \\ \hline \end{array}$$

자기 점수에 ○표 하세요

맞힌 개수	10개 이하	11~14개	15~16개	17~18개
학습 방법	개념을 다시 공부하세요.	조금 더 노력하세요.	실수하면 안 돼요.	참 잘했어요.

2일차 B형

자릿수가 다른 소수의 덧셈과 뺄셈

월 일
분 초
/18

정답 51쪽

✎ 소수의 뺄셈을 하세요.

❶ 4.23 − 1.4

❷ 7.78 − 5.5

❸ 3.8 − 1.47

❹ 9.7 − 8.63

❺ 21.5 − 9.26

❻ 15.2 − 4.48

❼ 15.4 − 11.45

❽ 3.4 − 2.95

❾ 3 − 0.84

❿ 10 − 9.95

⓫ 47.32 − 28.5

⓬ 30.05 − 6.9

⓭ 32.02 − 8.7

⓮ 1.23 − 0.9

⓯ 7.6 − 3.84

⓰ 3.6 − 0.19

⓱ 8.14 − 7.5

⓲ 9.2 − 1.86

자기 점수에 ○표 하세요

맞힌 개수	10개 이하	11~14개	15~16개	17~18개
학습 방법	개념을 다시 공부하세요.	조금 더 노력 하세요.	실수하면 안 돼요.	참 잘했어요.

3일차 A형

자릿수가 다른 소수의 덧셈과 뺄셈

월	일
분	초
	/18

✎ 소수의 덧셈을 하세요.

❶

		2.	5	8
+		4		

❷

		7		
+		1.	4	3

❸

		5.	7	4
+		5.	6	

❹

		2.	8	
+		3.	1	9

❺

	1	2.	7	
+		9.	3	6

❻

	1	7.	8	8
+		0.	1	4

❼

		3.	7	6
+	4	7.	8	

❽

		8.	2	6
+	1	4.	9	

❾

		9.	7	
+	4	2.	3	8

❿

		5.	7	
+		4.	6	8

⓫

		0.	6	9
+		3.	5	

⓬

	1	1.	7	
+		5.	6	7

⓭

		5.	4	4
+		6.	7	

⓮

		4.	6	2
+		4.	9	

⓯

		3.	4	
+		7.	8	6

⓰

		8.	2	
+		3.	8	4

⓱

		9.	2	6
+	2	0.	7	

⓲

		8.	4	7
+		3.	9	

자기 점수에 ○표 하세요

맞힌 개수	10개 이하	11~14개	15~16개	17~18개
학습 방법	개념을 다시 공부하세요.	조금 더 노력하세요.	실수하면 안 돼요.	참 잘했어요.

3일차 B형

자릿수가 다른 소수의 덧셈과 뺄셈

월 일
분 초
/18

정답 52쪽

소수의 뺄셈을 하세요.

❶ $5 - 0.27$

❷ $8 - 5.45$

❸ $6.7 - 2.94$

❹ $4.7 - 2.81$

❺ $18.7 - 2.94$

❻ $17.3 - 4.87$

❼ $3 - 0.69$

❽ $2.78 - 0.9$

❾ $11.3 - 4$

❿ $26.5 - 8.41$

⓫ $29.31 - 18.2$

⓬ $18.4 - 11.93$

⓭ $28.49 - 9.6$

⓮ $32.37 - 8.9$

⓯ $9.01 - 4.2$

⓰ $6.2 - 4.28$

⓱ $9.26 - 3.6$

⓲ $5.63 - 3.8$

자기 점수에 ○표 하세요

맞힌 개수	10개 이하	11~14개	15~16개	17~18개
학습 방법	개념을 다시 공부하세요.	조금 더 노력하세요.	실수하면 안 돼요.	참 잘했어요.

4일차 A형

자릿수가 다른 소수의 덧셈과 뺄셈

월 일
분 초
/18

✎ 소수의 덧셈을 하세요.

❶ $5 + 0.27$

❷ $6 + 6.45$

❸ $8.04 + 9.7$

❹ $4.7 + 9.83$

❺ $6.7 + 2.94$

❻ $11.9 + 4.97$

❼ $2.97 + 18.7$

❽ $3.41 + 39.8$

❾ $7.8 + 17.74$

❿ $9.91 + 8.2$

⓫ $5.2 + 1.85$

⓬ $6.19 + 8.9$

⓭ $9.31 + 0.2$

⓮ $0.71 + 4.6$

⓯ $9.52 + 12.6$

⓰ $0.82 + 5.8$

⓱ $3.9 + 4.17$

⓲ $9.95 + 13.4$

자기 점수에 ○표 하세요

맞힌 개수	10개 이하	11~14개	15~16개	17~18개
학습 방법	개념을 다시 공부하세요.	조금 더 노력하세요.	실수하면 안 돼요.	참 잘했어요.

4일차 B형

자릿수가 다른 소수의 덧셈과 뺄셈

월 일
분 초
/18

정답 53쪽

소수의 뺄셈을 하세요.

❶
```
   8.27
 − 3.7
```

❷
```
   7.53
 − 2.7
```

❸
```
   7.7
 − 5.93
```

❹
```
   9.2
 − 5.46
```

❺
```
  23.1
 − 8.27
```

❻
```
  10.7
 − 8.03
```

❼
```
   9
 − 8.07
```

❽
```
   7.23
 − 2.8
```

❾
```
  18.4
 −  9
```

❿
```
  45
 − 4.89
```

⓫
```
  37.47
 −29.8
```

⓬
```
  13.42
 − 8.5
```

⓭
```
  10.8
 −10.24
```

⓮
```
   4.03
 − 2.8
```

⓯
```
   8.42
 − 0.8
```

⓰
```
   5.67
 − 1.9
```

⓱
```
  26.04
 − 9.8
```

⓲
```
   6.1
 − 5.33
```

자기 점수에 ○표 하세요

맞힌 개수	10개 이하	11~14개	15~16개	17~18개
학습 방법	개념을 다시 공부하세요.	조금 더 노력하세요.	실수하면 안 돼요.	참 잘했어요.

5일차 A형

자릿수가 다른 소수의 덧셈과 뺄셈

월 일
분 초
/18

소수의 덧셈을 하세요.

❶ 6 + 3.04

❷ 3.63 + 8.2

❸ 2.1 + 7.95

❹ 9.2 + 5.46

❺ 2.7 + 7.53

❻ 14.2 + 5.93

❼ 8.85 + 33.7

❽ 8.27 + 28.6

❾ 4.7 + 58.03

❿ 9.34 + 3.7

⓫ 0.48 + 8.9

⓬ 1.94 + 5.6

⓭ 5.3 + 9.85

⓮ 0.7 + 3.92

⓯ 2.1 + 4.94

⓰ 3.58 + 8.7

⓱ 8.45 + 4.8

⓲ 5.08 + 10.8

자기 점수에 ○표 하세요

맞힌 개수	10개 이하	11~14개	15~16개	17~18개
학습 방법	개념을 다시 공부하세요.	조금 더 노력하세요.	실수하면 안 돼요.	참 잘했어요.

자릿수가 다른 소수의 덧셈과 뺄셈

월 일
분 초
/18

정답 54쪽

소수의 뺄셈을 하세요.

❶ $6.78 - 1.8$

❷ $2.78 - 0.9$

❸ $8.27 - 3.7$

❹ $9.7 - 8.63$

❺ $10.8 - 8.49$

❻ $11.4 - 8.93$

❼ $12.39 - 9.8$

❽ $3.1 - 1.29$

❾ $30.05 - 14$

❿ $28.49 - 9.6$

⓫ $16.7 - 13.87$

⓬ $5 - 0.27$

⓭ $29.31 - 9.5$

⓮ $12.3 - 0.98$

⓯ $15.01 - 4.8$

⓰ $8.14 - 7.5$

⓱ $9.2 - 1.86$

⓲ $5.4 - 3.75$

자기 점수에 ○표 하세요

맞힌 개수	10개 이하	11~14개	15~16개	17~18개
학습 방법	개념을 다시 공부하세요.	조금 더 노력 하세요.	실수하면 안 돼요.	참 잘했어요.

전체 묶어 풀기 071 ~ 080단계
분수와 소수의 덧셈과 뺄셈 기본

월 일
분 초
/18

정답 55쪽

분수의 계산을 하세요.

❶ $\frac{8}{13}+\frac{7}{13}=$

❷ $3\frac{14}{15}+5\frac{12}{15}=$

❸ $\frac{2}{11}+3\frac{9}{11}=$

❹ $1\frac{4}{8}+\frac{1}{8}=$

❺ $2\frac{12}{13}-1\frac{2}{13}=$

❻ $3-\frac{7}{10}=$

❼ $2\frac{4}{12}-1\frac{9}{12}=$

❽ $4\frac{9}{14}-\frac{6}{14}=$

❾ $2\frac{1}{11}-\frac{4}{11}=$

소수의 계산을 하세요.

⑩

		0.	7
+		0.	8

⑪

		1.	5
+	1	5.	5

⑫

	1.	7	8
−	0.	8	7

⑬

	6.	7	3
+	2.	8	

⑭

	9		
−	5.	8	7

⑮

	7.	1	5
−	0.	6	

⑯ 8.54+1.73

+			

⑰ 9.3+3.78

+			

⑱ 9−5.43

−			

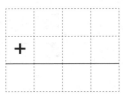

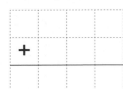

재미있는 수학 이야기

소수는 왜 필요하게 된 걸까?

우리가 지금 쓰고 있는 수는 10을 단위로 하는 수입니다. 일(1)이 열 개가 모이면 십(10)이라는 새로운 단위가 되고, 십이 열 개가 되면 백(100)이라는 단위가 됩니다. 이렇게 10을 기본으로 수를 나타내는 방법을 10진법이라고 합니다. 그런데 시간을 나타내는 수는 좀 다르지요? 1초가 60개 모이면 1분, 1분이 60개 모이면 1시간입니다. 시간은 60을 기본으로 나타내기 때문에 60진법입니다.

분수보다는 늦지만 소수도 오래전부터 쓰였습니다. 메소포타미아 지역에서는 60진법 소수를 썼다고 합니다. 고대 중국, 중세의 아라비아, 르네상스 시대의 유럽에서는 10진법 소수를 썼다는 기록이 남아 있습니다. 지금 우리가 쓰는 형태의 소수는 약 600년 전에 나타나 널리 쓰이게 되었습니다.

물건을 나누는 데에 분수를 만들어 썼던 옛날 사람들은 시간이 지나면서 길이나 무게 등을 정확하게 재고, 또한 비교할 필요가 생겼을 거예요. 예를 들어 자로 길이를 잴 때를 생각해 볼까요? 분수와 소수 중 어느 쪽을 쓰는 게 더 편리할까요? 길이를 잴 때도 소수를 쓰는 게 편리하지만, 두 물건의 길이를 비교할 때는 소수가 더욱 편리합니다. $2\frac{5}{16}$미터와 $2\frac{6}{19}$미터는 어느 쪽이 더 길까요? 둘을 비교하기 위해서는 분모가 같은 분수로 만들어 주거나 (《계산의 신》 9권에서 배우게 됩니다.) 소수로 나타내야 합니다. 이 경우 처음부터 두 수를 소수로 나타내면 아주 쉽게 비교할 수 있습니다. 2.3125와 2.3158에서는 어느 것이 더 큰지 한눈에 쏙 들어오지 않나요?

우와~ 벌써 한 권을 다 풀었어요!
실력과 성적이 쑥쑥 올라가는 소리 들리죠?

《계산의 신》 9권에서는 분모가 다른 분수의 덧셈과 뺄셈을 배워요.
분모가 다른 분수의 덧셈과 뺄셈은 어떻게 하는지 함께 공부해 볼까요?^^

개발 책임 이운영
편집 관리 이채원
디자인 이현지 임성자
온라인 강진식
마케팅 박진용
관리 장희정
용지 영지페이퍼
인쇄 제본 벽호·GKC
유통 북앤북

학부모 체험단의 교재 Review

강현아 (서울_신중초)	**김명진** (서울_신도초)	**김정선** (원주_문막초)	**김진영** (서울_백운초)
나현경 (인천_원당초)	**방윤정** (서울_강서초)	**안조혁** (전주_온빛초)	**오정화** (광주_양산초)
이향숙 (서울_금양초)	**이혜선** (서울_홍파초)	**전예원** (서울_금양초)	

♥ <계산의 신>은 초등학교 학생들의 기본 계산력을 향상시킬 수 있는 최적의 교재입니다. 처음에는 반복 계산이 많아 아이가 지루해하고 계산 실수를 많이 하는 것 같았는데, 점점 계산 속도가 빨라지고 실수도 확연히 줄어 아주 좋았어요.^^

- 서울 서초구 신중초등학교 학부모 강현아

♥ 우리 아이는 수학을 싫어해서 수학 문제집을 좀처럼 풀지 않으려 했는데, 의외로 <계산의 신>은 하루에 2쪽씩 꾸준히 푸네요. 너무 신기하고 뿌듯하여 아이에게 물었더니 "이 책은 숫자만 있어서 쉬운 것 같고, 빨리빨리 풀 수 있어서 좋아요." 라고 하네요. 요즘은 일반 문제집도 집중하여 잘 푸는 것 같아 기특합니다.^^ <계산의 신>은 우리 아이에게 수학에 대한 흥미와 재미를 주는 고마운 책입니다.

- 전주 덕진구 온빛초등학교 학부모 안조혁

♥ 초등 3학년인 우리 아이는 수학을 잘하는 편은 아니지만 제 나름대로 하루에 4~6쪽을 풀었어요. 그러면서 "엄마, 이 책 다 풀고 책 제목처럼 계산의 신이 될 거예요~" 하며 능청떠는 아이의 모습이 정말 예쁘고 대견하네요. <계산의 신>이 비록 계산력을 연습시키는 쉬운 교재이지만 이 교재로 인해 우리 아이가 수학에 관심을 갖고, 앞으로도 수학을 계속 좋아했으면 하는 바람입니다.

- 광주 북구 양산초등학교 학부모 오정화

♥ <계산의 신>은 학부모의 마음까지 헤아려 만든 좋은 책인 것 같아요. 아이가 평소 '시간의 합과 차'를 어려워하여 걱정을 많이 했었는데, <계산의 신>은 그 부분까지 상세하게 다루고 있어 무척 좋았어요. 학생들이 힘들어하는 부분까지 세심하게 파악하여 만든 문제집이라고 생각해요.

- 서울 용산구 금양초등학교 학부모 이향숙

《계산의 신》은

★ 최신 교육과정에 맞춘 단계별 계산 프로그램으로 계산법 완벽 습득
★ '단계별 묶어 풀기', '전체 묶어 풀기'로 체계적 복습까지 한 번에!
★ 좌뇌와 우뇌를 고르게 계발하는 수학 이야기와 수학 퀴즈로 창의성 쑥쑥!

아이들이 수학 문제를 풀 때 자꾸 실수하는 이유는 바로 계산력이 부족하기 때문입니다.
계산 문제에서 실수를 줄이면 점수가 오르고, 점수가 오르면 수학에 자신감이 생깁니다.
아이들에게 《계산의 신》으로 수학의 재미와 자신감을 심어 주세요.

	《계산의 신》 권별 핵심 내용		
초등 1학년	1권	자연수의 덧셈과 뺄셈 기본(1)	합과 차가 9까지인 덧셈과 뺄셈 받아올림/내림이 없는 (두 자리 수)±(한 자리 수)
	2권	자연수의 덧셈과 뺄셈 기본(2)	받아올림/내림이 없는 (두 자리 수)±(두 자리 수) 받아올림/내림이 있는 (한/두 자리 수)±(한 자리 수)
초등 2학년	3권	자연수의 덧셈과 뺄셈 발전	(두 자리 수)±(한 자리 수) (두 자리 수)±(두 자리 수)
	4권	네 자리 수/곱셈구구	네 자리 수 곱셈구구
초등 3학년	5권	자연수의 덧셈과 뺄셈/곱셈과 나눗셈	(세 자리 수)±(세 자리 수), (두 자리 수)×(한 자리 수) 곱셈구구 범위에서의 나눗셈
	6권	자연수의 곱셈과 나눗셈 발전	(세 자리 수)×(한 자리 수), (두 자리 수)×(두 자리 수) (두/세 자리 수)÷(한 자리 수)
초등 4학년	7권	자연수의 곱셈과 나눗셈 심화	(세 자리 수)×(두 자리 수) (두/세 자리 수)÷(두 자리 수)
	8권	분수와 소수의 덧셈과 뺄셈 기본	분모가 같은 분수의 덧셈과 뺄셈 소수의 덧셈과 뺄셈
초등 5학년	9권	자연수의 혼합 계산/분수의 덧셈과 뺄셈	자연수의 혼합 계산, 약수와 배수, 약분과 통분 분모가 다른 분수의 덧셈과 뺄셈
	10권	분수와 소수의 곱셈	(분수)×(자연수), (분수)×(분수) (소수)×(자연수), (소수)×(소수)
초등 6학년	11권	분수와 소수의 나눗셈 기본	(분수)÷(자연수), (소수)÷(자연수) (자연수)÷(자연수)
	12권	분수와 소수의 나눗셈 발전	(분수)÷(분수), (자연수)÷(분수), (소수)÷(소수), (자연수)÷(소수), 비례식과 비례배분

KAIST 출신 수학 선생님들이 집필한

계산의 신 神

송명진·박종하 지음

8 초등 4-2

분수와 소수의
덧셈과 뺄셈 기본

정답 및 풀이

KAIST 출신 수학 선생님들이 집필한

계산의 신神

송명진·박종하 지음

8 초등 4학년 2학기

정답 및 풀이

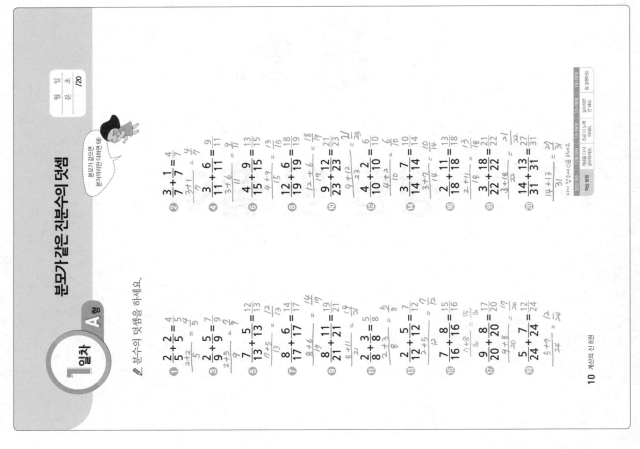

1일차 A형 분모가 같은 진분수의 덧셈

월 일 / 분 초 / /20

분수의 덧셈을 하세요.

① $\frac{2}{5}+\frac{2}{5}=\frac{4}{5}$ $\frac{2+2}{5}=\frac{4}{5}$

② $\frac{3}{7}+\frac{1}{7}=\frac{4}{7}$ $\frac{3+1}{7}=\frac{4}{7}$

③ $\frac{2}{9}+\frac{5}{9}=\frac{7}{9}$ $\frac{2+5}{9}=\frac{7}{9}$

④ $\frac{3}{11}+\frac{6}{11}=\frac{9}{11}$ $\frac{3+6}{11}=\frac{9}{11}$

⑤ $\frac{7}{13}+\frac{5}{13}=\frac{12}{13}$ $\frac{7+5}{13}=\frac{12}{13}$

⑥ $\frac{4}{15}+\frac{9}{15}=\frac{13}{15}$ $\frac{4+9}{15}=\frac{13}{15}$

⑦ $\frac{8}{17}+\frac{6}{17}=\frac{14}{17}$ $\frac{8+6}{17}=\frac{14}{17}$

⑧ $\frac{12}{19}+\frac{6}{19}=\frac{18}{19}$ $\frac{12+6}{19}=\frac{18}{19}$

⑨ $\frac{8}{21}+\frac{11}{21}=\frac{19}{21}$ $\frac{8+11}{21}=\frac{19}{21}$

⑩ $\frac{9}{23}+\frac{12}{23}=\frac{21}{23}$ $\frac{9+12}{23}=\frac{21}{23}$

⑪ $\frac{2}{8}+\frac{3}{8}=\frac{5}{8}$ $\frac{2+3}{8}=\frac{5}{8}$

⑫ $\frac{4}{10}+\frac{2}{10}=\frac{6}{10}$ $\frac{4+2}{10}=\frac{6}{10}$

⑬ $\frac{2}{12}+\frac{5}{12}=\frac{7}{12}$ $\frac{2+5}{12}=\frac{7}{12}$

⑭ $\frac{3}{14}+\frac{7}{14}=\frac{10}{14}$ $\frac{3+7}{14}=\frac{10}{14}$

⑮ $\frac{7}{16}+\frac{8}{16}=\frac{15}{16}$ $\frac{7+8}{16}=\frac{15}{16}$

⑯ $\frac{2}{18}+\frac{11}{18}=\frac{13}{18}$ $\frac{2+11}{18}=\frac{13}{18}$

⑰ $\frac{9}{20}+\frac{8}{20}=\frac{17}{20}$ $\frac{9+8}{20}=\frac{17}{20}$

⑱ $\frac{3}{22}+\frac{18}{22}=\frac{21}{22}$ $\frac{3+18}{22}=\frac{21}{22}$

⑲ $\frac{5}{24}+\frac{7}{24}=\frac{12}{24}$ $\frac{5+7}{24}=\frac{12}{24}$

⑳ $\frac{14}{31}+\frac{13}{31}=\frac{27}{31}$ $\frac{14+13}{31}=\frac{27}{31}$

자기 점수에 ○표 하세요

맞힌 개수	12개 이하	13~16개	17~18개	19~20개
학습 방법	개념을 다시 공부하세요.	조금 더 노력하세요.	실수하면 안 돼요.	참 잘했어요.

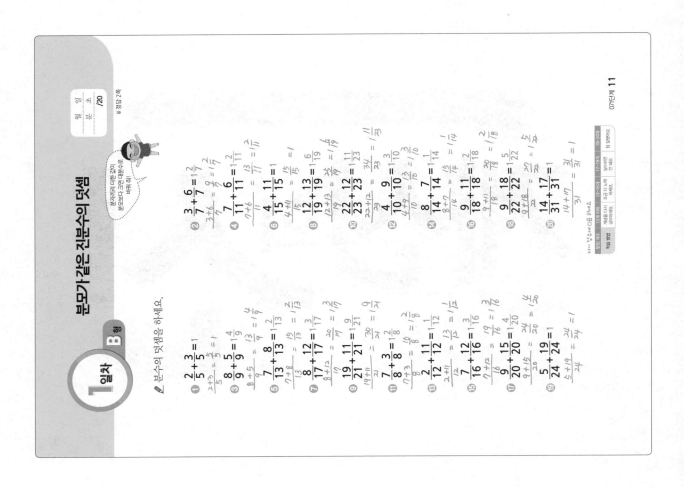

1일차 B형 분모가 같은 진분수의 덧셈

월 일 / 분 초 / /20

정답 2쪽

분수의 덧셈을 하세요.

① $\frac{2}{5}+\frac{3}{5}=1$ $\frac{2+3}{5}=\frac{5}{5}=1$

② $\frac{3}{7}+\frac{6}{7}=1\frac{2}{7}$ $\frac{3+6}{7}=\frac{9}{7}=1\frac{2}{7}$

③ $\frac{8}{9}+\frac{5}{9}=1\frac{4}{9}$ $\frac{8+5}{9}=\frac{13}{9}=1\frac{4}{9}$

④ $\frac{7}{11}+\frac{6}{11}=1\frac{2}{11}$ $\frac{7+6}{11}=\frac{13}{11}=1\frac{2}{11}$

⑤ $\frac{7}{13}+\frac{8}{13}=1\frac{2}{13}$ $\frac{7+8}{13}=\frac{15}{13}=1\frac{2}{13}$

⑥ $\frac{4}{15}+\frac{11}{15}=1$ $\frac{4+11}{15}=\frac{15}{15}=1$

⑦ $\frac{8}{17}+\frac{12}{17}=1\frac{3}{17}$ $\frac{8+12}{17}=\frac{20}{17}=1\frac{3}{17}$

⑧ $\frac{12}{19}+\frac{13}{19}=1\frac{6}{19}$ $\frac{12+13}{19}=\frac{25}{19}=1\frac{6}{19}$

⑨ $\frac{19}{21}+\frac{11}{21}=1\frac{9}{21}$ $\frac{19+11}{21}=\frac{30}{21}=1\frac{9}{21}$

⑩ $\frac{22}{23}+\frac{12}{23}=1\frac{11}{23}$ $\frac{22+12}{23}=\frac{34}{23}=1\frac{11}{23}$

⑪ $\frac{7}{8}+\frac{3}{8}=1\frac{2}{8}$ $\frac{7+3}{8}=\frac{10}{8}=1\frac{2}{8}$

⑫ $\frac{4}{10}+\frac{9}{10}=1\frac{3}{10}$ $\frac{4+9}{10}=\frac{13}{10}=1\frac{3}{10}$

⑬ $\frac{2}{12}+\frac{11}{12}=1\frac{1}{12}$ $\frac{2+11}{12}=\frac{13}{12}=1\frac{1}{12}$

⑭ $\frac{8}{14}+\frac{7}{14}=1\frac{1}{14}$ $\frac{8+7}{14}=\frac{15}{14}=1\frac{1}{14}$

⑮ $\frac{7}{16}+\frac{12}{16}=1\frac{3}{16}$ $\frac{7+12}{16}=\frac{19}{16}=1\frac{3}{16}$

⑯ $\frac{9}{18}+\frac{11}{18}=1\frac{2}{18}$ $\frac{9+11}{18}=\frac{20}{18}=1\frac{2}{18}$

⑰ $\frac{9}{20}+\frac{15}{20}=1\frac{4}{20}$ $\frac{9+15}{20}=\frac{24}{20}=1\frac{4}{20}$

⑱ $\frac{9}{22}+\frac{18}{22}=1\frac{5}{22}$ $\frac{9+18}{22}=\frac{27}{22}=1\frac{5}{22}$

⑲ $\frac{5}{24}+\frac{19}{24}=1$ $\frac{5+19}{24}=\frac{24}{24}=1$

⑳ $\frac{14}{31}+\frac{17}{31}=1$ $\frac{14+17}{31}=\frac{31}{31}=1$

자기 점수에 ○표 하세요

맞힌 개수	12개 이하	13~16개	17~18개	19~20개
학습 방법	개념을 다시 공부하세요.	조금 더 노력하세요.	실수하면 안 돼요.	참 잘했어요.

2일차 A형 분모가 같은 진분수의 덧셈

월 일 / 분 초 / /20

분수의 덧셈을 하세요.

① $\frac{3}{9}+\frac{4}{9}=\frac{7}{9}$

② $\frac{4}{8}+\frac{1}{8}=\frac{5}{8}$

③ $\frac{11}{31}+\frac{12}{31}=\frac{23}{31}$

④ $\frac{2}{11}+\frac{6}{11}=\frac{8}{11}$

⑤ $\frac{5}{24}+\frac{8}{24}=\frac{13}{24}$

⑥ $\frac{4}{15}+\frac{4}{15}=\frac{8}{15}$

⑦ $\frac{4}{10}+\frac{3}{10}=\frac{7}{10}$

⑧ $\frac{4}{12}+\frac{5}{12}=\frac{9}{12}$

⑨ $\frac{8}{21}+\frac{3}{21}=\frac{11}{21}$

⑩ $\frac{9}{19}+\frac{6}{19}=\frac{15}{19}$

⑪ $\frac{8}{23}+\frac{11}{23}=\frac{19}{23}$

⑫ $\frac{8}{18}+\frac{5}{18}=\frac{13}{18}$

⑬ $\frac{5}{22}+\frac{9}{22}=\frac{14}{22}$

⑭ $\frac{5}{14}+\frac{3}{14}=\frac{8}{14}$

⑮ $\frac{2}{16}+\frac{3}{16}=\frac{5}{16}$

⑯ $\frac{4}{9}+\frac{3}{9}=\frac{7}{9}$

⑰ $\frac{5}{20}+\frac{8}{20}=\frac{13}{20}$

⑱ $\frac{2}{5}+\frac{2}{5}=\frac{4}{5}$

⑲ $\frac{3}{17}+\frac{6}{17}=\frac{9}{17}$

⑳ $\frac{6}{13}+\frac{5}{13}=\frac{11}{13}$

맞힌 개수	12개 이하	13~16개	17~18개	19~20개
학습 방법	개념을 다시 공부하세요.	조금 더 노력하세요.	실수하면 안 돼요.	참 잘했어요.

2일차 B형 분모가 같은 진분수의 덧셈

월 일 / 분 초 / /20

정답 3쪽

분수의 덧셈을 하세요.

① $\frac{2}{3}+\frac{2}{3}=1\frac{1}{3}$

② $\frac{8}{12}+\frac{11}{12}=1\frac{7}{12}$

③ $\frac{14}{13}+\frac{8}{13}=1\frac{9}{13}$

④ $\frac{20}{25}+\frac{9}{25}=1\frac{4}{25}$

⑤ $\frac{13}{17}+\frac{15}{17}=1\frac{11}{17}$

⑥ $\frac{7}{16}+\frac{9}{16}=1$

⑦ $\frac{19}{23}+\frac{15}{23}=1\frac{11}{23}$

⑧ $\frac{11}{14}+\frac{12}{14}=1\frac{9}{14}$

⑨ $\frac{5}{6}+\frac{2}{6}=1\frac{1}{6}$

⑩ $\frac{9}{13}+\frac{6}{13}=1\frac{2}{13}$

⑪ $\frac{7}{15}+\frac{9}{15}=1\frac{1}{15}$

⑫ $\frac{6}{8}+\frac{7}{8}=1\frac{5}{8}$

⑬ $\frac{3}{14}+\frac{12}{14}=1\frac{1}{14}$

⑭ $\frac{6}{15}+\frac{12}{15}=1\frac{3}{15}$

⑮ $\frac{3}{4}+\frac{2}{4}=1\frac{1}{4}$

⑯ $\frac{5}{9}+\frac{8}{9}=1\frac{4}{9}$

⑰ $\frac{9}{13}+\frac{12}{13}=1\frac{8}{13}$

⑱ $\frac{4}{7}+\frac{6}{7}=1\frac{3}{7}$

⑲ $\frac{11}{12}+\frac{8}{12}=1\frac{7}{12}$

⑳ $\frac{19}{30}+\frac{12}{30}=1\frac{1}{30}$

맞힌 개수	12개 이하	13~16개	17~18개	19~20개
학습 방법	개념을 다시 공부하세요.	조금 더 노력하세요.	실수하면 안 돼요.	참 잘했어요.

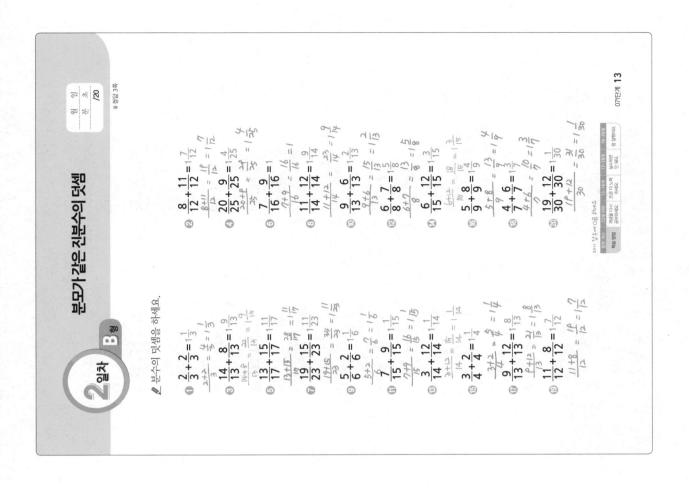

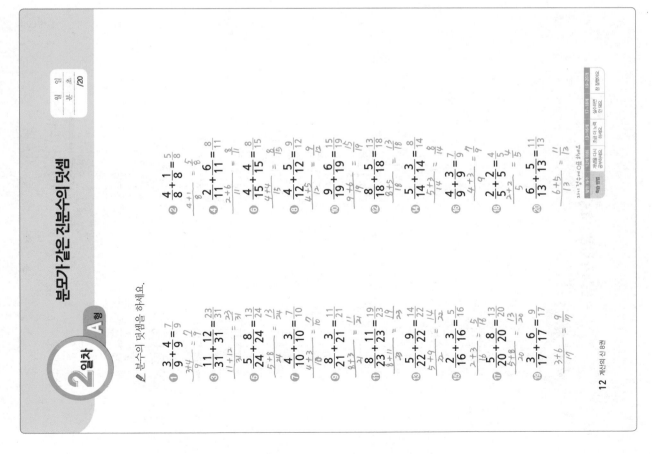

3일차 A형 분모가 같은 진분수의 덧셈

월 일 / 분 초 / /20

분수의 덧셈을 하세요.

① $\frac{12}{14}+\frac{1}{14}=\frac{13}{14}$

② $\frac{3}{16}+\frac{2}{16}=\frac{5}{16}$

③ $\frac{9}{18}+\frac{4}{18}=\frac{13}{18}$

④ $\frac{2}{11}+\frac{8}{11}=\frac{10}{11}$

⑤ $\frac{6}{11}+\frac{3}{11}=\frac{9}{11}$

⑥ $\frac{1}{15}+\frac{3}{15}=\frac{4}{15}$

⑦ $\frac{2}{8}+\frac{1}{8}=\frac{3}{8}$

⑧ $\frac{5}{7}+\frac{1}{7}=\frac{6}{7}$

⑨ $\frac{10}{21}+\frac{4}{21}=\frac{14}{21}$

⑩ $\frac{2}{12}+\frac{9}{12}=\frac{11}{12}$

⑪ $\frac{7}{17}+\frac{5}{17}=\frac{12}{17}$

⑫ $\frac{3}{16}+\frac{6}{16}=\frac{9}{16}$

⑬ $\frac{5}{22}+\frac{8}{22}=\frac{13}{22}$

⑭ $\frac{2}{14}+\frac{3}{14}=\frac{5}{14}$

⑮ $\frac{7}{19}+\frac{4}{19}=\frac{11}{19}$

⑯ $\frac{3}{13}+\frac{4}{13}=\frac{7}{13}$

⑰ $\frac{5}{20}+\frac{6}{20}=\frac{11}{20}$

⑱ $\frac{1}{10}+\frac{8}{10}=\frac{9}{10}$

⑲ $\frac{4}{24}+\frac{7}{24}=\frac{11}{24}$

⑳ $\frac{2}{9}+\frac{3}{9}=\frac{5}{9}$

맞힌 개수	12개 이하	13~16개	17~18개	19~20개
학습 방법	개념을 다시 공부하세요.	조금 더 노력하세요.	실수하면 안 돼요.	참 잘했어요.

3일차 B형 분모가 같은 진분수의 덧셈

월 일 / 분 초 / /20

정답 4쪽

분수의 덧셈을 하세요.

① $\frac{5}{7}+\frac{4}{7}=1\frac{2}{7}$

② $\frac{18}{20}+\frac{15}{20}=1\frac{13}{20}$

③ $\frac{8}{9}+\frac{7}{9}=1\frac{6}{9}$

④ $\frac{7}{8}+\frac{6}{8}=1\frac{5}{8}$

⑤ $\frac{12}{13}+\frac{8}{13}=1\frac{7}{13}$

⑥ $\frac{9}{10}+\frac{7}{10}=1\frac{6}{10}$

⑦ $\frac{15}{17}+\frac{12}{17}=1\frac{10}{17}$

⑧ $\frac{9}{14}+\frac{12}{14}=1\frac{7}{14}$

⑨ $\frac{19}{21}+\frac{19}{21}=1\frac{17}{21}$

⑩ $\frac{8}{16}+\frac{13}{16}=1\frac{5}{16}$

⑪ $\frac{24}{25}+\frac{17}{25}=1\frac{16}{25}$

⑫ $\frac{15}{16}+\frac{14}{16}=1\frac{13}{16}$

⑬ $\frac{9}{12}+\frac{8}{12}=1\frac{5}{12}$

⑭ $\frac{12}{14}+\frac{13}{14}=1\frac{11}{14}$

⑮ $\frac{9}{13}+\frac{15}{13}=1\frac{11}{13}$

⑯ $\frac{7}{9}+\frac{7}{9}=1\frac{5}{9}$

⑰ $\frac{8}{12}+\frac{11}{12}=1\frac{7}{12}$

⑱ $\frac{4}{5}+\frac{4}{5}=1\frac{3}{5}$

⑲ $\frac{17}{24}+\frac{18}{24}=1\frac{11}{24}$

⑳ $\frac{25}{30}+\frac{24}{30}=1\frac{19}{30}$

맞힌 개수	12개 이하	13~16개	17~18개	19~20개
학습 방법	개념을 다시 공부하세요.	조금 더 노력하세요.	실수하면 안 돼요.	참 잘했어요.

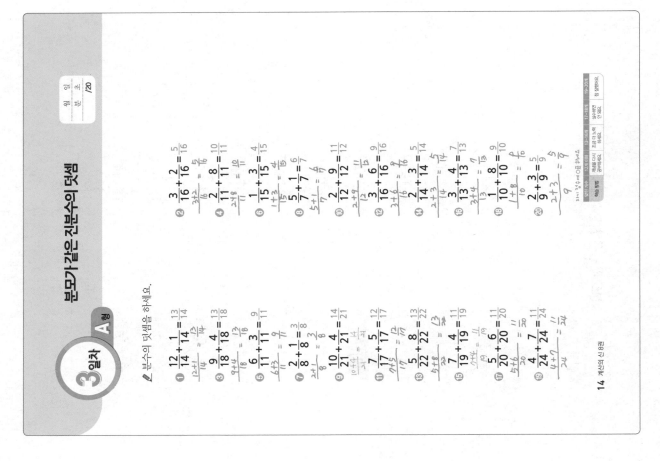

4일차 A형 분모가 같은 진분수의 덧셈

월 일
분 초
/20

분수의 덧셈을 하세요.

① $\frac{1}{3}+\frac{1}{3}=\frac{2}{3}$

② $\frac{6}{17}+\frac{7}{17}=\frac{13}{17}$

③ $\frac{12}{39}+\frac{13}{39}=\frac{25}{39}$

④ $\frac{2}{11}+\frac{4}{11}=\frac{6}{11}$

⑤ $\frac{8}{25}+\frac{13}{25}=\frac{21}{25}$

⑥ $\frac{15}{31}+\frac{9}{31}=\frac{24}{31}$

⑦ $\frac{8}{33}+\frac{9}{33}=\frac{17}{33}$

⑧ $\frac{5}{19}+\frac{6}{19}=\frac{11}{19}$

⑨ $\frac{7}{21}+\frac{4}{21}=\frac{11}{21}$

⑩ $\frac{8}{17}+\frac{4}{17}=\frac{12}{17}$

⑪ $\frac{17}{40}+\frac{12}{40}=\frac{29}{40}$

⑫ $\frac{5}{11}+\frac{3}{11}=\frac{8}{11}$

⑬ $\frac{10}{21}+\frac{9}{21}=\frac{19}{21}$

⑭ $\frac{14}{35}+\frac{17}{35}=\frac{31}{35}$

⑮ $\frac{3}{5}+\frac{1}{5}=\frac{4}{5}$

⑯ $\frac{4}{9}+\frac{1}{9}=\frac{5}{9}$

⑰ $\frac{6}{18}+\frac{5}{18}=\frac{11}{18}$

⑱ $\frac{17}{44}+\frac{18}{44}=\frac{35}{44}$

⑲ $\frac{9}{24}+\frac{10}{24}=\frac{19}{24}$

⑳ $\frac{15}{39}+\frac{17}{39}=\frac{32}{39}$

맞힌 개수	12개 이하	13~16개	17~18개	19~20개
학습 방법	개념을 다시 공부하세요.	조금 더 노력하세요.	실수하면 안 돼요.	참 잘했어요.

4일차 B형 분모가 같은 진분수의 덧셈

월 일
분 초
/20

정답 5쪽

분수의 덧셈을 하세요.

① $\frac{5}{8}+\frac{7}{8}=1\frac{4}{8}$

② $\frac{9}{10}+\frac{8}{10}=1\frac{7}{10}$

③ $\frac{24}{30}+\frac{29}{30}=1\frac{23}{30}$

④ $\frac{7}{24}+\frac{17}{24}=1$

⑤ $\frac{7}{9}+\frac{8}{9}=1\frac{6}{9}$

⑥ $\frac{14}{19}+\frac{17}{19}=1\frac{12}{19}$

⑦ $\frac{6}{13}+\frac{7}{13}=1$

⑧ $\frac{13}{14}+\frac{8}{14}=1\frac{7}{14}$

⑨ $\frac{12}{21}+\frac{19}{21}=1\frac{10}{21}$

⑩ $\frac{11}{23}+\frac{17}{23}=1\frac{5}{23}$

⑪ $\frac{9}{13}+\frac{5}{13}=1\frac{1}{13}$

⑫ $\frac{9}{17}+\frac{16}{17}=1\frac{8}{17}$

⑬ $\frac{9}{15}+\frac{14}{15}=1\frac{8}{15}$

⑭ $\frac{12}{16}+\frac{13}{16}=1\frac{9}{16}$

⑮ $\frac{6}{7}+\frac{6}{7}=1\frac{5}{7}$

⑯ $\frac{22}{23}+\frac{15}{23}=1\frac{14}{23}$

⑰ $\frac{5}{12}+\frac{9}{12}=1\frac{2}{12}$

⑱ $\frac{3}{5}+\frac{3}{5}=1\frac{1}{5}$

⑲ $\frac{9}{16}+\frac{7}{16}=1$

⑳ $\frac{7}{9}+\frac{4}{9}=1\frac{2}{9}$

맞힌 개수	12개 이하	13~16개	17~18개	19~20개
학습 방법	개념을 다시 공부하세요.	조금 더 노력하세요.	실수하면 안 돼요.	참 잘했어요.

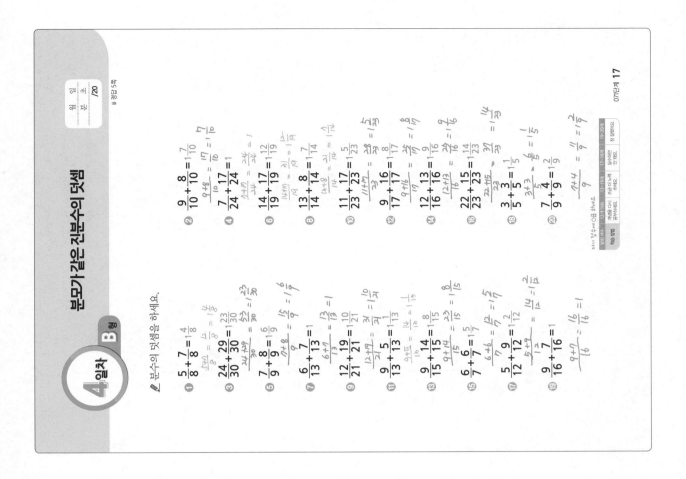

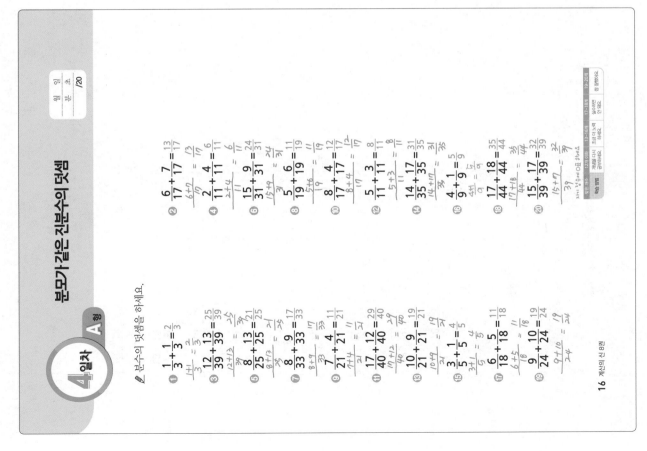

5일차 A형 분모가 같은 진분수의 덧셈

월 일 / 분 초 / /20

분수의 덧셈을 하세요.

1. $\frac{2}{9}+\frac{6}{9}=\frac{8}{9}$
2. $\frac{13}{25}+\frac{8}{25}=\frac{21}{25}$
3. $\frac{3}{18}+\frac{8}{18}=\frac{11}{18}$
4. $\frac{9}{14}+\frac{2}{14}=\frac{11}{14}$
5. $\frac{15}{32}+\frac{8}{32}=\frac{23}{32}$
6. $\frac{17}{51}+\frac{12}{51}=\frac{29}{51}$
7. $\frac{11}{22}+\frac{8}{22}=\frac{19}{22}$
8. $\frac{9}{27}+\frac{8}{27}=\frac{17}{27}$
9. $\frac{7}{10}+\frac{2}{10}=\frac{9}{10}$
10. $\frac{13}{37}+\frac{12}{37}=\frac{25}{37}$
11. $\frac{4}{8}+\frac{3}{8}=\frac{7}{8}$
12. $\frac{7}{33}+\frac{18}{33}=\frac{25}{33}$
13. $\frac{9}{21}+\frac{7}{21}=\frac{16}{21}$
14. $\frac{7}{18}+\frac{10}{18}=\frac{17}{18}$
15. $\frac{19}{48}+\frac{24}{48}=\frac{43}{48}$
16. $\frac{5}{13}+\frac{7}{13}=\frac{12}{13}$
17. $\frac{7}{19}+\frac{8}{19}=\frac{15}{19}$
18. $\frac{9}{37}+\frac{18}{37}=\frac{27}{37}$
19. $\frac{13}{29}+\frac{7}{29}=\frac{20}{29}$
20. $\frac{8}{14}+\frac{5}{14}=\frac{13}{14}$

맞힌 개수	12개 이하	13~16개	17~18개	19~20개
학습 방법	개념을 다시 공부하세요.	조금 더 노력 하세요.	실수하면 안 돼요.	참 잘했어요.

18 계산의 신 8권

5일차 B형 분모가 같은 진분수의 덧셈

월 일 / 분 초 / /20

정답 6쪽

이번 단계에서는 분수의 덧셈에서 가장 간단한 계산인 분모가 같은 진분수의 덧셈을 배웠습니다. 다음 단계에서는 분모가 같은 대분수의 덧셈을 배웁니다.

분수의 덧셈을 하세요.

1. $\frac{4}{5}+\frac{1}{5}=1$
2. $\frac{7}{16}+\frac{9}{16}=1$
3. $\frac{7}{14}+\frac{8}{14}=1\frac{1}{14}$
4. $\frac{10}{12}+\frac{11}{12}=1\frac{9}{12}$
5. $\frac{12}{17}+\frac{11}{17}=1\frac{6}{17}$
6. $\frac{12}{14}+\frac{13}{14}=1\frac{11}{14}$
7. $\frac{12}{18}+\frac{13}{18}=1\frac{7}{18}$
8. $\frac{9}{14}+\frac{11}{14}=1\frac{6}{14}$
9. $\frac{9}{13}+\frac{15}{13}=1\frac{11}{13}$
10. $\frac{12}{13}+\frac{10}{13}=1\frac{9}{13}$
11. $\frac{19}{21}+\frac{11}{21}=1\frac{9}{21}$
12. $\frac{8}{11}+\frac{7}{11}=1\frac{4}{11}$
13. $\frac{8}{9}+\frac{3}{9}=1\frac{2}{9}$
14. $\frac{7}{11}+\frac{10}{11}=1\frac{6}{11}$
15. $\frac{3}{4}+\frac{2}{4}=1\frac{1}{4}$
16. $\frac{12}{17}+\frac{13}{17}=1\frac{8}{17}$
17. $\frac{19}{21}+\frac{18}{21}=1\frac{16}{21}$
18. $\frac{4}{5}+\frac{2}{5}=1\frac{1}{5}$
19. $\frac{9}{25}+\frac{16}{25}=1$
20. $\frac{19}{30}+\frac{12}{30}=1\frac{1}{30}$

맞힌 개수	12개 이하	13~16개	17~18개	19~20개
학습 방법	개념을 다시 공부하세요.	조금 더 노력 하세요.	실수하면 안 돼요.	참 잘했어요.

07단계 19

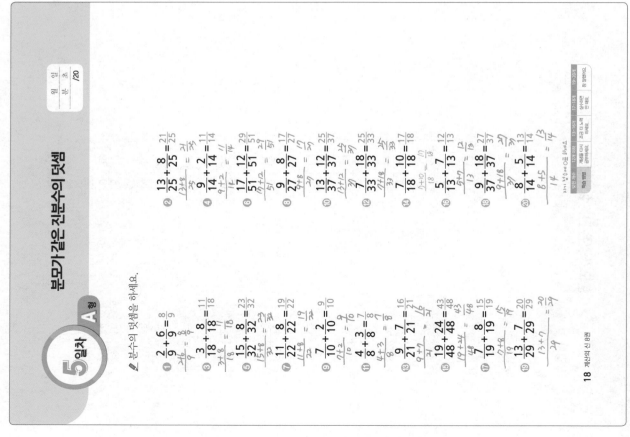

1일차 A형

분모가 같은 대분수의 덧셈

월 일 / 분 초 / /20

자연수는 자연수끼리, 진분수는 진분수끼리 더해 봐!

✎ 분수의 덧셈을 하세요.

① $2\frac{2}{5}+1\frac{2}{5}=3\frac{4}{5}$
$(2+1)+(\frac{2}{5}+\frac{2}{5})=3+\frac{4}{5}=3\frac{4}{5}$

② $4\frac{3}{7}+5\frac{1}{7}=9\frac{4}{7}$
$(4+5)+(\frac{3}{7}+\frac{1}{7})=9+\frac{4}{7}=9\frac{4}{7}$

③ $3\frac{2}{9}+2\frac{5}{9}=5\frac{7}{9}$
$(3+2)+(\frac{2}{9}+\frac{5}{9})=5+\frac{7}{9}=5\frac{7}{9}$

④ $6\frac{3}{11}+2\frac{6}{11}=8\frac{9}{11}$
$(6+2)+(\frac{3}{11}+\frac{6}{11})=8+\frac{9}{11}=8\frac{9}{11}$

⑤ $2\frac{7}{13}+5\frac{5}{13}=7\frac{12}{13}$
$(2+5)+(\frac{7}{13}+\frac{5}{13})=7+\frac{12}{13}=7\frac{12}{13}$

⑥ $3\frac{4}{15}+5\frac{9}{15}=8\frac{13}{15}$
$(3+5)+(\frac{4}{15}+\frac{9}{15})=8+\frac{13}{15}=8\frac{13}{15}$

⑦ $1\frac{8}{17}+4\frac{6}{17}=5\frac{14}{17}$
$(1+4)+(\frac{8}{17}+\frac{6}{17})=5+\frac{14}{17}=5\frac{14}{17}$

⑧ $5\frac{12}{19}+2\frac{6}{19}=7\frac{18}{19}$
$(5+2)+(\frac{12}{19}+\frac{6}{19})=7+\frac{18}{19}=7\frac{18}{19}$

⑨ $4\frac{8}{21}+5\frac{11}{21}=9\frac{19}{21}$
$(4+5)+(\frac{8}{21}+\frac{11}{21})=9+\frac{19}{21}=9\frac{19}{21}$

⑩ $1\frac{9}{23}+3\frac{12}{23}=4\frac{21}{23}$
$(1+3)+(\frac{9}{23}+\frac{12}{23})=4+\frac{21}{23}=4\frac{21}{23}$

⑪ $2\frac{2}{8}+5\frac{3}{8}=7\frac{5}{8}$
$(2+5)+(\frac{2}{8}+\frac{3}{8})=7+\frac{5}{8}=7\frac{5}{8}$

⑫ $6\frac{4}{10}+3\frac{2}{10}=9\frac{6}{10}$
$(6+3)+(\frac{4}{10}+\frac{2}{10})=9+\frac{6}{10}=9\frac{6}{10}$

⑬ $3\frac{2}{12}+1\frac{5}{12}=4\frac{7}{12}$
$(3+1)+(\frac{2}{12}+\frac{5}{12})=4+\frac{7}{12}=4\frac{7}{12}$

⑭ $6\frac{3}{14}+2\frac{7}{14}=8\frac{10}{14}$
$(6+2)+(\frac{3}{14}+\frac{7}{14})=8+\frac{10}{14}=8\frac{10}{14}$

⑮ $2\frac{7}{16}+7\frac{5}{16}=9\frac{12}{16}$
$(2+7)+(\frac{7}{16}+\frac{5}{16})=9+\frac{12}{16}=9\frac{12}{16}$

⑯ $3\frac{2}{18}+2\frac{11}{18}=5\frac{13}{18}$
$(3+2)+(\frac{2}{18}+\frac{11}{18})=5+\frac{13}{18}=5\frac{13}{18}$

⑰ $2\frac{9}{20}+5\frac{8}{20}=7\frac{17}{20}$
$(2+5)+(\frac{9}{20}+\frac{8}{20})=7+\frac{17}{20}=7\frac{17}{20}$

⑱ $1\frac{3}{22}+2\frac{18}{22}=3\frac{21}{22}$
$(1+2)+(\frac{3}{22}+\frac{18}{22})=3+\frac{21}{22}=3\frac{21}{22}$

⑲ $3\frac{5}{24}+4\frac{7}{24}=7\frac{12}{24}$
$(3+4)+(\frac{5}{24}+\frac{7}{24})=7+\frac{12}{24}=7\frac{12}{24}$

⑳ $4\frac{14}{31}+4\frac{13}{31}=8\frac{27}{31}$
$(4+4)+(\frac{14}{31}+\frac{13}{31})=8+\frac{27}{31}=8\frac{27}{31}$

자기 점수에 ○표 하세요

맞힌 개수	12개 이하	13~16개	17~18개	19~20개
학습 방법	개념을 다시 공부하세요.	조금 더 노력하세요.	실수하면 안 돼요.	참 잘했어요.

22 계산의 신 8권

1일차 B형

분모가 같은 대분수의 덧셈

월 일 / 분 초 / /20

진분수끼리 더한 값이 가분수가 되네! 대분수로 바꿔 줘!

정답 7쪽

✎ 분수의 덧셈을 하세요.

① $2\frac{2}{5}+1\frac{3}{5}=4$
$(2+1)+(\frac{2}{5}+\frac{3}{5})=3+\frac{5}{5}=3+1=4$

② $1\frac{3}{7}+2\frac{6}{7}=4\frac{2}{7}$
$(1+2)+(\frac{3}{7}+\frac{6}{7})=3+\frac{9}{7}=3+1\frac{2}{7}=4\frac{2}{7}$

③ $2\frac{8}{9}+1\frac{5}{9}=4\frac{4}{9}$
$(2+1)+(\frac{8}{9}+\frac{5}{9})=3+\frac{13}{9}=3+1\frac{4}{9}=4\frac{4}{9}$

④ $1\frac{7}{11}+1\frac{6}{11}=3\frac{2}{11}$
$(1+1)+(\frac{7}{11}+\frac{6}{11})=2+\frac{13}{11}=2+1\frac{2}{11}=3\frac{2}{11}$

⑤ $2\frac{7}{13}+3\frac{8}{13}=6\frac{2}{13}$
$(2+3)+(\frac{7}{13}+\frac{8}{13})=5+\frac{15}{13}=5+1\frac{2}{13}=6\frac{2}{13}$

⑥ $3\frac{4}{15}+2\frac{11}{15}=6$
$(3+2)+(\frac{4}{15}+\frac{11}{15})=5+\frac{15}{15}=5+1=6$

⑦ $2\frac{8}{17}+2\frac{12}{17}=5\frac{3}{17}$
$(2+2)+(\frac{8}{17}+\frac{12}{17})=4+\frac{20}{17}=4+1\frac{3}{17}=5\frac{3}{17}$

⑧ $1\frac{12}{19}+3\frac{13}{19}=5\frac{6}{19}$
$(1+3)+(\frac{12}{19}+\frac{13}{19})=4+\frac{25}{19}=4+1\frac{6}{19}=5\frac{6}{19}$

⑨ $1\frac{19}{21}+4\frac{11}{21}=6\frac{9}{21}$
$(1+4)+(\frac{19}{21}+\frac{11}{21})=5+\frac{30}{21}=5+1\frac{9}{21}=6\frac{9}{21}$

⑩ $1\frac{22}{23}+2\frac{12}{23}=4\frac{11}{23}$
$(1+2)+(\frac{22}{23}+\frac{12}{23})=3+\frac{34}{23}=3+1\frac{11}{23}=4\frac{11}{23}$

⑪ $2\frac{7}{8}+3\frac{3}{8}=6\frac{2}{8}$
$(2+3)+(\frac{7}{8}+\frac{3}{8})=5+\frac{10}{8}=5+1\frac{2}{8}=6\frac{2}{8}$

⑫ $3\frac{4}{10}+4\frac{9}{10}=8\frac{3}{10}$
$(3+4)+(\frac{4}{10}+\frac{9}{10})=7+\frac{13}{10}=7+1\frac{3}{10}=8\frac{3}{10}$

⑬ $4\frac{2}{12}+4\frac{11}{12}=9\frac{1}{12}$
$(4+4)+(\frac{2}{12}+\frac{11}{12})=8+\frac{13}{12}=8+1\frac{1}{12}=9\frac{1}{12}$

⑭ $1\frac{8}{14}+6\frac{7}{14}=8\frac{1}{14}$
$(1+6)+(\frac{8}{14}+\frac{7}{14})=7+\frac{15}{14}=7+1\frac{1}{14}=8\frac{1}{14}$

⑮ $2\frac{7}{16}+1\frac{12}{16}=4\frac{3}{16}$
$(2+1)+(\frac{7}{16}+\frac{12}{16})=3+\frac{19}{16}=3+1\frac{3}{16}=4\frac{3}{16}$

⑯ $2\frac{9}{18}+2\frac{11}{18}=5\frac{2}{18}$
$(2+2)+(\frac{9}{18}+\frac{11}{18})=4+\frac{20}{18}=4+1\frac{2}{18}=5\frac{2}{18}$

⑰ $1\frac{9}{20}+2\frac{15}{20}=4\frac{4}{20}$
$(1+2)+(\frac{9}{20}+\frac{15}{20})=3+\frac{24}{20}=3+1\frac{4}{20}=4\frac{4}{20}$

⑱ $3\frac{9}{22}+1\frac{18}{22}=5\frac{5}{22}$
$(3+1)+(\frac{9}{22}+\frac{18}{22})=4+\frac{27}{22}=4+1\frac{5}{22}=5\frac{5}{22}$

⑲ $2\frac{5}{24}+5\frac{19}{24}=8$
$(2+5)+(\frac{5}{24}+\frac{19}{24})=7+\frac{24}{24}=7+1=8$

⑳ $1\frac{14}{31}+2\frac{17}{31}=4$
$(1+2)+(\frac{14}{31}+\frac{17}{31})=3+\frac{31}{31}=3+1=4$

자기 점수에 ○표 하세요

맞힌 개수	12개 이하	13~16개	17~18개	19~20개
학습 방법	개념을 다시 공부하세요.	조금 더 노력하세요.	실수하면 안 돼요.	참 잘했어요.

072단계 23

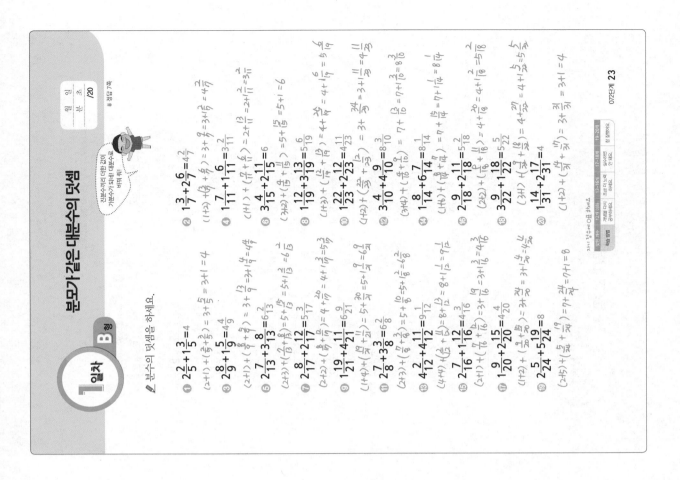

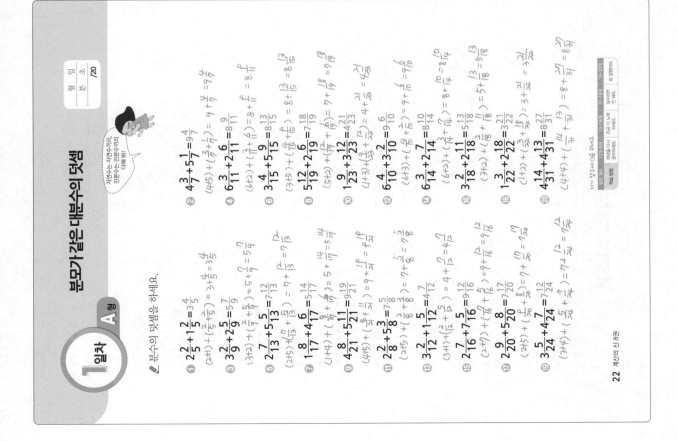

2일차 A형 분모가 같은 대분수의 덧셈

월 일 / 분 초 / /20

✎ 분수의 덧셈을 하세요.

① $5\frac{3}{15}+2\frac{10}{15}=7\frac{13}{15}$
$(5+2)+(\frac{3}{15}+\frac{10}{15})=7+\frac{13}{15}=7\frac{13}{15}$

② $1\frac{1}{8}+3\frac{4}{8}=4\frac{5}{8}$
$(1+3)+(\frac{1}{8}+\frac{4}{8})=4+\frac{5}{8}=4\frac{5}{8}$

③ $1\frac{2}{11}+2\frac{8}{11}=3\frac{10}{11}$
$(1+2)+(\frac{2}{11}+\frac{8}{11})=3+\frac{10}{11}=3\frac{10}{11}$

④ $1\frac{4}{15}+3\frac{4}{15}=4\frac{8}{15}$
$(1+3)+(\frac{4}{15}+\frac{4}{15})=4+\frac{8}{15}=4\frac{8}{15}$

⑤ $2\frac{6}{9}+4\frac{1}{9}=6\frac{7}{9}$
$(2+4)+(\frac{6}{9}+\frac{1}{9})=6+\frac{7}{9}=6\frac{7}{9}$

⑥ $3\frac{4}{15}+5\frac{5}{15}=8\frac{9}{15}$
$(3+5)+(\frac{4}{15}+\frac{5}{15})=8+\frac{9}{15}=8\frac{9}{15}$

⑦ $3\frac{2}{7}+4\frac{3}{7}=7\frac{5}{7}$
$(3+4)+(\frac{2}{7}+\frac{3}{7})=7+\frac{5}{7}=7\frac{5}{7}$

⑧ $2\frac{6}{10}+3\frac{3}{10}=5\frac{9}{10}$
$(2+3)+(\frac{6}{10}+\frac{3}{10})=5+\frac{9}{10}=5\frac{9}{10}$

⑨ $3\frac{9}{25}+4\frac{13}{25}=7\frac{22}{25}$
$(3+4)+(\frac{9}{25}+\frac{13}{25})=7+\frac{22}{25}=7\frac{22}{25}$

⑩ $1\frac{17}{30}+3\frac{12}{30}=4\frac{29}{30}$
$(1+3)+(\frac{17}{30}+\frac{12}{30})=4+\frac{29}{30}=4\frac{29}{30}$

⑪ $3\frac{5}{8}+6\frac{2}{8}=9\frac{7}{8}$
$(3+6)+(\frac{5}{8}+\frac{2}{8})=9+\frac{7}{8}=9\frac{7}{8}$

⑫ $2\frac{4}{17}+5\frac{8}{17}=7\frac{12}{17}$
$(2+5)+(\frac{4}{17}+\frac{8}{17})=7+\frac{12}{17}=7\frac{12}{17}$

⑬ $5\frac{15}{27}+5\frac{8}{27}=10\frac{23}{27}$
$(5+5)+(\frac{15}{27}+\frac{8}{27})=10+\frac{23}{27}=10\frac{23}{27}$

⑭ $6\frac{17}{31}+7\frac{8}{31}=13\frac{25}{31}$
$(6+7)+(\frac{17}{31}+\frac{8}{31})=13+\frac{25}{31}=13\frac{25}{31}$

⑮ $8\frac{7}{14}+7\frac{6}{14}=15\frac{13}{14}$
$(8+7)+(\frac{7}{14}+\frac{6}{14})=15+\frac{13}{14}=15\frac{13}{14}$

⑯ $9\frac{5}{22}+4\frac{13}{22}=13\frac{18}{22}$
$(9+4)+(\frac{5}{22}+\frac{13}{22})=13+\frac{18}{22}=13\frac{18}{22}$

⑰ $7\frac{8}{20}+4\frac{9}{20}=11\frac{17}{20}$
$(7+4)+(\frac{8}{20}+\frac{9}{20})=11+\frac{17}{20}=11\frac{17}{20}$

⑱ $7\frac{3}{12}+5\frac{6}{12}=12\frac{9}{12}$
$(7+5)+(\frac{3}{12}+\frac{6}{12})=12+\frac{9}{12}=12\frac{9}{12}$

⑲ $7\frac{13}{35}+7\frac{14}{35}=14\frac{27}{35}$
$(7+7)+(\frac{13}{35}+\frac{14}{35})=14+\frac{27}{35}=14\frac{27}{35}$

⑳ $3\frac{17}{31}+8\frac{12}{31}=11\frac{29}{31}$
$(3+8)+(\frac{17}{31}+\frac{12}{31})=11+\frac{29}{31}=11\frac{29}{31}$

자기 점수에 ○표 하세요

맞힌 개수	12개 이하	13~16개	17~18개	19~20개
학습 방법	개념을 다시 공부하세요.	조금 더 노력하세요.	실수하면 안 돼요.	참 잘했어요.

2일차 B형 분모가 같은 대분수의 덧셈

월 일 / 분 초 / /20

※ 정답 8쪽

✎ 분수의 덧셈을 하세요.

① $3\frac{6}{10}+4\frac{5}{10}=8\frac{1}{10}$
$(3+4)+(\frac{6}{10}+\frac{5}{10})=7+\frac{11}{10}=7+1\frac{1}{10}=8\frac{1}{10}$

② $4\frac{9}{13}+3\frac{11}{13}=8\frac{7}{13}$
$(4+3)+(\frac{9}{13}+\frac{11}{13})=7+\frac{20}{13}=7+1\frac{7}{13}=8\frac{7}{13}$

③ $2\frac{3}{7}+3\frac{5}{7}=6\frac{1}{7}$
$(2+3)+(\frac{3}{7}+\frac{5}{7})=5+\frac{8}{7}=5+1\frac{1}{7}=6\frac{1}{7}$

④ $5\frac{4}{5}+5\frac{3}{5}=11\frac{2}{5}$
$(5+5)+(\frac{4}{5}+\frac{3}{5})=10+\frac{7}{5}=10+1\frac{2}{5}=11\frac{2}{5}$

⑤ $2\frac{10}{11}+4\frac{7}{11}=7\frac{6}{11}$
$(2+4)+(\frac{10}{11}+\frac{7}{11})=6+\frac{17}{11}=6+1\frac{6}{11}=7\frac{6}{11}$

⑥ $3\frac{8}{17}+2\frac{11}{17}=6\frac{2}{17}$
$(3+2)+(\frac{8}{17}+\frac{11}{17})=5+\frac{19}{17}=5+1\frac{2}{17}=6\frac{2}{17}$

⑦ $2\frac{18}{27}+2\frac{12}{27}=5\frac{3}{27}$
$(2+2)+(\frac{18}{27}+\frac{12}{27})=4+\frac{30}{27}=4+1\frac{3}{27}=5\frac{3}{27}$

⑧ $4\frac{12}{31}+5\frac{23}{31}=10\frac{4}{31}$
$(4+5)+(\frac{12}{31}+\frac{23}{31})=9+\frac{35}{31}=9+1\frac{4}{31}=10\frac{4}{31}$

⑨ $2\frac{17}{19}+4\frac{5}{19}=7\frac{3}{19}$
$(2+4)+(\frac{17}{19}+\frac{5}{19})=6+\frac{22}{19}=6+1\frac{3}{19}=7\frac{3}{19}$

⑩ $5\frac{17}{20}+4\frac{14}{20}=10\frac{11}{20}$
$(5+4)+(\frac{17}{20}+\frac{14}{20})=9+\frac{31}{20}=9+1\frac{11}{20}=10\frac{11}{20}$

⑪ $2\frac{13}{14}+3\frac{10}{14}=6\frac{9}{14}$
$(2+3)+(\frac{13}{14}+\frac{10}{14})=5+\frac{23}{14}=5+1\frac{9}{14}=6\frac{9}{14}$

⑫ $3\frac{10}{11}+4\frac{9}{11}=8\frac{8}{11}$
$(3+4)+(\frac{10}{11}+\frac{9}{11})=7+\frac{19}{11}=7+1\frac{8}{11}=8\frac{8}{11}$

⑬ $4\frac{13}{14}+3\frac{2}{14}=8\frac{1}{14}$
$(4+3)+(\frac{13}{14}+\frac{2}{14})=7+\frac{15}{14}=7+1\frac{1}{14}=8\frac{1}{14}$

⑭ $4\frac{9}{15}+5\frac{10}{15}=10\frac{4}{15}$
$(4+5)+(\frac{9}{15}+\frac{10}{15})=9+\frac{19}{15}=9+1\frac{4}{15}=10\frac{4}{15}$

⑮ $3\frac{13}{18}+4\frac{5}{18}=8$
$(3+4)+(\frac{13}{18}+\frac{5}{18})=7+\frac{18}{18}=7+1=8$

⑯ $1\frac{13}{25}+6\frac{14}{25}=8\frac{2}{25}$
$(1+6)+(\frac{13}{25}+\frac{14}{25})=7+\frac{27}{25}=7+1\frac{2}{25}=8\frac{2}{25}$

⑰ $2\frac{9}{15}+2\frac{13}{15}=5\frac{7}{15}$
$(2+2)+(\frac{9}{15}+\frac{13}{15})=4+\frac{22}{15}=4+1\frac{7}{15}=5\frac{7}{15}$

⑱ $3\frac{8}{23}+1\frac{17}{23}=5\frac{2}{23}$
$(3+1)+(\frac{8}{23}+\frac{17}{23})=4+\frac{25}{23}=4+1\frac{2}{23}=5\frac{2}{23}$

⑲ $4\frac{5}{9}+3\frac{7}{9}=8\frac{3}{9}$
$(4+3)+(\frac{5}{9}+\frac{7}{9})=7+\frac{12}{9}=7+1\frac{3}{9}=8\frac{3}{9}$

⑳ $4\frac{14}{28}+2\frac{17}{28}=7\frac{3}{28}$
$(4+2)+(\frac{14}{28}+\frac{17}{28})=6+\frac{31}{28}=6+1\frac{3}{28}=7\frac{3}{28}$

자기 점수에 ○표 하세요

맞힌 개수	12개 이하	13~16개	17~18개	19~20개
학습 방법	개념을 다시 공부하세요.	조금 더 노력하세요.	실수하면 안 돼요.	참 잘했어요.

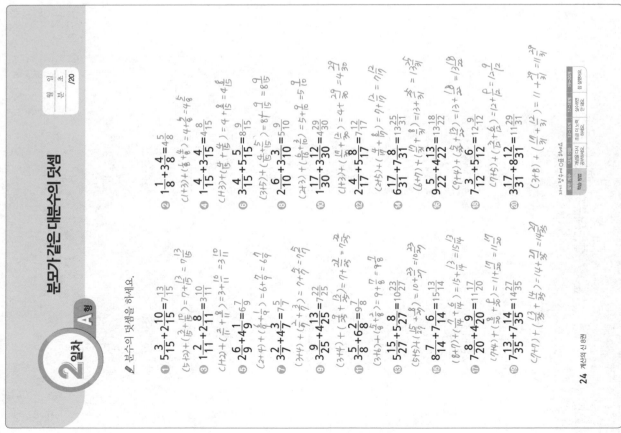

3일차 A형 분모가 같은 대분수의 덧셈

월 일 / 분 초 / /20

분수의 덧셈을 하세요.

❶ $2\frac{1}{9}+4\frac{3}{9}=6\frac{4}{9}$

$(2+4)+(\frac{1}{9}+\frac{3}{9})=6+\frac{4}{9}=6\frac{4}{9}$

❷ $4\frac{4}{7}+7\frac{2}{7}=11\frac{6}{7}$

$(4+7)+(\frac{4}{7}+\frac{2}{7})=11+\frac{6}{7}=11\frac{6}{7}$

❸ $4\frac{12}{20}+4\frac{7}{20}=8\frac{19}{20}$

$(4+4)+(\frac{12}{20}+\frac{7}{20})=8+\frac{19}{20}=8\frac{19}{20}$

❹ $1\frac{3}{8}+5\frac{2}{8}=6\frac{5}{8}$

$(1+5)+(\frac{3}{8}+\frac{2}{8})=6+\frac{5}{8}=6\frac{5}{8}$

❺ $4\frac{7}{13}+1\frac{4}{13}=5\frac{11}{13}$

$(4+1)+(\frac{7}{13}+\frac{4}{13})=5+\frac{11}{13}=5\frac{11}{13}$

❻ $9\frac{3}{10}+4\frac{6}{10}=13\frac{9}{10}$

$(9+4)+(\frac{3}{10}+\frac{6}{10})=13+\frac{9}{10}=13\frac{9}{10}$

❼ $5\frac{8}{23}+4\frac{6}{23}=9\frac{14}{23}$

$(5+4)+(\frac{8}{23}+\frac{6}{23})=9+\frac{14}{23}=9\frac{14}{23}$

❽ $2\frac{14}{19}+8\frac{2}{19}=10\frac{16}{19}$

$(2+8)+(\frac{14}{19}+\frac{2}{19})=10+\frac{16}{19}=10\frac{16}{19}$

❾ $4\frac{9}{24}+3\frac{13}{24}=7\frac{22}{24}$

$(4+3)+(\frac{9}{24}+\frac{13}{24})=7+\frac{22}{24}=7\frac{22}{24}$

❿ $7\frac{2}{12}+4\frac{7}{12}=11\frac{9}{12}$

$(7+4)+(\frac{2}{12}+\frac{7}{12})=11+\frac{9}{12}=11\frac{9}{12}$

⓫ $3\frac{3}{12}+5\frac{6}{12}=8\frac{9}{12}$

$(3+5)+(\frac{3}{12}+\frac{6}{12})=8+\frac{9}{12}=8\frac{9}{12}$

⓬ $4\frac{7}{15}+5\frac{4}{15}=9\frac{11}{15}$

$(4+5)+(\frac{7}{15}+\frac{4}{15})=9+\frac{11}{15}=9\frac{11}{15}$

⓭ $3\frac{3}{12}+1\frac{2}{12}=4\frac{5}{12}$

$(3+1)+(\frac{3}{12}+\frac{2}{12})=4+\frac{5}{12}=4\frac{5}{12}$

⓮ $5\frac{3}{17}+3\frac{9}{17}=8\frac{12}{17}$

$(5+3)+(\frac{3}{17}+\frac{9}{17})=8+\frac{12}{17}=8\frac{12}{17}$

⓯ $2\frac{2}{16}+7\frac{5}{16}=9\frac{7}{16}$

$(2+7)+(\frac{2}{16}+\frac{5}{16})=9+\frac{7}{16}=9\frac{7}{16}$

⓰ $3\frac{3}{12}+3\frac{1}{12}=6\frac{4}{12}$

$(3+3)+(\frac{3}{12}+\frac{1}{12})=6+\frac{4}{12}=6\frac{4}{12}$

⓱ $7\frac{9}{28}+5\frac{4}{28}=12\frac{13}{28}$

$(7+5)+(\frac{9}{28}+\frac{4}{28})=12+\frac{13}{28}=12\frac{13}{28}$

⓲ $8\frac{17}{34}+5\frac{12}{34}=13\frac{29}{34}$

$(8+5)+(\frac{17}{34}+\frac{12}{34})=13+\frac{29}{34}=13\frac{29}{34}$

⓳ $5\frac{5}{13}+4\frac{7}{13}=9\frac{12}{13}$

$(5+4)+(\frac{5}{13}+\frac{7}{13})=9+\frac{12}{13}=9\frac{12}{13}$

⓴ $1\frac{19}{31}+6\frac{8}{31}=7\frac{27}{31}$

$(1+6)+(\frac{19}{31}+\frac{8}{31})=7+\frac{27}{31}=7\frac{27}{31}$

자기 점수에 ○표 하세요

맞힌 개수	12개 이하	13~16개	17~18개	19~20개
학습 방법	개념을 다시 공부하세요.	조금 더 노력 하세요.	실수하면 안 돼요.	참 잘했어요.

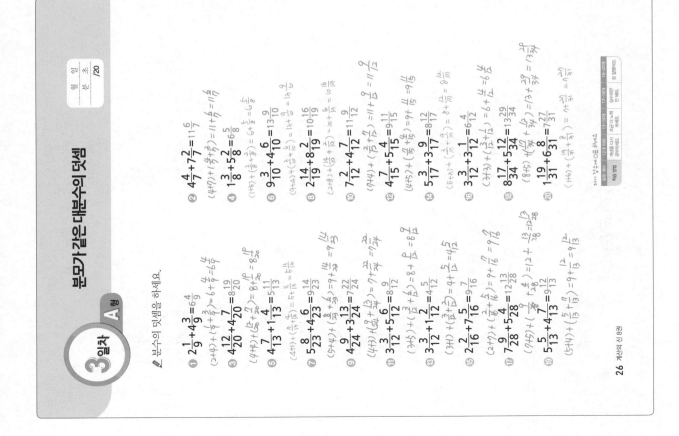

3일차 B형 분모가 같은 대분수의 덧셈

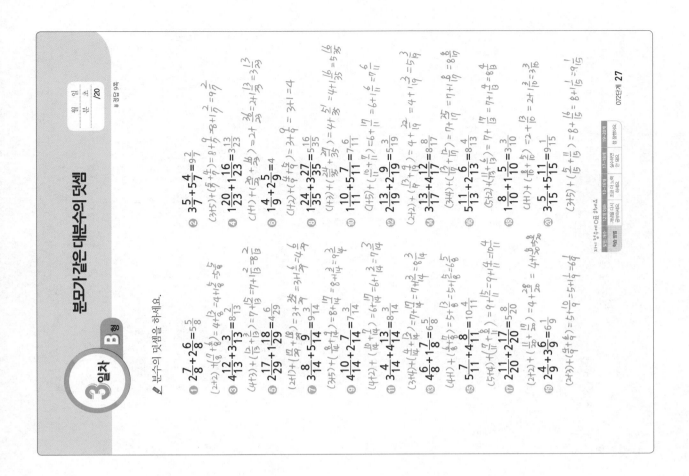

월 일 / 분 초 / /20

정답 9쪽

분수의 덧셈을 하세요.

❶ $2\frac{7}{8}+2\frac{6}{8}=5\frac{5}{8}$

$(2+2)+(\frac{7}{8}+\frac{6}{8})=4+\frac{13}{8}=4+1\frac{5}{8}=5\frac{5}{8}$

❷ $3\frac{5}{7}+5\frac{4}{7}=9\frac{2}{7}$

$(3+5)+(\frac{5}{7}+\frac{4}{7})=8+\frac{9}{7}=8+1\frac{2}{7}=9\frac{2}{7}$

❸ $4\frac{12}{13}+3\frac{3}{13}=8\frac{2}{13}$

$(4+3)+(\frac{12}{13}+\frac{3}{13})=7+\frac{15}{13}=7+1\frac{2}{13}=8\frac{2}{13}$

❹ $1\frac{20}{23}+1\frac{16}{23}=3\frac{13}{23}$

$(1+1)+(\frac{20}{23}+\frac{16}{23})=2+\frac{36}{23}=2+1\frac{13}{23}=3\frac{13}{23}$

❺ $2\frac{17}{29}+1\frac{18}{29}=4\frac{6}{29}$

$(2+1)+(\frac{17}{29}+\frac{18}{29})=3+\frac{35}{29}=3+1\frac{6}{29}=4\frac{6}{29}$

❻ $1\frac{4}{9}+2\frac{5}{9}=4$

$(1+2)+(\frac{4}{9}+\frac{5}{9})=3+\frac{9}{9}=3+1=4$

❼ $3\frac{8}{14}+5\frac{9}{14}=9\frac{3}{14}$

$(3+5)+(\frac{8}{14}+\frac{9}{14})=8+\frac{17}{14}=8+1\frac{3}{14}=9\frac{3}{14}$

❽ $1\frac{24}{35}+3\frac{27}{35}=5\frac{16}{35}$

$(1+3)+(\frac{24}{35}+\frac{27}{35})=4+\frac{51}{35}=4+1\frac{16}{35}=5\frac{16}{35}$

❾ $4\frac{10}{14}+2\frac{7}{14}=7\frac{3}{14}$

$(4+2)+(\frac{10}{14}+\frac{7}{14})=6+\frac{17}{14}=6+1\frac{3}{14}=7\frac{3}{14}$

❿ $1\frac{10}{11}+5\frac{7}{11}=7\frac{6}{11}$

$(1+5)+(\frac{10}{11}+\frac{7}{11})=6+\frac{17}{11}=6+1\frac{6}{11}=7\frac{6}{11}$

⓫ $3\frac{4}{14}+4\frac{13}{14}=8\frac{3}{14}$

$(3+4)+(\frac{4}{14}+\frac{13}{14})=7+\frac{17}{14}=7+1\frac{3}{14}=8\frac{3}{14}$

⓬ $2\frac{13}{19}+2\frac{9}{19}=5\frac{3}{19}$

$(2+2)+(\frac{13}{19}+\frac{9}{19})=4+\frac{22}{19}=4+1\frac{3}{19}=5\frac{3}{19}$

⓭ $4\frac{6}{8}+1\frac{7}{8}=6\frac{5}{8}$

$(4+1)+(\frac{6}{8}+\frac{7}{8})=5+\frac{13}{8}=5+1\frac{5}{8}=6\frac{5}{8}$

⓮ $3\frac{13}{17}+4\frac{12}{17}=8\frac{8}{17}$

$(3+4)+(\frac{13}{17}+\frac{12}{17})=7+\frac{25}{17}=7+1\frac{8}{17}=8\frac{8}{17}$

⓯ $5\frac{7}{11}+4\frac{8}{11}=10\frac{4}{11}$

$(5+4)+(\frac{7}{11}+\frac{8}{11})=9+\frac{15}{11}=9+1\frac{4}{11}=10\frac{4}{11}$

⓰ $5\frac{11}{13}+2\frac{6}{13}=8\frac{4}{13}$

$(5+2)+(\frac{11}{13}+\frac{6}{13})=7+\frac{17}{13}=7+1\frac{4}{13}=8\frac{4}{13}$

⓱ $2\frac{11}{20}+2\frac{17}{20}=5\frac{8}{20}$

$(2+2)+(\frac{11}{20}+\frac{17}{20})=4+\frac{28}{20}=4+1\frac{8}{20}=5\frac{8}{20}$

⓲ $1\frac{8}{10}+1\frac{5}{10}=3\frac{3}{10}$

$(1+1)+(\frac{8}{10}+\frac{5}{10})=2+\frac{13}{10}=2+1\frac{3}{10}=3\frac{3}{10}$

⓳ $2\frac{4}{9}+3\frac{6}{9}=6\frac{1}{9}$

$(2+3)+(\frac{4}{9}+\frac{6}{9})=5+\frac{10}{9}=5+1\frac{1}{9}=6\frac{1}{9}$

⓴ $3\frac{5}{15}+5\frac{11}{15}=9\frac{1}{15}$

$(3+5)+(\frac{5}{15}+\frac{11}{15})=8+\frac{16}{15}=8+1\frac{1}{15}=9\frac{1}{15}$

자기 점수에 ○표 하세요

맞힌 개수	12개 이하	13~16개	17~18개	19~20개
학습 방법	개념을 다시 공부하세요.	조금 더 노력 하세요.	실수하면 안 돼요.	참 잘했어요.

4일차 A형 분모가 같은 대분수의 덧셈

월 일 / 분 초 / /20

✎ 분수의 덧셈을 하세요.

① $2\frac{4}{12}+5\frac{3}{12}=7\frac{7}{12}$
$(2+5)+(\frac{4}{12}+\frac{3}{12})=7+\frac{7}{12}=7\frac{7}{12}$

② $1\frac{4}{12}+1\frac{5}{12}=2\frac{9}{12}$
$(1+1)+(\frac{4}{12}+\frac{5}{12})=2+\frac{9}{12}=2\frac{9}{12}$

③ $7\frac{15}{31}+2\frac{9}{31}=9\frac{24}{31}$
$(7+2)+(\frac{15}{31}+\frac{9}{31})=9+\frac{24}{31}=9\frac{24}{31}$

④ $3\frac{4}{11}+7\frac{5}{11}=10\frac{9}{11}$
$(3+7)+(\frac{4}{11}+\frac{5}{11})=10+\frac{9}{11}=10\frac{9}{11}$

⑤ $4\frac{5}{13}+3\frac{6}{13}=7\frac{11}{13}$
$(4+3)+(\frac{5}{13}+\frac{6}{13})=7+\frac{11}{13}=7\frac{11}{13}$

⑥ $5\frac{5}{10}+2\frac{3}{10}=7\frac{8}{10}$
$(5+2)+(\frac{5}{10}+\frac{3}{10})=7+\frac{8}{10}=7\frac{8}{10}$

⑦ $3\frac{11}{23}+3\frac{8}{23}=6\frac{19}{23}$
$(3+3)+(\frac{11}{23}+\frac{8}{23})=6+\frac{19}{23}=6\frac{19}{23}$

⑧ $5\frac{11}{19}+4\frac{7}{19}=9\frac{18}{19}$
$(5+4)+(\frac{11}{19}+\frac{7}{19})=9+\frac{18}{19}=9\frac{18}{19}$

⑨ $5\frac{2}{10}+3\frac{5}{10}=8\frac{7}{10}$
$(5+3)+(\frac{2}{10}+\frac{5}{10})=8+\frac{7}{10}=8\frac{7}{10}$

⑩ $4\frac{1}{8}+5\frac{5}{8}=9\frac{6}{8}$
$(4+5)+(\frac{1}{8}+\frac{5}{8})=9+\frac{6}{8}=9\frac{6}{8}$

⑪ $9\frac{2}{7}+6\frac{3}{7}=15\frac{5}{7}$
$(9+6)+(\frac{2}{7}+\frac{3}{7})=15+\frac{5}{7}=15\frac{5}{7}$

⑫ $12\frac{11}{28}+9\frac{9}{28}=21\frac{20}{28}$
$(12+9)+(\frac{11}{28}+\frac{9}{28})=21+\frac{20}{28}=21\frac{20}{28}$

⑬ $2\frac{5}{12}+4\frac{6}{12}=6\frac{11}{12}$
$(2+4)+(\frac{5}{12}+\frac{6}{12})=6+\frac{11}{12}=6\frac{11}{12}$

⑭ $4\frac{3}{9}+3\frac{2}{9}=7\frac{5}{9}$
$(4+3)+(\frac{3}{9}+\frac{2}{9})=7+\frac{5}{9}=7\frac{5}{9}$

⑮ $4\frac{8}{16}+7\frac{5}{16}=11\frac{13}{16}$
$(4+7)+(\frac{8}{16}+\frac{5}{16})=11+\frac{13}{16}=11\frac{13}{16}$

⑯ $2\frac{2}{5}+2\frac{1}{5}=4\frac{3}{5}$
$(2+2)+(\frac{2}{5}+\frac{1}{5})=4+\frac{3}{5}=4\frac{3}{5}$

⑰ $4\frac{7}{24}+5\frac{12}{24}=9\frac{19}{24}$
$(4+5)+(\frac{7}{24}+\frac{12}{24})=9+\frac{19}{24}=9\frac{19}{24}$

⑱ $9\frac{14}{34}+3\frac{19}{34}=12\frac{33}{34}$
$(9+3)+(\frac{14}{34}+\frac{19}{34})=12+\frac{33}{34}=12\frac{33}{34}$

⑲ $6\frac{3}{13}+6\frac{5}{13}=12\frac{8}{13}$
$(6+6)+(\frac{3}{13}+\frac{5}{13})=12+\frac{8}{13}=12\frac{8}{13}$

⑳ $6\frac{6}{14}+7\frac{7}{14}=13\frac{13}{14}$
$(6+7)+(\frac{6}{14}+\frac{7}{14})=13+\frac{13}{14}=13\frac{13}{14}$

자기 점수에 ○표 하세요

맞힌 개수	12개 이하	13~16개	17~18개	19~20개
학습 방법	개념을 다시 공부하세요.	조금 더 노력하세요.	실수하면 안 돼요.	참 잘했어요.

4일차 B형 분모가 같은 대분수의 덧셈

월 일 / 분 초 / /20

정답 10쪽

✎ 분수의 덧셈을 하세요.

① $5\frac{6}{11}+3\frac{9}{11}=9\frac{4}{11}$
$(5+3)+(\frac{6}{11}+\frac{9}{11})=8+\frac{15}{11}=8+1\frac{4}{11}=9\frac{4}{11}$

② $2\frac{6}{7}+2\frac{6}{7}=5\frac{5}{7}$
$(2+2)+(\frac{6}{7}+\frac{6}{7})=4+\frac{12}{7}=4+1\frac{5}{7}=5\frac{5}{7}$

③ $4\frac{13}{17}+3\frac{14}{17}=8\frac{10}{17}$
$(4+3)+(\frac{13}{17}+\frac{14}{17})=7+\frac{27}{17}=7+1\frac{10}{17}=8\frac{10}{17}$

④ $2\frac{7}{11}+2\frac{8}{11}=5\frac{4}{11}$
$(2+2)+(\frac{7}{11}+\frac{8}{11})=4+\frac{15}{11}=4+1\frac{4}{11}=5\frac{4}{11}$

⑤ $3\frac{8}{15}+2\frac{11}{15}=6\frac{4}{15}$
$(3+2)+(\frac{8}{15}+\frac{11}{15})=5+\frac{19}{15}=5+1\frac{4}{15}=6\frac{4}{15}$

⑥ $2\frac{5}{9}+1\frac{7}{9}=4\frac{3}{9}$
$(2+1)+(\frac{5}{9}+\frac{7}{9})=3+\frac{12}{9}=3+1\frac{3}{9}=4\frac{3}{9}$

⑦ $4\frac{13}{17}+2\frac{12}{17}=7\frac{8}{17}$
$(4+2)+(\frac{13}{17}+\frac{12}{17})=6+\frac{25}{17}=6+1\frac{8}{17}=7\frac{8}{17}$

⑧ $2\frac{13}{19}+3\frac{14}{19}=6\frac{8}{19}$
$(2+3)+(\frac{13}{19}+\frac{14}{19})=5+\frac{27}{19}=5+1\frac{8}{19}=6\frac{8}{19}$

⑨ $2\frac{8}{9}+3\frac{7}{9}=6\frac{6}{9}$
$(2+3)+(\frac{8}{9}+\frac{7}{9})=5+\frac{15}{9}=5+1\frac{6}{9}=6\frac{6}{9}$

⑩ $1\frac{9}{10}+1\frac{5}{10}=3\frac{4}{10}$
$(1+1)+(\frac{9}{10}+\frac{5}{10})=2+\frac{14}{10}=2+1\frac{4}{10}=3\frac{4}{10}$

⑪ $3\frac{8}{14}+4\frac{13}{14}=8\frac{7}{14}$
$(3+4)+(\frac{8}{14}+\frac{13}{14})=7+\frac{21}{14}=7+1\frac{7}{14}=8\frac{7}{14}$

⑫ $2\frac{13}{19}+5\frac{13}{19}=8\frac{7}{19}$
$(2+5)+(\frac{13}{19}+\frac{13}{19})=7+\frac{26}{19}=7+1\frac{7}{19}=8\frac{7}{19}$

⑬ $4\frac{5}{8}+3\frac{6}{8}=8\frac{3}{8}$
$(4+3)+(\frac{5}{8}+\frac{6}{8})=7+\frac{11}{8}=7+1\frac{3}{8}=8\frac{3}{8}$

⑭ $2\frac{19}{21}+4\frac{14}{21}=7\frac{12}{21}$
$(2+4)+(\frac{19}{21}+\frac{14}{21})=6+\frac{33}{21}=6+1\frac{12}{21}=7\frac{12}{21}$

⑮ $2\frac{1}{5}+2\frac{4}{5}=5$
$(2+2)+(\frac{1}{5}+\frac{4}{5})=4+\frac{5}{5}=4+1=5$

⑯ $5\frac{11}{13}+3\frac{8}{13}=9\frac{6}{13}$
$(5+3)+(\frac{11}{13}+\frac{8}{13})=8+\frac{19}{13}=8+1\frac{6}{13}=9\frac{6}{13}$

⑰ $2\frac{16}{20}+2\frac{17}{20}=5\frac{13}{20}$
$(2+2)+(\frac{16}{20}+\frac{17}{20})=4+\frac{33}{20}=4+1\frac{13}{20}=5\frac{13}{20}$

⑱ $4\frac{22}{23}+2\frac{16}{23}=7\frac{15}{23}$
$(4+2)+(\frac{22}{23}+\frac{16}{23})=6+\frac{38}{23}=6+1\frac{15}{23}=7\frac{15}{23}$

⑲ $2\frac{7}{15}+2\frac{8}{15}=5$
$(2+2)+(\frac{7}{15}+\frac{8}{15})=4+\frac{15}{15}=4+1=5$

⑳ $3\frac{9}{13}+3\frac{8}{13}=7\frac{4}{13}$
$(3+3)+(\frac{9}{13}+\frac{8}{13})=6+\frac{17}{13}=6+1\frac{4}{13}=7\frac{4}{13}$

자기 점수에 ○표 하세요

맞힌 개수	12개 이하	13~16개	17~18개	19~20개
학습 방법	개념을 다시 공부하세요.	조금 더 노력하세요.	실수하면 안 돼요.	참 잘했어요.

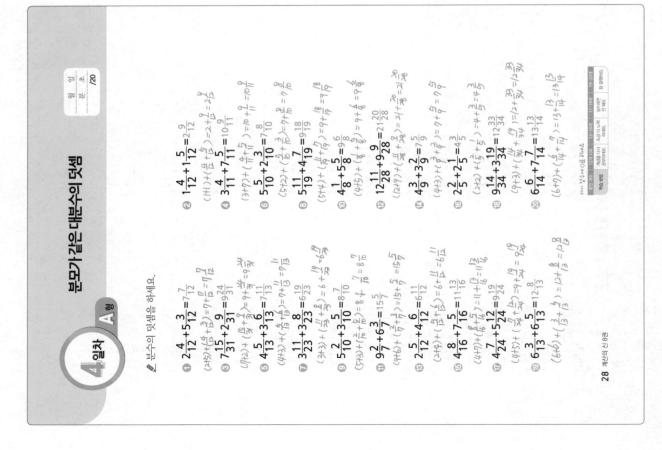

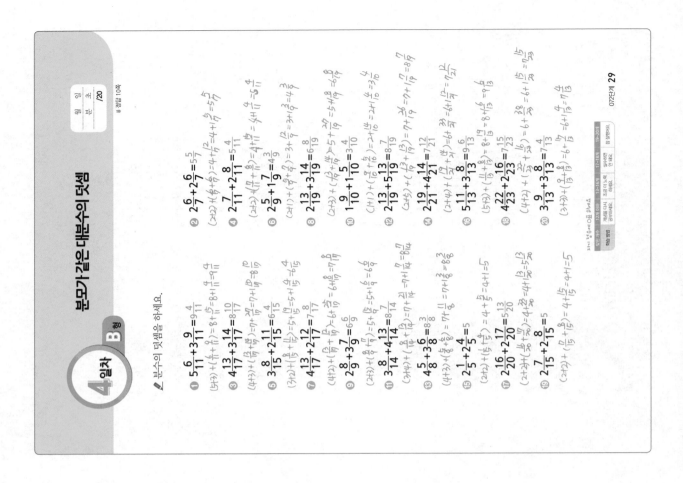

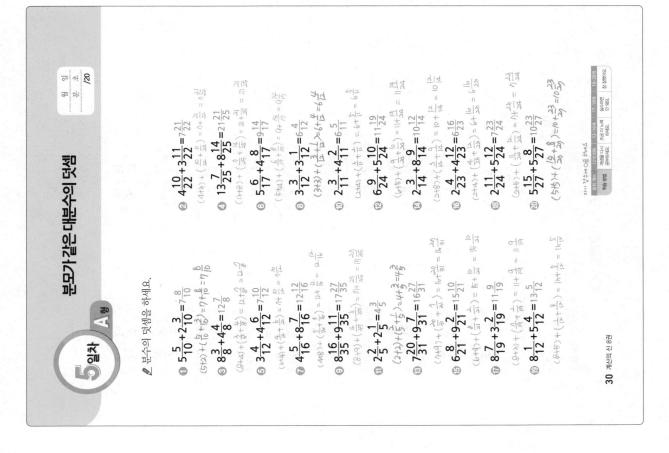

5일차 A형 분모가 같은 대분수의 덧셈

월 일 / 분 초 / /20

분수의 덧셈을 하세요.

① $5\frac{5}{10}+2\frac{3}{10}=7\frac{8}{10}$

② $4\frac{10}{22}+3\frac{11}{22}=7\frac{21}{22}$

③ $8\frac{3}{8}+4\frac{4}{8}=12\frac{7}{8}$

④ $13\frac{7}{25}+8\frac{14}{25}=21\frac{21}{25}$

⑤ $3\frac{4}{12}+4\frac{6}{12}=7\frac{10}{12}$

⑥ $5\frac{6}{17}+4\frac{8}{17}=9\frac{14}{17}$

⑦ $4\frac{5}{16}+8\frac{7}{16}=12\frac{12}{16}$

⑧ $3\frac{3}{12}+3\frac{1}{12}=6\frac{4}{12}$

⑨ $8\frac{16}{35}+9\frac{11}{35}=17\frac{27}{35}$

⑩ $2\frac{3}{11}+4\frac{2}{11}=6\frac{5}{11}$

⑪ $2\frac{2}{5}+2\frac{1}{5}=4\frac{3}{5}$

⑫ $6\frac{9}{24}+5\frac{10}{24}=11\frac{19}{24}$

⑬ $7\frac{20}{31}+9\frac{7}{31}=16\frac{27}{31}$

⑭ $2\frac{3}{14}+8\frac{9}{14}=10\frac{12}{14}$

⑮ $6\frac{8}{21}+9\frac{2}{21}=15\frac{10}{21}$

⑯ $2\frac{4}{23}+4\frac{12}{23}=6\frac{16}{23}$

⑰ $8\frac{7}{19}+3\frac{2}{19}=11\frac{9}{19}$

⑱ $2\frac{11}{24}+5\frac{12}{24}=7\frac{23}{24}$

⑲ $8\frac{1}{12}+5\frac{4}{12}=13\frac{5}{12}$

⑳ $5\frac{15}{27}+5\frac{8}{27}=10\frac{23}{27}$

맞힌 개수	12개 이하	13~16개	17~18개	19~20개
학습 방법	개념을 다시 공부하세요.	조금 더 노력하세요.	실수하면 안 돼요.	참 잘했어요.

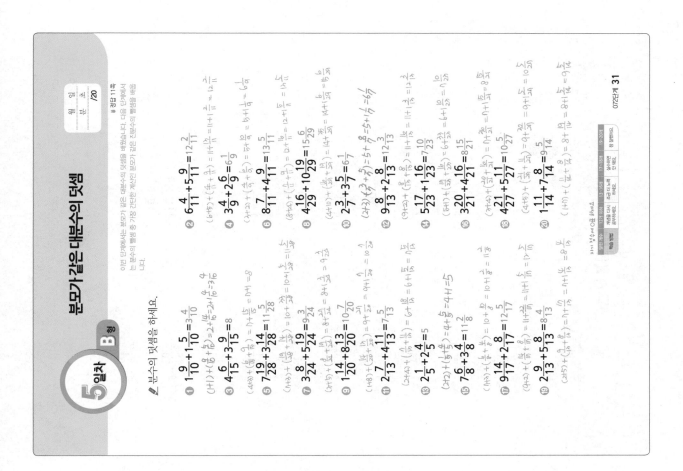

5일차 B형 분모가 같은 대분수의 덧셈

월 일 / 분 초 / /20

정답 11쪽

이번 단계에서는 분모가 같은 대분수의 덧셈을 배웠습니다. 다음 단계에서는 분수의 뺄셈 중 가장 간단한 계산인 분모가 같은 진분수의 뺄셈을 배웁니다.

분수의 덧셈을 하세요.

① $1\frac{9}{10}+1\frac{5}{10}=3\frac{4}{10}$

② $6\frac{4}{11}+5\frac{9}{11}=12\frac{2}{11}$

③ $4\frac{6}{15}+3\frac{9}{15}=8$

④ $3\frac{4}{9}+2\frac{6}{9}=6\frac{1}{9}$

⑤ $7\frac{19}{28}+3\frac{14}{28}=11\frac{5}{28}$

⑥ $8\frac{7}{11}+4\frac{9}{11}=13\frac{5}{11}$

⑦ $3\frac{8}{24}+5\frac{19}{24}=9\frac{3}{24}$

⑧ $4\frac{16}{29}+10\frac{19}{29}=15\frac{6}{29}$

⑨ $1\frac{14}{20}+8\frac{13}{20}=10\frac{7}{20}$

⑩ $2\frac{3}{7}+3\frac{5}{7}=6\frac{1}{7}$

⑪ $2\frac{7}{13}+4\frac{11}{13}=7\frac{5}{13}$

⑫ $9\frac{8}{13}+2\frac{8}{13}=12\frac{3}{13}$

⑬ $2\frac{1}{5}+2\frac{4}{5}=5$

⑭ $5\frac{17}{23}+1\frac{16}{23}=7\frac{10}{23}$

⑮ $7\frac{6}{8}+3\frac{4}{8}=11\frac{2}{8}$

⑯ $3\frac{20}{21}+4\frac{16}{21}=8\frac{15}{21}$

⑰ $9\frac{14}{17}+2\frac{8}{17}=12\frac{5}{17}$

⑱ $4\frac{21}{27}+5\frac{11}{27}=10\frac{5}{27}$

⑲ $2\frac{9}{13}+5\frac{8}{13}=8\frac{4}{13}$

⑳ $1\frac{11}{14}+7\frac{8}{14}=9\frac{5}{14}$

맞힌 개수	12개 이하	13~16개	17~18개	19~20개
학습 방법	개념을 다시 공부하세요.	조금 더 노력하세요.	실수하면 안 돼요.	참 잘했어요.

1일차 A형 분모가 같은 진분수의 뺄셈

월 일 / 분 초 / /20

분수의 뺄셈을 하세요.

① $\frac{4}{5}-\frac{2}{5}=\frac{2}{5}$

② $\frac{3}{7}-\frac{2}{7}=\frac{1}{7}$

③ $\frac{5}{9}-\frac{2}{9}=\frac{3}{9}$

④ $\frac{10}{11}-\frac{7}{11}=\frac{3}{11}$

⑤ $\frac{12}{13}-\frac{5}{13}=\frac{7}{13}$

⑥ $\frac{14}{15}-\frac{8}{15}=\frac{6}{15}$

⑦ $\frac{14}{17}-\frac{9}{17}=\frac{5}{17}$

⑧ $\frac{13}{19}-\frac{6}{19}=\frac{7}{19}$

⑨ $\frac{18}{21}-\frac{10}{21}=\frac{8}{21}$

⑩ $\frac{21}{23}-\frac{12}{23}=\frac{9}{23}$

⑪ $\frac{7}{8}-\frac{3}{8}=\frac{4}{8}$

⑫ $\frac{9}{10}-\frac{2}{10}=\frac{7}{10}$

⑬ $\frac{11}{12}-\frac{5}{12}=\frac{6}{12}$

⑭ $\frac{11}{14}-\frac{2}{14}=\frac{9}{14}$

⑮ $\frac{13}{16}-\frac{5}{16}=\frac{8}{16}$

⑯ $\frac{17}{18}-\frac{9}{18}=\frac{8}{18}$

⑰ $\frac{9}{20}-\frac{9}{20}=0$

⑱ $\frac{19}{22}-\frac{8}{22}=\frac{11}{22}$

⑲ $\frac{23}{24}-\frac{7}{24}=\frac{16}{24}$

⑳ $\frac{30}{31}-\frac{13}{31}=\frac{17}{31}$

맞힌 개수	12개 이하	13~16개	17~18개	19~20개
학습 방법	개념을 다시 공부하세요.	조금 더 노력 하세요.	실수하면 안 돼요.	참 잘했어요.

1일차 B형 분모가 같은 진분수의 뺄셈

월 일 / 분 초 / /20

정답 12쪽

분수의 뺄셈을 하세요.

① $1-\frac{3}{5}=\frac{2}{5}$

② $1-\frac{6}{7}=\frac{1}{7}$

③ $1-\frac{5}{9}=\frac{4}{9}$

④ $1-\frac{6}{11}=\frac{5}{11}$

⑤ $1-\frac{8}{13}=\frac{5}{13}$

⑥ $2-\frac{11}{15}=1\frac{4}{15}$

⑦ $2-\frac{12}{17}=1\frac{5}{17}$

⑧ $3-\frac{13}{19}=2\frac{6}{19}$

⑨ $4-\frac{11}{21}=3\frac{10}{21}$

⑩ $5-\frac{12}{23}=4\frac{11}{23}$

⑪ $1-\frac{3}{8}=\frac{5}{8}$

⑫ $1-\frac{9}{10}=\frac{1}{10}$

⑬ $1-\frac{11}{12}=\frac{1}{12}$

⑭ $1-\frac{7}{14}=\frac{7}{14}$

⑮ $2-\frac{12}{16}=1\frac{4}{16}$

⑯ $5-\frac{11}{18}=4\frac{7}{18}$

⑰ $9-\frac{15}{20}=8\frac{5}{20}$

⑱ $11-\frac{18}{22}=10\frac{4}{22}$

⑲ $3-\frac{19}{24}=2\frac{5}{24}$

⑳ $2-\frac{14}{31}=1\frac{17}{31}$

맞힌 개수	12개 이하	13~16개	17~18개	19~20개
학습 방법	개념을 다시 공부하세요.	조금 더 노력 하세요.	실수하면 안 돼요.	참 잘했어요.

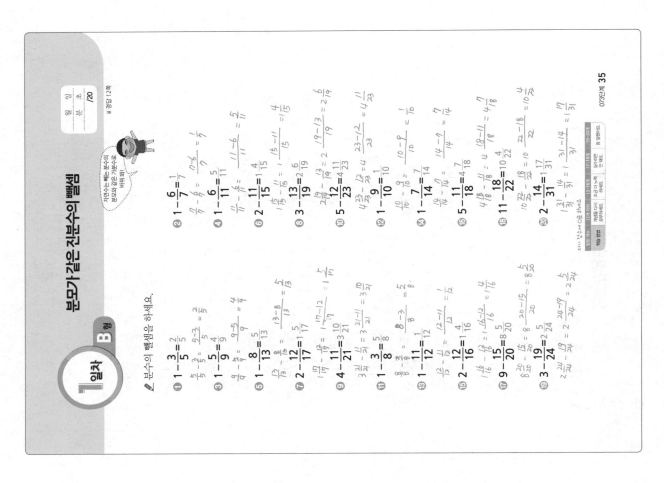

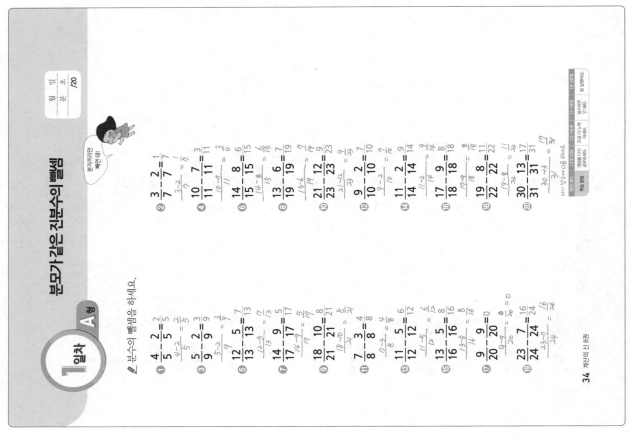

2일차 A형

분모가 같은 진분수의 뺄셈

월 일 / 분 초 / /20

분수의 뺄셈을 하세요.

① $\frac{6}{9}-\frac{2}{9}=\frac{4}{9}$

② $\frac{13}{25}-\frac{8}{25}=\frac{5}{25}$

③ $\frac{8}{18}-\frac{3}{18}=\frac{5}{18}$

④ $\frac{10}{11}-\frac{8}{11}=\frac{2}{11}$

⑤ $\frac{22}{25}-\frac{13}{25}=\frac{9}{25}$

⑥ $\frac{25}{31}-\frac{6}{31}=\frac{19}{31}$

⑦ $\frac{32}{33}-\frac{9}{33}=\frac{23}{33}$

⑧ $\frac{11}{19}-\frac{6}{19}=\frac{5}{19}$

⑨ $\frac{7}{10}-\frac{2}{10}=\frac{5}{10}$

⑩ $\frac{36}{37}-\frac{18}{37}=\frac{18}{37}$

⑪ $\frac{4}{8}-\frac{3}{8}=\frac{1}{8}$

⑫ $\frac{32}{33}-\frac{18}{33}=\frac{14}{33}$

⑬ $\frac{19}{21}-\frac{8}{21}=\frac{11}{21}$

⑭ $\frac{32}{35}-\frac{17}{35}=\frac{15}{35}$

⑮ $\frac{4}{5}-\frac{1}{5}=\frac{3}{5}$

⑯ $\frac{8}{9}-\frac{3}{9}=\frac{5}{9}$

⑰ $\frac{12}{18}-\frac{5}{18}=\frac{7}{18}$

⑱ $\frac{41}{44}-\frac{18}{44}=\frac{23}{44}$

⑲ $\frac{21}{29}-\frac{7}{29}=\frac{14}{29}$

⑳ $\frac{13}{14}-\frac{4}{14}=\frac{9}{14}$

맞힌 개수	12개 이하	13~16개	17~18개	19~20개
학습 방법	개념을 다시 공부하세요.	조금 더 노력하세요.	실수하면 안 돼요.	참 잘했어요.

2일차 B형

분모가 같은 진분수의 뺄셈

월 일 / 분 초 / /20

정답 13쪽

분수의 뺄셈을 하세요.

① $1-\frac{12}{14}=\frac{2}{14}$

② $1-\frac{12}{16}=\frac{4}{16}$

③ $1-\frac{13}{18}=\frac{5}{18}$

④ $2-\frac{9}{11}=1\frac{2}{11}$

⑤ $2-\frac{10}{11}=1\frac{1}{11}$

⑥ $3-\frac{11}{15}=2\frac{4}{15}$

⑦ $4-\frac{9}{10}=3\frac{1}{10}$

⑧ $5-\frac{11}{12}=4\frac{1}{12}$

⑨ $8-\frac{20}{21}=7\frac{1}{21}$

⑩ $9-\frac{11}{12}=8\frac{1}{12}$

⑪ $7-\frac{13}{17}=6\frac{4}{17}$

⑫ $6-\frac{15}{16}=5\frac{1}{16}$

⑬ $5-\frac{21}{22}=4\frac{1}{22}$

⑭ $4-\frac{8}{14}=3\frac{6}{14}$

⑮ $3-\frac{15}{19}=2\frac{4}{19}$

⑯ $3-\frac{8}{9}=2\frac{1}{9}$

⑰ $2-\frac{13}{20}=1\frac{7}{20}$

⑱ $3-\frac{3}{5}=2\frac{2}{5}$

⑲ $5-\frac{14}{17}=4\frac{3}{17}$

⑳ $8-\frac{7}{9}=7\frac{2}{9}$

맞힌 개수	12개 이하	13~16개	17~18개	19~20개
학습 방법	개념을 다시 공부하세요.	조금 더 노력하세요.	실수하면 안 돼요.	참 잘했어요.

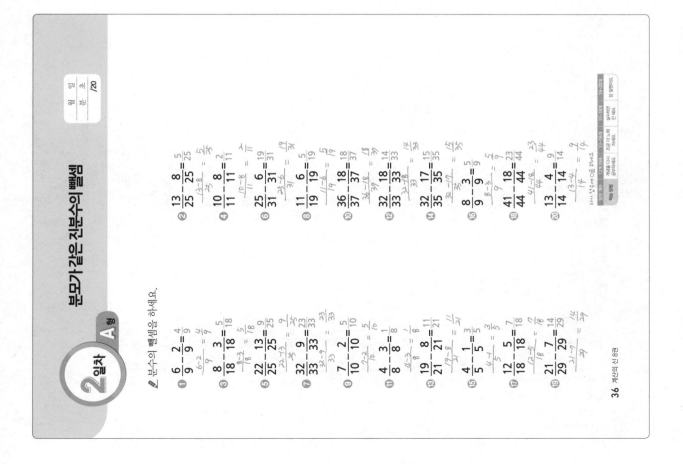

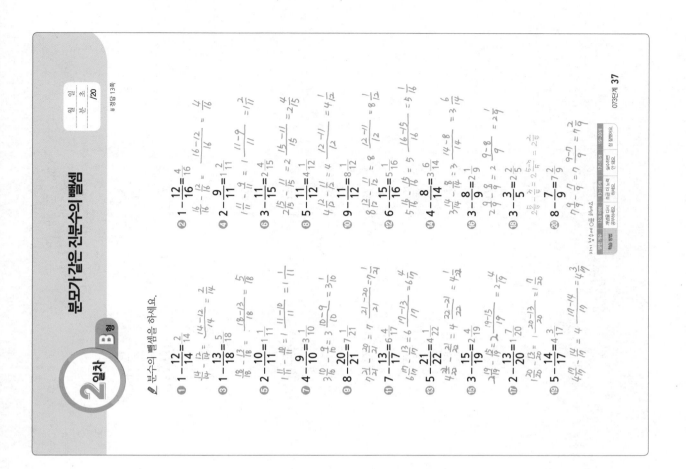

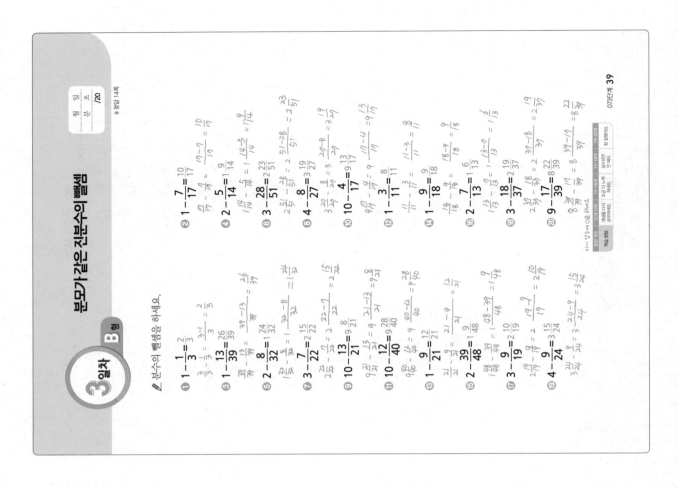

3일차 A형 분모가 같은 진분수의 뺄셈

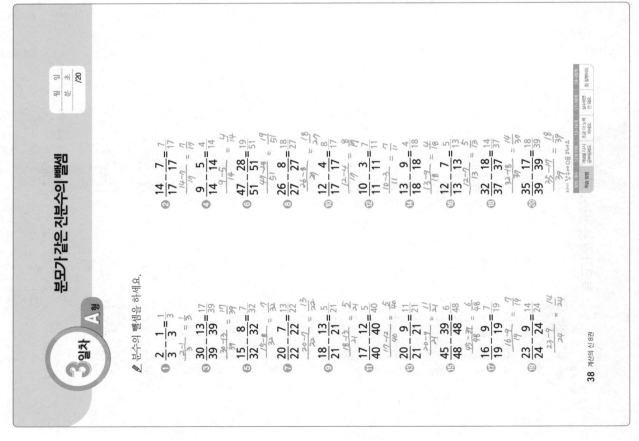

월 일 / 분 초 / /20

분수의 뺄셈을 하세요.

① $\frac{2}{3}-\frac{1}{3}=\frac{1}{3}$　　$\frac{2-1}{3}=\frac{1}{3}$

② $\frac{14}{17}-\frac{7}{17}=\frac{7}{17}$　　$\frac{14-7}{17}=\frac{7}{17}$

③ $\frac{30}{39}-\frac{13}{39}=\frac{17}{39}$　　$\frac{30-13}{39}=\frac{17}{39}$

④ $\frac{9}{14}-\frac{5}{14}=\frac{4}{14}$　　$\frac{9-5}{14}=\frac{4}{14}$

⑤ $\frac{15}{32}-\frac{8}{32}=\frac{7}{32}$　　$\frac{15-8}{32}=\frac{7}{32}$

⑥ $\frac{47}{51}-\frac{28}{51}=\frac{19}{51}$　　$\frac{47-28}{51}=\frac{19}{51}$

⑦ $\frac{20}{22}-\frac{7}{22}=\frac{13}{22}$　　$\frac{20-7}{22}=\frac{13}{22}$

⑧ $\frac{26}{27}-\frac{8}{27}=\frac{18}{27}$　　$\frac{26-8}{27}=\frac{18}{27}$

⑨ $\frac{18}{21}-\frac{13}{21}=\frac{5}{21}$　　$\frac{18-13}{21}=\frac{5}{21}$

⑩ $\frac{12}{17}-\frac{4}{17}=\frac{8}{17}$　　$\frac{12-4}{17}=\frac{8}{17}$

⑪ $\frac{17}{40}-\frac{12}{40}=\frac{5}{40}$　　$\frac{17-12}{40}=\frac{5}{40}$

⑫ $\frac{10}{11}-\frac{3}{11}=\frac{7}{11}$　　$\frac{10-3}{11}=\frac{7}{11}$

⑬ $\frac{20}{21}-\frac{9}{21}=\frac{11}{21}$　　$\frac{20-9}{21}=\frac{11}{21}$

⑭ $\frac{13}{18}-\frac{9}{18}=\frac{4}{18}$　　$\frac{13-9}{18}=\frac{4}{18}$

⑮ $\frac{45}{48}-\frac{39}{48}=\frac{6}{48}$　　$\frac{45-39}{48}=\frac{6}{48}$

⑯ $\frac{12}{13}-\frac{7}{13}=\frac{5}{13}$　　$\frac{12-7}{13}=\frac{5}{13}$

⑰ $\frac{16}{19}-\frac{9}{19}=\frac{7}{19}$　　$\frac{16-9}{19}=\frac{7}{19}$

⑱ $\frac{32}{37}-\frac{18}{37}=\frac{14}{37}$　　$\frac{32-18}{37}=\frac{14}{37}$

⑲ $\frac{23}{24}-\frac{9}{24}=\frac{14}{24}$　　$\frac{23-9}{24}=\frac{14}{24}$

⑳ $\frac{35}{39}-\frac{17}{39}=\frac{18}{39}$　　$\frac{35-17}{39}=\frac{18}{39}$

자기 점수에 O표 하세요

맞힌 개수	12개 이하	13~16개	17~18개	19~20개
학습 방법	개념을 다시 공부하세요.	조금 더 노력하세요.	실수하면 안 돼요.	참 잘했어요.

38 계산의 신 8권

3일차 B형 분모가 같은 진분수의 뺄셈

월 일 / 분 초 / /20

정답 14쪽

분수의 뺄셈을 하세요.

① $1-\frac{1}{3}=\frac{2}{3}$　　$\frac{3}{3}-\frac{1}{3}=\frac{3-1}{3}=\frac{2}{3}$

② $1-\frac{7}{17}=\frac{10}{17}$　　$\frac{17}{17}-\frac{7}{17}=\frac{17-7}{17}=\frac{10}{17}$

③ $1-\frac{13}{39}=\frac{26}{39}$　　$\frac{39}{39}-\frac{13}{39}=\frac{39-13}{39}=\frac{26}{39}$

④ $2-\frac{5}{14}=1\frac{9}{14}$　　$1\frac{14}{14}-\frac{5}{14}=1\frac{14-5}{14}=1\frac{9}{14}$

⑤ $2-\frac{8}{32}=1\frac{24}{32}$　　$1\frac{32}{32}-\frac{8}{32}=1\frac{32-8}{32}=1\frac{24}{32}$

⑥ $3-\frac{28}{51}=2\frac{23}{51}$　　$2\frac{51}{51}-\frac{28}{51}=2\frac{51-28}{51}=2\frac{23}{51}$

⑦ $3-\frac{7}{22}=2\frac{15}{22}$　　$2\frac{22}{22}-\frac{7}{22}=2\frac{22-7}{22}=2\frac{15}{22}$

⑧ $4-\frac{8}{27}=3\frac{19}{27}$　　$3\frac{27}{27}-\frac{8}{27}=3\frac{27-8}{27}=3\frac{19}{27}$

⑨ $10-\frac{13}{21}=9\frac{8}{21}$　　$9\frac{21}{21}-\frac{13}{21}=9\frac{21-13}{21}=9\frac{8}{21}$

⑩ $10-\frac{4}{17}=9\frac{13}{17}$　　$9\frac{17}{17}-\frac{4}{17}=9\frac{17-4}{17}=9\frac{13}{17}$

⑪ $10-\frac{12}{40}=9\frac{28}{40}$　　$9\frac{40}{40}-\frac{12}{40}=9\frac{40-12}{40}=9\frac{28}{40}$

⑫ $1-\frac{3}{11}=\frac{8}{11}$　　$\frac{11}{11}-\frac{3}{11}=\frac{11-3}{11}=\frac{8}{11}$

⑬ $1-\frac{9}{21}=\frac{12}{21}$　　$\frac{21}{21}-\frac{9}{21}=\frac{21-9}{21}=\frac{12}{21}$

⑭ $1-\frac{9}{18}=\frac{9}{18}$　　$\frac{18}{18}-\frac{9}{18}=\frac{18-9}{18}=\frac{9}{18}$

⑮ $2-\frac{39}{48}=1\frac{9}{48}$　　$1\frac{48}{48}-\frac{39}{48}=1\frac{48-39}{48}=1\frac{9}{48}$

⑯ $2-\frac{7}{13}=1\frac{6}{13}$　　$1\frac{13}{13}-\frac{7}{13}=1\frac{13-7}{13}=1\frac{6}{13}$

⑰ $3-\frac{9}{19}=2\frac{10}{19}$　　$2\frac{19}{19}-\frac{9}{19}=2\frac{19-9}{19}=2\frac{10}{19}$

⑱ $3-\frac{18}{37}=2\frac{19}{37}$　　$2\frac{37}{37}-\frac{18}{37}=2\frac{37-18}{37}=2\frac{19}{37}$

⑲ $4-\frac{9}{24}=3\frac{15}{24}$　　$3\frac{24}{24}-\frac{9}{24}=3\frac{24-9}{24}=3\frac{15}{24}$

⑳ $9-\frac{17}{39}=8\frac{22}{39}$　　$8\frac{39}{39}-\frac{17}{39}=8\frac{39-17}{39}=8\frac{22}{39}$

자기 점수에 O표 하세요

맞힌 개수	12개 이하	13~16개	17~18개	19~20개
학습 방법	개념을 다시 공부하세요.	조금 더 노력하세요.	실수하면 안 돼요.	참 잘했어요.

073단계 39

4일차 A형 분모가 같은 진분수의 뺄셈

월 일 / 분 초 / /20

분수의 뺄셈을 하세요.

① $\frac{12}{14}-\frac{1}{14}=\frac{11}{14}$

② $\frac{12}{16}-\frac{5}{16}=\frac{7}{16}$

③ $\frac{13}{18}-\frac{5}{18}=\frac{8}{18}$

④ $\frac{9}{11}-\frac{6}{11}=\frac{3}{11}$

⑤ $\frac{10}{11}-\frac{3}{11}=\frac{7}{11}$

⑥ $\frac{11}{15}-\frac{4}{15}=\frac{7}{15}$

⑦ $\frac{8}{10}-\frac{3}{10}=\frac{5}{10}$

⑧ $\frac{11}{12}-\frac{2}{12}=\frac{9}{12}$

⑨ $\frac{20}{21}-\frac{9}{21}=\frac{11}{21}$

⑩ $\frac{11}{12}-\frac{8}{12}=\frac{3}{12}$

⑪ $\frac{13}{17}-\frac{4}{17}=\frac{9}{17}$

⑫ $\frac{15}{16}-\frac{6}{16}=\frac{9}{16}$

⑬ $\frac{21}{22}-\frac{8}{22}=\frac{13}{22}$

⑭ $\frac{12}{14}-\frac{3}{14}=\frac{9}{14}$

⑮ $\frac{15}{19}-\frac{7}{19}=\frac{8}{19}$

⑯ $\frac{8}{9}-\frac{1}{9}=\frac{7}{9}$

⑰ $\frac{13}{20}-\frac{4}{20}=\frac{9}{20}$

⑱ $\frac{3}{5}-\frac{2}{5}=\frac{1}{5}$

⑲ $\frac{12}{17}-\frac{4}{17}=\frac{8}{17}$

⑳ $\frac{7}{9}-\frac{3}{9}=\frac{4}{9}$

자기 점수에 ○표 하세요.

맞힌 개수	12개 이하	13~16개	17~18개	19~20개
학습 방법	개념을 다시 공부하세요.	조금 더 노력하세요.	실수하면 안 돼요.	참 잘했어요.

4일차 B형 분모가 같은 진분수의 뺄셈

월 일 / 분 초 / /20

정답 15쪽

분수의 뺄셈을 하세요.

① $1-\frac{2}{9}=\frac{7}{9}$

② $1-\frac{8}{25}=\frac{17}{25}$

③ $2-\frac{3}{18}=1\frac{15}{18}$

④ $2-\frac{8}{11}=1\frac{3}{11}$

⑤ $3-\frac{13}{25}=2\frac{12}{25}$

⑥ $3-\frac{6}{31}=2\frac{25}{31}$

⑦ $4-\frac{9}{33}=3\frac{24}{33}$

⑧ $4-\frac{6}{19}=3\frac{13}{19}$

⑨ $5-\frac{2}{10}=4\frac{8}{10}$

⑩ $5-\frac{18}{37}=4\frac{19}{37}$

⑪ $1-\frac{3}{8}=\frac{5}{8}$

⑫ $3-\frac{18}{33}=2\frac{15}{33}$

⑬ $5-\frac{8}{21}=4\frac{13}{21}$

⑭ $7-\frac{17}{35}=6\frac{18}{35}$

⑮ $9-\frac{1}{5}=8\frac{4}{5}$

⑯ $2-\frac{3}{9}=1\frac{6}{9}$

⑰ $4-\frac{5}{18}=3\frac{13}{18}$

⑱ $6-\frac{18}{44}=5\frac{26}{44}$

⑲ $8-\frac{7}{29}=7\frac{22}{29}$

⑳ $10-\frac{4}{14}=9\frac{10}{14}$

자기 점수에 ○표 하세요.

맞힌 개수	12개 이하	13~16개	17~18개	19~20개
학습 방법	개념을 다시 공부하세요.	조금 더 노력하세요.	실수하면 안 돼요.	참 잘했어요.

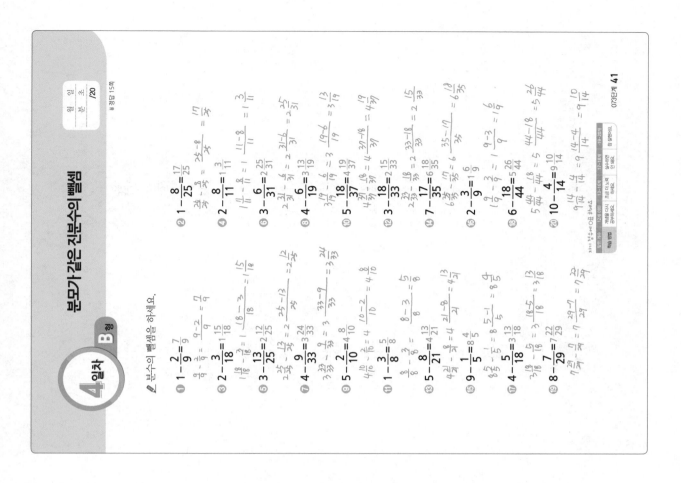

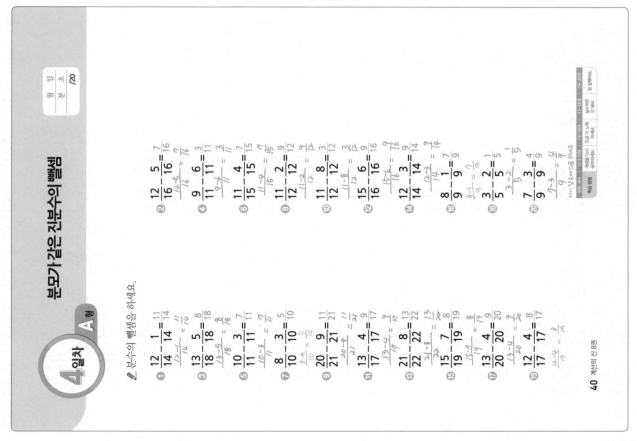

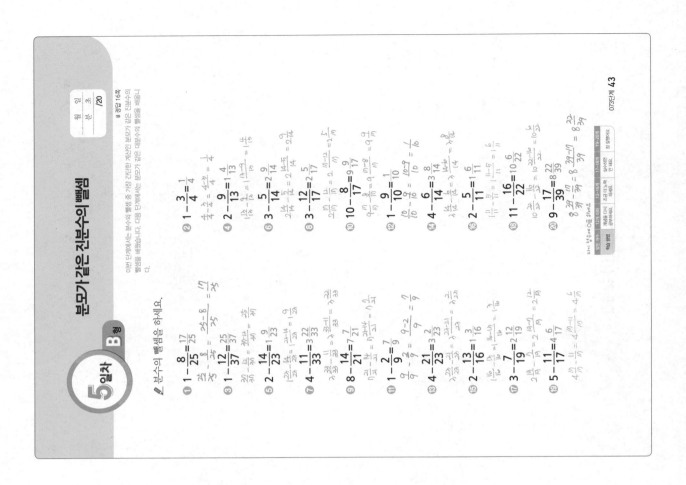

5일차 A형 분모가 같은 진분수의 뺄셈

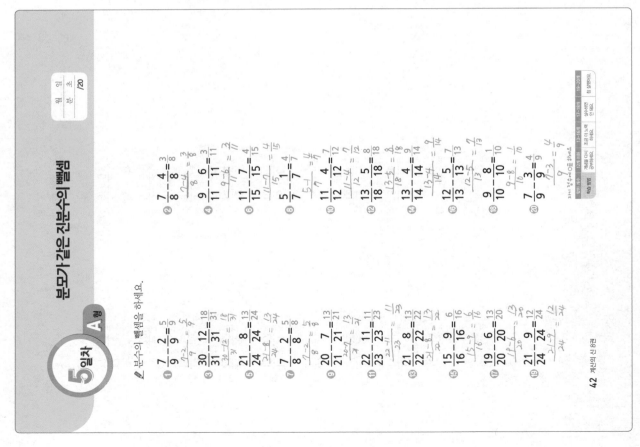

월 일
분 초
/20

분수의 뺄셈을 하세요.

① $\frac{7}{9}-\frac{2}{9}=\frac{5}{9}$

② $\frac{7}{8}-\frac{4}{8}=\frac{3}{8}$

③ $\frac{30}{31}-\frac{12}{31}=\frac{18}{31}$

④ $\frac{9}{11}-\frac{6}{11}=\frac{3}{11}$

⑤ $\frac{21}{24}-\frac{8}{24}=\frac{13}{24}$

⑥ $\frac{11}{15}-\frac{7}{15}=\frac{4}{15}$

⑦ $\frac{7}{8}-\frac{2}{8}=\frac{5}{8}$

⑧ $\frac{5}{7}-\frac{1}{7}=\frac{4}{7}$

⑨ $\frac{20}{21}-\frac{7}{21}=\frac{13}{21}$

⑩ $\frac{11}{12}-\frac{4}{12}=\frac{7}{12}$

⑪ $\frac{22}{23}-\frac{11}{23}=\frac{11}{23}$

⑫ $\frac{13}{18}-\frac{5}{18}=\frac{8}{18}$

⑬ $\frac{21}{22}-\frac{8}{22}=\frac{13}{22}$

⑭ $\frac{13}{14}-\frac{4}{14}=\frac{9}{14}$

⑮ $\frac{15}{16}-\frac{9}{16}=\frac{6}{16}$

⑯ $\frac{12}{13}-\frac{5}{13}=\frac{7}{13}$

⑰ $\frac{19}{20}-\frac{6}{20}=\frac{13}{20}$

⑱ $\frac{9}{10}-\frac{8}{10}=\frac{1}{10}$

⑲ $\frac{21}{24}-\frac{9}{24}=\frac{12}{24}$

⑳ $\frac{7}{9}-\frac{3}{9}=\frac{4}{9}$

맞힌 개수	12개 이하	13~16개	17~18개	19~20개
학습 방법	개념을 다시 공부하세요.	조금 더 노력하세요.	실수하면 안 돼요.	참 잘했어요.

5일차 B형 분모가 같은 진분수의 뺄셈

월 일
분 초
/20

정답 16쪽

이번 단계에서는 분수의 뺄셈 중 가장 간단한 계산인 분모가 같은 진분수의 뺄셈을 배웠습니다. 다음 단계에서는 분모가 같은 대분수의 뺄셈을 배웁니다.

분수의 뺄셈을 하세요.

① $1-\frac{8}{25}=\frac{17}{25}$

② $1-\frac{3}{4}=\frac{1}{4}$

③ $1-\frac{12}{37}=\frac{25}{37}$

④ $2-\frac{9}{13}=1\frac{4}{13}$

⑤ $2-\frac{14}{23}=1\frac{9}{23}$

⑥ $3-\frac{5}{14}=2\frac{9}{14}$

⑦ $4-\frac{11}{33}=3\frac{22}{33}$

⑧ $3-\frac{12}{17}=2\frac{5}{17}$

⑨ $8-\frac{14}{21}=7\frac{7}{21}$

⑩ $10-\frac{8}{17}=9\frac{9}{17}$

⑪ $1-\frac{2}{9}=\frac{7}{9}$

⑫ $1-\frac{9}{10}=\frac{1}{10}$

⑬ $4-\frac{21}{23}=3\frac{2}{23}$

⑭ $4-\frac{6}{14}=3\frac{8}{14}$

⑮ $2-\frac{13}{16}=1\frac{3}{16}$

⑯ $2-\frac{5}{11}=1\frac{6}{11}$

⑰ $3-\frac{7}{19}=2\frac{12}{19}$

⑱ $11-\frac{16}{22}=10\frac{6}{22}$

⑲ $5-\frac{11}{17}=4\frac{6}{17}$

⑳ $9-\frac{17}{39}=8\frac{22}{39}$

맞힌 개수	12개 이하	13~16개	17~18개	19~20개
학습 방법	개념을 다시 공부하세요.	조금 더 노력하세요.	실수하면 안 돼요.	참 잘했어요.

세 단계 묶어 풀기 071~073단계
분수의 덧셈과 뺄셈

월 일
분 초
/16

정답 17쪽

분수의 덧셈을 하세요.

❶ $\frac{9}{15}+\frac{5}{15}=\frac{14}{15}$

❷ $\frac{4}{12}+\frac{9}{12}=1\frac{1}{12}$

❸ $2\frac{3}{14}+3\frac{6}{14}=5\frac{9}{14}$

❹ $1\frac{4}{9}+1\frac{6}{9}=3\frac{1}{9}$

❺ $4\frac{5}{15}+3\frac{14}{15}=8\frac{4}{15}$

❻ $\frac{7}{12}+5\frac{10}{12}=6\frac{5}{12}$

❼ $5\frac{5}{13}+4\frac{5}{13}=9\frac{10}{13}$

❽ $\frac{13}{15}+\frac{6}{15}=1\frac{4}{15}$

❾ $2\frac{9}{21}+1\frac{18}{21}=4\frac{6}{21}$

❿ $\frac{23}{35}+\frac{27}{35}=1\frac{15}{35}$

분수의 뺄셈을 하세요.

⓫ $\frac{16}{19}-\frac{9}{19}=\frac{7}{19}$

⓬ $\frac{32}{37}-\frac{18}{37}=\frac{14}{37}$

⓭ $1-\frac{7}{17}=\frac{10}{17}$

⓮ $1-\frac{13}{18}=\frac{5}{18}$

⓯ $2-\frac{5}{14}=1\frac{9}{14}$

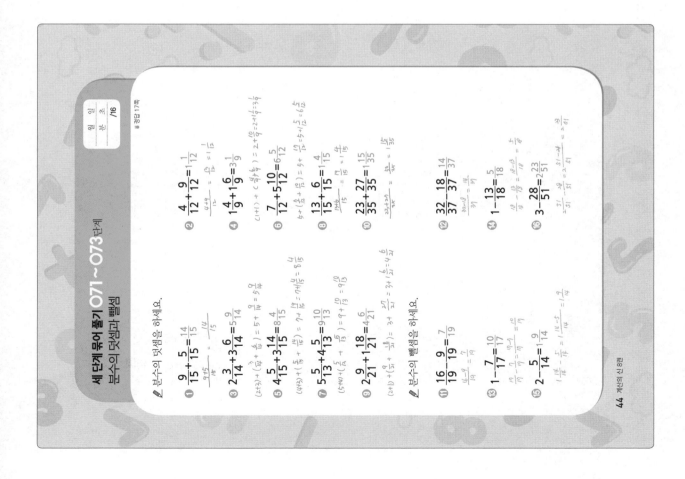

⓰ $3-\frac{28}{51}=2\frac{23}{51}$

1일차 A형 분모가 같은 대분수의 뺄셈

월 일 / 분 초 / /20

자연수는 자연수끼리
분수는 분수끼리 계산
하면 돼!

분수의 뺄셈을 하세요.

① $4\frac{3}{5}-2\frac{1}{5}=2\frac{2}{5}$
$(4-2)+\frac{3-1}{5}=2\frac{2}{5}$

② $5\frac{3}{7}-1\frac{2}{7}=4\frac{1}{7}$
$(5-1)+\frac{3-2}{7}=4\frac{1}{7}$

③ $3\frac{5}{9}-2\frac{2}{9}=1\frac{3}{9}$
$(3-2)+\frac{5-2}{9}=1\frac{3}{9}$

④ $7\frac{9}{11}-7\frac{5}{11}=\frac{4}{11}$
$(7-7)+\frac{9-5}{11}=\frac{4}{11}$

⑤ $8\frac{12}{13}-4\frac{5}{13}=4\frac{7}{13}$
$(8-4)+\frac{12-5}{13}=4\frac{7}{13}$

⑥ $3\frac{14}{15}-1\frac{8}{15}=2\frac{6}{15}$
$(3-1)+\frac{14-8}{15}=2\frac{6}{15}$

⑦ $9\frac{14}{17}-6\frac{9}{17}=3\frac{5}{17}$
$(9-6)+\frac{14-9}{17}=3\frac{5}{17}$

⑧ $7\frac{13}{19}-3\frac{6}{19}=4\frac{7}{19}$
$(7-3)+\frac{13-6}{19}=4\frac{7}{19}$

⑨ $6\frac{10}{21}-1\frac{10}{21}=5$
$(6-1)+\frac{10-10}{21}=5$

⑩ $7\frac{21}{23}-5=2\frac{21}{23}$
$(7-5)+\frac{21}{23}=2\frac{21}{23}$

⑪ $6\frac{7}{8}-5\frac{3}{8}=1\frac{4}{8}$
$(6-5)+\frac{7-3}{8}=1\frac{4}{8}$

⑫ $4\frac{9}{10}-2\frac{2}{10}=2\frac{7}{10}$
$(4-2)+\frac{9-2}{10}=2\frac{7}{10}$

⑬ $9\frac{11}{12}-4\frac{5}{12}=5\frac{6}{12}$
$(9-4)+\frac{11-5}{12}=5\frac{6}{12}$

⑭ $7\frac{11}{14}-3\frac{2}{14}=4\frac{9}{14}$
$(7-3)+\frac{11-2}{14}=4\frac{9}{14}$

⑮ $5\frac{13}{16}-2\frac{5}{16}=3\frac{8}{16}$
$(5-2)+\frac{13-5}{16}=3\frac{8}{16}$

⑯ $8\frac{17}{18}-1\frac{9}{18}=7\frac{8}{18}$
$(8-1)+\frac{17-9}{18}=7\frac{8}{18}$

⑰ $5\frac{9}{20}-3\frac{9}{20}=2$
$(5-3)+\frac{9-9}{20}=2$

⑱ $3\frac{19}{22}-2\frac{8}{22}=1\frac{11}{22}$
$(3-2)+\frac{19-8}{22}=1\frac{11}{22}$

⑲ $12\frac{23}{24}-7=5\frac{23}{24}$
$(12-7)+\frac{23}{24}=5\frac{23}{24}$

⑳ $9\frac{30}{31}-5=4\frac{30}{31}$
$(9-5)+\frac{30}{31}=4\frac{30}{31}$

자기 점수에 ○표 하세요.

맞힌 개수	12개 이하	13~16개	17~18개	19~20개
학습 방법	개념을 다시 공부하세요.	조금 더 노력 하세요.	실수하면 안 돼요.	참 잘했어요.

1일차 B형 분모가 같은 대분수의 뺄셈

월 일 / 분 초 / /20

분수끼리 뺄 수 없을 땐,
자연수 부분에서 1을 가분수로
만들어 줘!

정답 18쪽

분수의 뺄셈을 하세요.

① $5-4\frac{3}{5}=\frac{2}{5}$
$4\frac{5}{5}-4\frac{3}{5}=(4-4)+\frac{5-3}{5}=\frac{2}{5}$

② $3-1\frac{6}{7}=1\frac{1}{7}$
$2\frac{7}{7}-1\frac{6}{7}=(2-1)+\frac{7-6}{7}=1\frac{1}{7}$

③ $9-6\frac{5}{9}=2\frac{4}{9}$
$8\frac{9}{9}-6\frac{5}{9}=(8-6)+\frac{9-5}{9}=2\frac{4}{9}$

④ $10-7\frac{6}{11}=2\frac{5}{11}$
$9\frac{11}{11}-7\frac{6}{11}=(9-7)+\frac{11-6}{11}=2\frac{5}{11}$

⑤ $3\frac{5}{13}-1\frac{8}{13}=1\frac{10}{13}$
$2\frac{18}{13}-1\frac{8}{13}=(2-1)+\frac{18-8}{13}=1\frac{10}{13}$

⑥ $5\frac{2}{15}-3\frac{11}{15}=1\frac{6}{15}$
$4\frac{17}{15}-3\frac{11}{15}=(4-3)+\frac{17-11}{15}=1\frac{6}{15}$

⑦ $8\frac{3}{17}-7\frac{12}{17}=\frac{8}{17}$
$7\frac{20}{17}-7\frac{12}{17}=(7-7)+\frac{20-12}{17}=\frac{8}{17}$

⑧ $7\frac{2}{19}-4\frac{13}{19}=2\frac{8}{19}$
$6\frac{21}{19}-4\frac{13}{19}=(6-4)+\frac{21-13}{19}=2\frac{8}{19}$

⑨ $4\frac{10}{21}-2\frac{11}{21}=1\frac{20}{21}$
$3\frac{31}{21}-2\frac{11}{21}=(3-2)+\frac{31-11}{21}=1\frac{20}{21}$

⑩ $9\frac{10}{23}-7\frac{12}{23}=1\frac{21}{23}$
$8\frac{33}{23}-7\frac{12}{23}=(8-7)+\frac{33-12}{23}=1\frac{21}{23}$

⑪ $7-6\frac{3}{8}=\frac{5}{8}$
$6\frac{8}{8}-6\frac{3}{8}=(6-6)+\frac{8-3}{8}=\frac{5}{8}$

⑫ $4-2\frac{9}{10}=1\frac{1}{10}$
$3\frac{10}{10}-2\frac{9}{10}=(3-2)+\frac{10-9}{10}=1\frac{1}{10}$

⑬ $11-3\frac{11}{12}=7\frac{1}{12}$
$10\frac{12}{12}-3\frac{11}{12}=(10-3)+\frac{12-11}{12}=7\frac{1}{12}$

⑭ $9-2\frac{7}{14}=6\frac{7}{14}$
$8\frac{14}{14}-2\frac{7}{14}=(8-2)+\frac{14-7}{14}=6\frac{7}{14}$

⑮ $7\frac{11}{16}-2\frac{12}{16}=4\frac{15}{16}$
$6\frac{27}{16}-2\frac{12}{16}=(6-2)+\frac{27-12}{16}=4\frac{15}{16}$

⑯ $5\frac{9}{18}-2\frac{11}{18}=2\frac{16}{18}$
$4\frac{27}{18}-2\frac{11}{18}=(4-2)+\frac{27-11}{18}=2\frac{16}{18}$

⑰ $9\frac{7}{20}-3\frac{15}{20}=5\frac{12}{20}$
$8\frac{27}{20}-3\frac{15}{20}=(8-3)+\frac{27-15}{20}=5\frac{12}{20}$

⑱ $11\frac{3}{22}-4\frac{18}{22}=6\frac{7}{22}$
$10\frac{25}{22}-4\frac{18}{22}=6\frac{25-18}{22}=6\frac{7}{22}$

⑲ $8\frac{5}{24}-2\frac{19}{24}=5\frac{10}{24}$
$7\frac{29}{24}-2\frac{19}{24}=(7-2)+\frac{29-19}{24}=5\frac{10}{24}$

⑳ $7\frac{2}{31}-1\frac{14}{31}=5\frac{19}{31}$
$6\frac{33}{31}-1\frac{14}{31}=(6-1)+\frac{33-14}{31}=5\frac{19}{31}$

자기 점수에 ○표 하세요.

맞힌 개수	12개 이하	13~16개	17~18개	19~20개
학습 방법	개념을 다시 공부하세요.	조금 더 노력 하세요.	실수하면 안 돼요.	참 잘했어요.

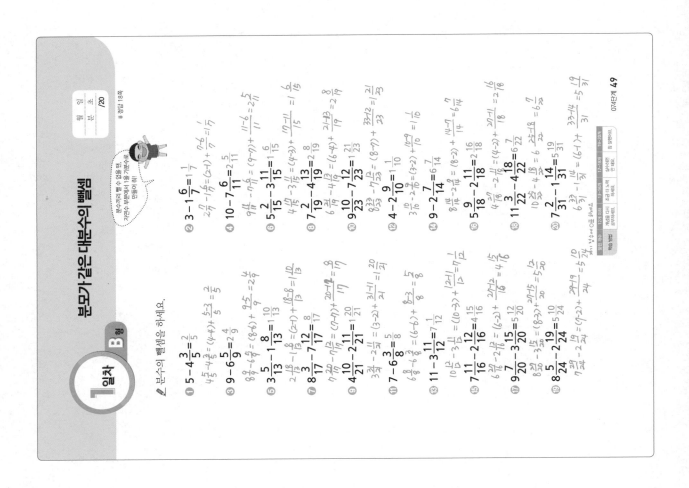

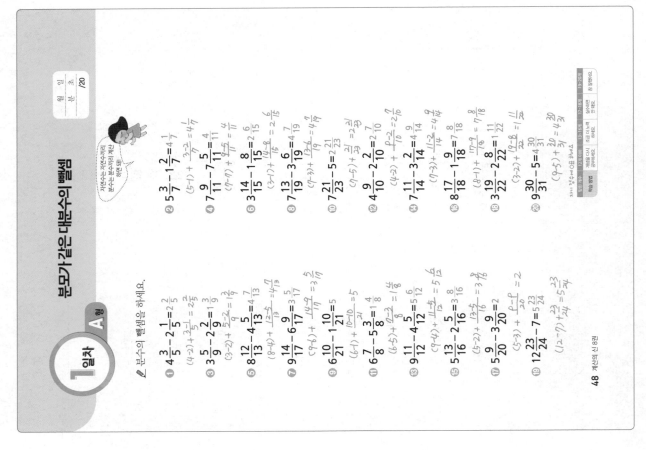

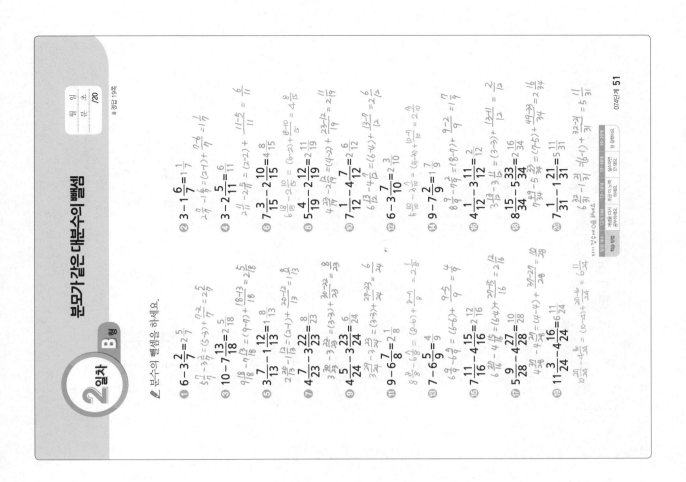

2일차 A형 분모가 같은 대분수의 뺄셈

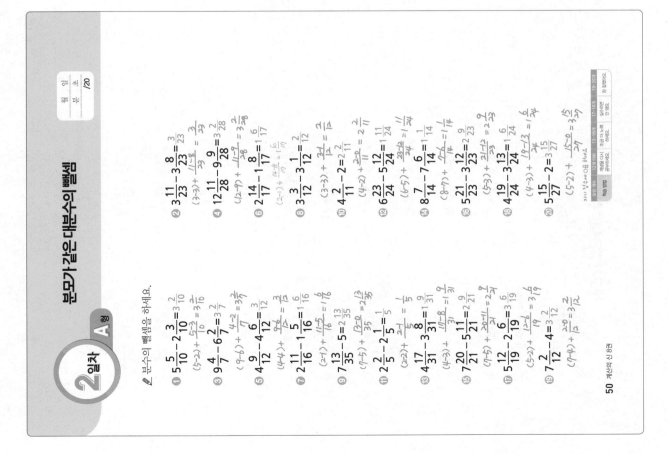

월 일
분 초
/20

✐ 분수의 뺄셈을 하세요.

① $5\frac{5}{10}-2\frac{3}{10}=3\frac{2}{10}$

② $3\frac{11}{23}-3\frac{8}{23}=\frac{3}{23}$

③ $9\frac{4}{7}-6\frac{2}{7}=3\frac{2}{7}$

④ $12\frac{11}{28}-9\frac{9}{28}=3\frac{2}{28}$

⑤ $4\frac{9}{12}-4\frac{6}{12}=\frac{3}{12}$

⑥ $2\frac{14}{17}-1\frac{8}{17}=1\frac{6}{17}$

⑦ $2\frac{11}{16}-1\frac{5}{16}=1\frac{6}{16}$

⑧ $3\frac{3}{12}-3\frac{1}{12}=\frac{2}{12}$

⑨ $7\frac{13}{35}-5=2\frac{13}{35}$

⑩ $4\frac{2}{11}-2=2\frac{2}{11}$

⑪ $2\frac{2}{5}-2\frac{1}{5}=\frac{1}{5}$

⑫ $6\frac{23}{24}-5\frac{12}{24}=1\frac{11}{24}$

⑬ $4\frac{17}{31}-3\frac{8}{31}=1\frac{9}{31}$

⑭ $8\frac{7}{14}-7\frac{6}{14}=1\frac{1}{14}$

⑮ $7\frac{20}{21}-5\frac{11}{21}=2\frac{9}{21}$

⑯ $5\frac{21}{23}-3\frac{12}{23}=2\frac{9}{23}$

⑰ $5\frac{12}{19}-2\frac{6}{19}=3\frac{6}{19}$

⑱ $4\frac{19}{24}-3\frac{13}{24}=1\frac{6}{24}$

⑲ $7\frac{2}{12}-4=3\frac{2}{12}$

⑳ $5\frac{15}{27}-2=3\frac{15}{27}$

자기 점수에 ○표 하세요

맞힌 개수	12개 이하	13~16개	17~18개	19~20개
학습 방법	개념을 다시 공부하세요.	조금 더 노력하세요.	실수하면 안 돼요.	참 잘했어요.

2일차 B형 분모가 같은 대분수의 뺄셈

월 일
분 초
/20

정답 19쪽

✐ 분수의 뺄셈을 하세요.

① $6-3\frac{2}{7}=2\frac{5}{7}$

② $3-1\frac{6}{7}=1\frac{1}{7}$

③ $10-7\frac{13}{18}=2\frac{5}{18}$

④ $3-2\frac{5}{11}=\frac{6}{11}$

⑤ $3\frac{7}{13}-1\frac{12}{13}=1\frac{8}{13}$

⑥ $7\frac{3}{15}-2\frac{10}{15}=4\frac{8}{15}$

⑦ $4\frac{7}{23}-3\frac{22}{23}=\frac{8}{23}$

⑧ $5\frac{4}{19}-2\frac{12}{19}=2\frac{11}{19}$

⑨ $4\frac{5}{24}-3\frac{23}{24}=\frac{6}{24}$

⑩ $7\frac{1}{12}-4\frac{7}{12}=2\frac{6}{12}$

⑪ $9-6\frac{7}{8}=2\frac{1}{8}$

⑫ $6-3\frac{7}{10}=2\frac{3}{10}$

⑬ $7-6\frac{5}{9}=\frac{4}{9}$

⑭ $9-7\frac{2}{9}=1\frac{7}{9}$

⑮ $7\frac{11}{16}-4\frac{15}{16}=2\frac{12}{16}$

⑯ $4\frac{1}{12}-3\frac{11}{12}=\frac{2}{12}$

⑰ $5\frac{9}{28}-4\frac{27}{28}=\frac{10}{28}$

⑱ $8\frac{15}{34}-5\frac{33}{34}=2\frac{16}{34}$

⑲ $11\frac{3}{24}-4\frac{16}{24}=6\frac{11}{24}$

⑳ $7\frac{1}{31}-1\frac{21}{31}=5\frac{11}{31}$

자기 점수에 ○표 하세요

맞힌 개수	12개 이하	13~16개	17~18개	19~20개
학습 방법	개념을 다시 공부하세요.	조금 더 노력하세요.	실수하면 안 돼요.	참 잘했어요.

3일차 A형 분모가 같은 대분수의 뺄셈

월 일 / 분 초 / /20

분수의 뺄셈을 하세요.

① $5\frac{4}{12}-2\frac{3}{12}=3\frac{1}{12}$
$(5-2)+\frac{4-3}{12}=3\frac{1}{12}$

② $3\frac{9}{12}-1\frac{5}{12}=2\frac{4}{12}$
$(3-1)+\frac{9-5}{12}=2\frac{4}{12}$

③ $7\frac{15}{31}-2\frac{9}{31}=5\frac{6}{31}$
$(7-2)+\frac{15-9}{31}=5\frac{6}{31}$

④ $7\frac{9}{11}-2\frac{5}{11}=5\frac{4}{11}$
$(7-2)+\frac{9-5}{11}=5\frac{4}{11}$

⑤ $4\frac{12}{13}-3\frac{6}{13}=1\frac{6}{13}$
$(4-3)+\frac{12-6}{13}=1\frac{6}{13}$

⑥ $5\frac{5}{10}-2\frac{3}{10}=3\frac{2}{10}$
$(5-2)+\frac{5-3}{10}=3\frac{2}{10}$

⑦ $3\frac{11}{23}-3\frac{8}{23}=\frac{3}{23}$
$(3-3)+\frac{11-8}{23}=\frac{3}{23}$

⑧ $5\frac{11}{19}-4\frac{7}{19}=1\frac{4}{19}$
$(5-4)+\frac{11-7}{19}=1\frac{4}{19}$

⑨ $5\frac{3}{10}-3\frac{1}{10}=2\frac{2}{10}$
$(5-3)+\frac{3-1}{10}=2\frac{2}{10}$

⑩ $4\frac{4}{8}-2\frac{3}{8}=2\frac{1}{8}$
$(4-2)+\frac{4-3}{8}=2\frac{1}{8}$

⑪ $9\frac{6}{7}-6\frac{3}{7}=3\frac{3}{7}$
$(9-6)+\frac{6-3}{7}=3\frac{3}{7}$

⑫ $13\frac{15}{28}-8\frac{6}{28}=5\frac{9}{28}$
$(13-8)+\frac{15-6}{28}=5\frac{9}{28}$

⑬ $8\frac{11}{12}-4\frac{6}{12}=4\frac{5}{12}$
$(8-4)+\frac{11-6}{12}=4\frac{5}{12}$

⑭ $4\frac{7}{9}-3\frac{2}{9}=1\frac{5}{9}$
$(4-3)+\frac{7-2}{9}=1\frac{5}{9}$

⑮ $10\frac{8}{16}-7\frac{5}{16}=3\frac{3}{16}$
$(10-7)+\frac{8-5}{16}=3\frac{3}{16}$

⑯ $6\frac{2}{5}-2\frac{1}{5}=4\frac{1}{5}$
$(6-2)+\frac{2-1}{5}=4\frac{1}{5}$

⑰ $9\frac{17}{24}-5\frac{12}{24}=4\frac{5}{24}$
$(9-5)+\frac{17-12}{24}=4\frac{5}{24}$

⑱ $9\frac{32}{34}-3\frac{19}{34}=6\frac{13}{34}$
$(9-3)+\frac{32-19}{34}=6\frac{13}{34}$

⑲ $6\frac{12}{13}-3=3\frac{12}{13}$
$(6-3)+\frac{12-0}{13}=3\frac{12}{13}$

⑳ $9\frac{6}{17}-7=2\frac{6}{17}$
$(9-7)+\frac{6-0}{17}=2\frac{6}{17}$

자기 점수에 ○표 하세요

맞힌 개수	12개 이하	13~16개	17~18개	19~20개
학습 방법	개념을 다시 공부하세요.	조금 더 노력하세요.	실수하면 안 돼요.	참 잘했어요.

3일차 B형 분모가 같은 대분수의 뺄셈

월 일 / 분 초 / /20

정답 20쪽

분수의 뺄셈을 하세요.

① $6-4\frac{2}{11}=1\frac{9}{11}$
$5\frac{11}{11}-4\frac{2}{11}=(5-4)+\frac{11-2}{11}=1\frac{9}{11}$

② $8-3\frac{5}{12}=4\frac{7}{12}$
$7\frac{12}{12}-3\frac{5}{12}=(7-3)+\frac{12-5}{12}=4\frac{7}{12}$

③ $9-6\frac{11}{14}=2\frac{3}{14}$
$8\frac{14}{14}-6\frac{11}{14}=(8-6)+\frac{14-11}{14}=2\frac{3}{14}$

④ $10-7\frac{13}{18}=2\frac{5}{18}$
$9\frac{18}{18}-7\frac{13}{18}=(9-7)+\frac{18-13}{18}=2\frac{5}{18}$

⑤ $5\frac{2}{13}-3\frac{9}{13}=1\frac{6}{13}$
$4\frac{15}{13}-3\frac{9}{13}=(4-3)+\frac{15-9}{13}=1\frac{6}{13}$

⑥ $3\frac{3}{10}-2\frac{4}{10}=\frac{9}{10}$
$2\frac{13}{10}-2\frac{4}{10}=(2-2)+\frac{13-4}{10}=\frac{9}{10}$

⑦ $8-5\frac{7}{9}=2\frac{2}{9}$
$7\frac{9}{9}-5\frac{7}{9}=(7-5)+\frac{9-7}{9}=2\frac{2}{9}$

⑧ $2\frac{4}{19}-1\frac{17}{19}=\frac{6}{19}$
$1\frac{23}{19}-1\frac{17}{19}=(1-1)+\frac{23-17}{19}=\frac{6}{19}$

⑨ $5\frac{3}{10}-2\frac{9}{10}=2\frac{4}{10}$
$4\frac{13}{10}-2\frac{9}{10}=(4-2)+\frac{13-9}{10}=2\frac{4}{10}$

⑩ $8\frac{21}{23}-3\frac{22}{23}=4\frac{22}{23}$
$7\frac{44}{23}-3\frac{22}{23}=(7-3)+\frac{44-22}{23}=4\frac{22}{23}$

⑪ $7-4\frac{7}{12}=2\frac{5}{12}$
$6\frac{12}{12}-4\frac{7}{12}=(6-4)+\frac{12-7}{12}=2\frac{5}{12}$

⑫ $7-5\frac{13}{35}=1\frac{22}{35}$
$6\frac{35}{35}-5\frac{13}{35}=(6-5)+\frac{35-13}{35}=1\frac{22}{35}$

⑬ $7-6\frac{5}{9}=\frac{4}{9}$
$6\frac{9}{9}-6\frac{5}{9}=(6-6)+\frac{9-5}{9}=\frac{4}{9}$

⑭ $4-2\frac{6}{11}=1\frac{5}{11}$
$3\frac{11}{11}-2\frac{6}{11}=(3-2)+\frac{11-6}{11}=1\frac{5}{11}$

⑮ $5\frac{7}{16}-2\frac{9}{16}=2\frac{14}{16}$
$4\frac{23}{16}-2\frac{9}{16}=(4-2)+\frac{23-9}{16}=2\frac{14}{16}$

⑯ $6\frac{13}{21}-2\frac{17}{21}=3\frac{17}{21}$
$5\frac{34}{21}-2\frac{17}{21}=(5-2)+\frac{34-17}{21}=3\frac{17}{21}$

⑰ $5\frac{5}{19}-2\frac{18}{19}=2\frac{6}{19}$
$4\frac{24}{19}-2\frac{18}{19}=(4-2)+\frac{24-18}{19}=2\frac{6}{19}$

⑱ $9\frac{13}{34}-3\frac{31}{34}=5\frac{16}{34}$
$8\frac{47}{34}-3\frac{31}{34}=(8-3)+\frac{47-31}{34}=5\frac{16}{34}$

⑲ $9\frac{15}{24}-7\frac{16}{24}=1\frac{23}{24}$
$8\frac{39}{24}-7\frac{16}{24}=(8-7)+\frac{39-16}{24}=1\frac{23}{24}$

⑳ $9\frac{6}{17}-7\frac{7}{17}=1\frac{16}{17}$
$8\frac{23}{17}-7\frac{7}{17}=(8-7)+\frac{23-7}{17}=1\frac{16}{17}$

자기 점수에 ○표 하세요

맞힌 개수	12개 이하	13~16개	17~18개	19~20개
학습 방법	개념을 다시 공부하세요.	조금 더 노력하세요.	실수하면 안 돼요.	참 잘했어요.

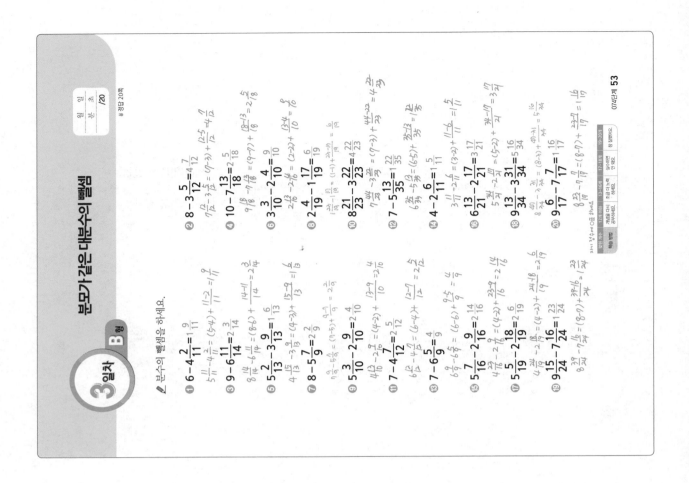

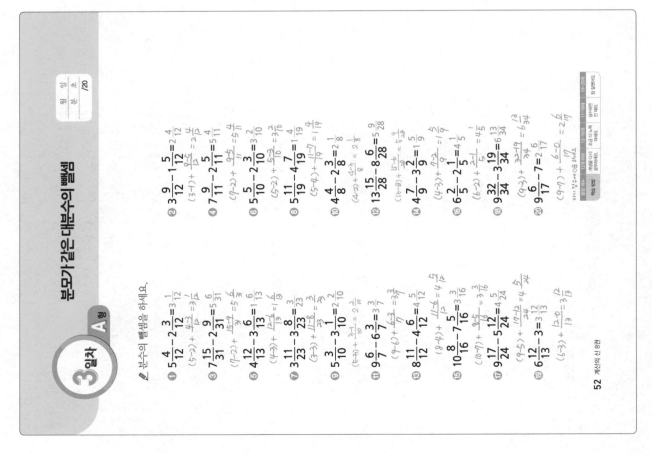

4일차 A형 분모가 같은 대분수의 뺄셈

월 일 / 분 초 / /20

분수의 뺄셈을 하세요.

① $4\frac{3}{9}-2\frac{1}{9}=2\frac{2}{9}$

② $10\frac{4}{7}-7\frac{2}{7}=3\frac{2}{7}$

③ $4\frac{12}{20}-4\frac{7}{20}=\frac{5}{20}$

④ $8\frac{5}{8}-3\frac{4}{8}=5\frac{1}{8}$

⑤ $7\frac{7}{13}-5\frac{5}{13}=2\frac{2}{13}$

⑥ $6\frac{4}{10}-3\frac{2}{10}=3\frac{2}{10}$

⑦ $5\frac{8}{23}-4\frac{6}{23}=1\frac{2}{23}$

⑧ $5\frac{12}{19}-2\frac{5}{19}=3\frac{7}{19}$

⑨ $4\frac{19}{24}-3\frac{8}{24}=1\frac{11}{24}$

⑩ $7\frac{11}{12}-4\frac{7}{12}=3\frac{4}{12}$

⑪ $8\frac{3}{12}-5=3\frac{3}{12}$

⑫ $7\frac{7}{15}-5\frac{4}{15}=2\frac{3}{15}$

⑬ $3\frac{11}{12}-1\frac{2}{12}=2\frac{9}{12}$

⑭ $9\frac{13}{17}-5\frac{8}{17}=4\frac{5}{17}$

⑮ $8\frac{12}{16}-4\frac{5}{16}=4\frac{7}{16}$

⑯ $4\frac{3}{12}-3\frac{1}{12}=1\frac{2}{12}$

⑰ $10\frac{9}{28}-8=2\frac{9}{28}$

⑱ $8\frac{30}{34}-5\frac{12}{34}=3\frac{18}{34}$

⑲ $5\frac{11}{13}-4\frac{7}{13}=1\frac{4}{13}$

⑳ $4\frac{29}{31}-4\frac{13}{31}=\frac{16}{31}$

맞힌 개수	12개 이하	13~16개	17~18개	19~20개
학습 방법	개념을 다시 공부하세요.	조금 더 노력하세요.	실수하면 안 돼요.	참 잘했어요.

4일차 B형 분모가 같은 대분수의 뺄셈

월 일 / 분 초 / /20

정답 21쪽

분수의 뺄셈을 하세요.

① $6-2\frac{7}{12}=3\frac{5}{12}$

② $4-1\frac{5}{12}=2\frac{7}{12}$

③ $8-2\frac{9}{31}=5\frac{22}{31}$

④ $8-3\frac{4}{11}=4\frac{7}{11}$

⑤ $5\frac{4}{13}-1\frac{11}{13}=3\frac{6}{13}$

⑥ $4\frac{7}{10}-2\frac{9}{10}=1\frac{8}{10}$

⑦ $6\frac{7}{23}-3\frac{19}{23}=2\frac{11}{23}$

⑧ $5\frac{4}{19}-4\frac{17}{19}=\frac{6}{19}$

⑨ $5\frac{3}{10}-3\frac{9}{10}=1\frac{4}{10}$

⑩ $4\frac{1}{8}-2\frac{5}{8}=1\frac{4}{8}$

⑪ $7-6\frac{3}{7}=\frac{4}{7}$

⑫ $11-9\frac{9}{28}=1\frac{19}{28}$

⑬ $5-4\frac{12}{17}=\frac{5}{17}$

⑭ $8-4\frac{5}{9}=3\frac{4}{9}$

⑮ $12\frac{3}{16}-8\frac{13}{16}=3\frac{6}{16}$

⑯ $6\frac{1}{5}-2\frac{4}{5}=3\frac{2}{5}$

⑰ $6\frac{5}{24}-5\frac{19}{24}=\frac{10}{24}$

⑱ $9\frac{15}{34}-3\frac{31}{34}=5\frac{18}{34}$

⑲ $6\frac{4}{13}-3\frac{7}{13}=2\frac{10}{13}$

⑳ $9\frac{6}{17}-7\frac{15}{17}=1\frac{8}{17}$

맞힌 개수	12개 이하	13~16개	17~18개	19~20개
학습 방법	개념을 다시 공부하세요.	조금 더 노력하세요.	실수하면 안 돼요.	참 잘했어요.

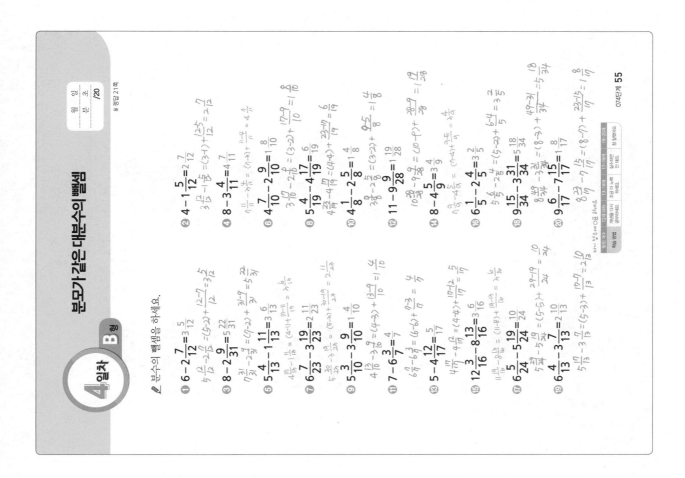

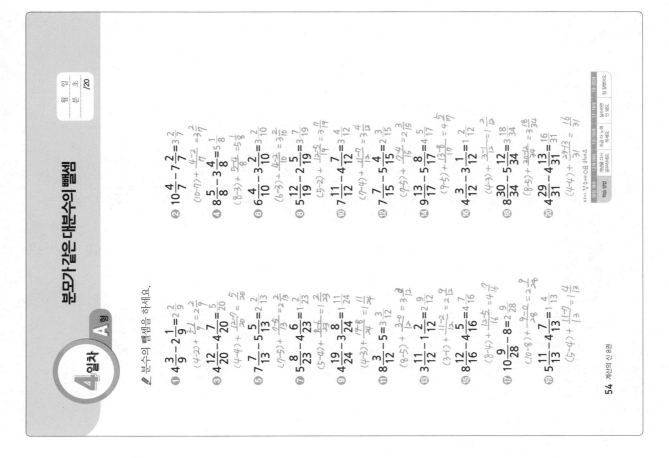

5일차 A형

분모가 같은 대분수의 뺄셈

월 일
분 초
/20

✎ 분수의 뺄셈을 하세요.

❶ $8\frac{6}{12}-2\frac{2}{12}=6\frac{4}{12}$

❷ $9\frac{5}{7}-1\frac{2}{7}=8\frac{3}{7}$

❸ $2\frac{11}{20}-1\frac{9}{20}=1\frac{2}{20}$

❹ $7\frac{5}{9}-2\frac{4}{9}=5\frac{1}{9}$

❺ $8\frac{12}{13}-4\frac{5}{13}=4\frac{7}{13}$

❻ $7\frac{7}{10}-3\frac{3}{10}=4\frac{4}{10}$

❼ $9\frac{14}{17}-6\frac{9}{17}=3\frac{5}{17}$

❽ $4\frac{12}{25}-1\frac{4}{25}=3\frac{8}{25}$

❾ $5\frac{8}{10}-3\frac{2}{10}=2\frac{6}{10}$

❿ $10\frac{21}{23}-4\frac{13}{23}=6\frac{8}{23}$

⓫ $9\frac{8}{10}-2\frac{1}{10}=7\frac{7}{10}$

⓬ $6\frac{22}{24}-3\frac{15}{24}=3\frac{7}{24}$

⓭ $7\frac{7}{12}-5\frac{2}{12}=2\frac{5}{12}$

⓮ $6\frac{15}{17}-5\frac{11}{17}=1\frac{4}{17}$

⓯ $5\frac{9}{13}-4\frac{5}{13}=1\frac{4}{13}$

⓰ $8\frac{2}{5}-2\frac{1}{5}=6\frac{1}{5}$

⓱ $11\frac{14}{19}-3\frac{8}{19}=8\frac{6}{19}$

⓲ $5\frac{31}{34}-2\frac{25}{34}=3\frac{6}{34}$

⓳ $12\frac{23}{24}-4\frac{9}{24}=8\frac{14}{24}$

⓴ $9\frac{10}{17}-7\frac{4}{17}=2\frac{6}{17}$

자기 점수에 ○표 하세요.

맞힌 개수	12개 이하	13~16개	17~18개	19~20개
학습 방법	개념을 다시 공부하세요.	조금 더 노력하세요.	실수하면 안 돼요.	참 잘했어요.

5일차 B형

분모가 같은 대분수의 뺄셈

월 일
분 초
/20

정답 22쪽

이번 단계에서는 분모가 같은 대분수의 뺄셈을 배웠습니다. 다음 단계에서는 대분수와 진분수의 덧셈과 뺄셈을 배웁니다.

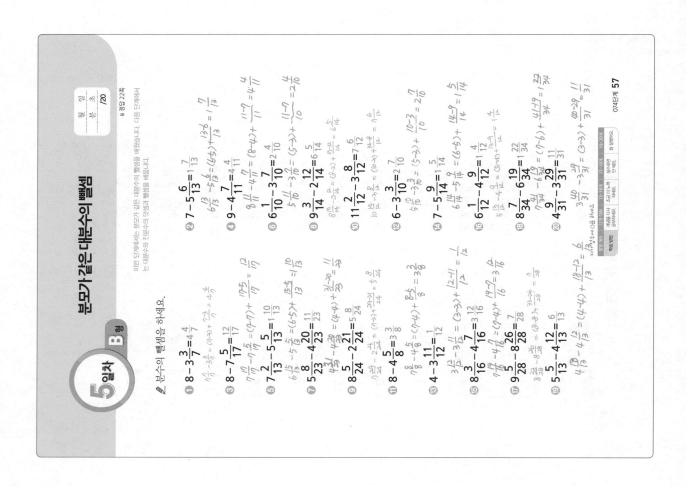

✎ 분수의 뺄셈을 하세요.

❶ $8-3\frac{3}{7}=4\frac{4}{7}$

❷ $7-5\frac{6}{13}=1\frac{7}{13}$

❸ $8-7\frac{5}{17}=\frac{12}{17}$

❹ $9-4\frac{7}{11}=4\frac{4}{11}$

❺ $7\frac{2}{13}-5\frac{5}{13}=1\frac{10}{13}$

❻ $6\frac{1}{10}-3\frac{7}{10}=2\frac{4}{10}$

❼ $5\frac{8}{23}-4\frac{20}{23}=\frac{11}{23}$

❽ $9\frac{3}{14}-2\frac{12}{14}=6\frac{5}{14}$

❾ $8\frac{5}{24}-2\frac{21}{24}=5\frac{8}{24}$

❿ $11\frac{2}{12}-3\frac{8}{12}=7\frac{6}{12}$

⓫ $8-4\frac{5}{8}=3\frac{3}{8}$

⓬ $6-3\frac{3}{10}=2\frac{7}{10}$

⓭ $4-3\frac{11}{12}=\frac{1}{12}$

⓮ $7-5\frac{9}{14}=1\frac{5}{14}$

⓯ $8\frac{3}{16}-4\frac{7}{16}=3\frac{12}{16}$

⓰ $6\frac{1}{12}-4\frac{9}{12}=1\frac{4}{12}$

⓱ $9\frac{5}{28}-8\frac{26}{28}=\frac{7}{28}$

⓲ $8\frac{7}{34}-6\frac{19}{34}=1\frac{22}{34}$

⓳ $5\frac{5}{13}-4\frac{12}{13}=\frac{6}{13}$

⓴ $4\frac{9}{31}-3\frac{29}{31}=\frac{11}{31}$

자기 점수에 ○표 하세요.

맞힌 개수	12개 이하	13~16개	17~18개	19~20개
학습 방법	개념을 다시 공부하세요.	조금 더 노력하세요.	실수하면 안 돼요.	참 잘했어요.

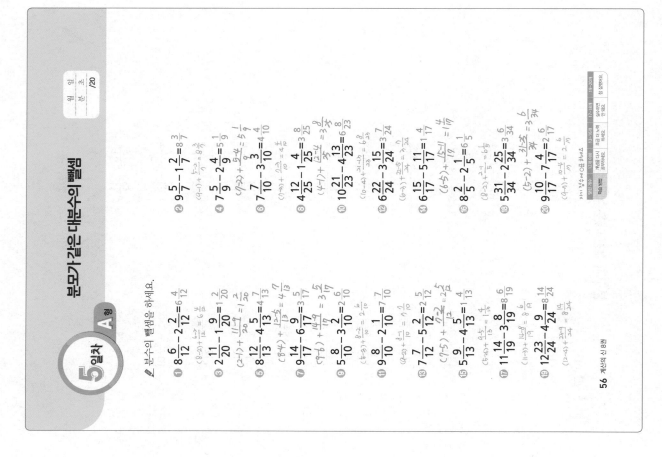

1일차 A형

대분수와 진분수의 덧셈과 뺄셈

월 일 / 분 초 / /20

진분수끼리 먼저 더하고 가분수는 대분수로!

분수의 덧셈을 하세요.

① $4\frac{2}{5}+\frac{2}{5}=4\frac{4}{5}$

② $5\frac{3}{7}+\frac{2}{7}=5\frac{5}{7}$

③ $3\frac{2}{9}+\frac{5}{9}=3\frac{7}{9}$

④ $7\frac{2}{11}+\frac{5}{11}=7\frac{7}{11}$

⑤ $\frac{7}{13}+4\frac{5}{13}=4\frac{12}{13}$

⑥ $\frac{11}{15}+1\frac{2}{15}=1\frac{13}{15}$

⑦ $\frac{8}{17}+6\frac{7}{17}=6\frac{15}{17}$

⑧ $\frac{11}{19}+3\frac{6}{19}=3\frac{17}{19}$

⑨ $\frac{10}{21}+3\frac{9}{21}=3\frac{19}{21}$

⑩ $\frac{2}{23}+7\frac{19}{23}=7\frac{21}{23}$

⑪ $6\frac{7}{8}+\frac{3}{8}=7\frac{2}{8}$

⑫ $6\frac{5}{9}+\frac{7}{9}=7\frac{3}{9}$

⑬ $9\frac{5}{12}+\frac{10}{12}=10\frac{3}{12}$

⑭ $7\frac{11}{14}+\frac{5}{14}=8\frac{2}{14}$

⑮ $4\frac{3}{5}+\frac{2}{5}=5$

⑯ $\frac{17}{18}+1\frac{9}{18}=2\frac{8}{18}$

⑰ $\frac{5}{11}+7\frac{9}{11}=8\frac{3}{11}$

⑱ $\frac{6}{7}+5\frac{3}{7}=6\frac{2}{7}$

⑲ $\frac{23}{24}+3\frac{7}{24}=4\frac{6}{24}$

⑳ $\frac{5}{9}+3\frac{8}{9}=4\frac{4}{9}$

맞힌 개수	12개 이하	13~16개	17~18개	19~20개
학습 방법	개념을 다시 공부하세요.	조금 더 노력하세요.	실수하면 안 돼요.	참 잘했어요.

1일차 B형

대분수와 진분수의 덧셈과 뺄셈

월 일 / 분 초 / /20

진분수끼리 뺄 수 없으면 자연수에서 '1'을 가져와 가분수로 고쳐!

정답 23쪽

분수의 뺄셈을 하세요.

① $5\frac{4}{5}-\frac{3}{5}=5\frac{1}{5}$

② $3\frac{6}{7}-\frac{3}{7}=3\frac{3}{7}$

③ $9\frac{5}{9}-\frac{2}{9}=9\frac{3}{9}$

④ $7\frac{8}{11}-\frac{6}{11}=7\frac{2}{11}$

⑤ $3\frac{11}{13}-\frac{8}{13}=3\frac{3}{13}$

⑥ $5\frac{11}{15}-\frac{4}{15}=5\frac{7}{15}$

⑦ $4\frac{15}{17}-\frac{7}{17}=4\frac{8}{17}$

⑧ $7\frac{15}{19}-\frac{13}{19}=7\frac{2}{19}$

⑨ $4\frac{17}{21}-\frac{11}{21}=4\frac{6}{21}$

⑩ $9\frac{19}{23}-\frac{12}{23}=9\frac{7}{23}$

⑪ $7\frac{1}{8}-\frac{3}{8}=6\frac{6}{8}$

⑫ $4\frac{3}{10}-\frac{9}{10}=3\frac{4}{10}$

⑬ $11\frac{5}{12}-\frac{11}{12}=10\frac{6}{12}$

⑭ $9\frac{3}{14}-\frac{9}{14}=8\frac{8}{14}$

⑮ $7\frac{11}{16}-\frac{12}{16}=6\frac{15}{16}$

⑯ $5\frac{11}{18}-\frac{17}{18}=4\frac{12}{18}$

⑰ $9\frac{14}{20}-\frac{17}{20}=8\frac{17}{20}$

⑱ $10\frac{3}{22}-\frac{19}{22}=9\frac{6}{22}$

⑲ $8\frac{7}{24}-\frac{14}{24}=7\frac{17}{24}$

⑳ $6\frac{3}{31}-\frac{27}{31}=5\frac{7}{31}$

맞힌 개수	12개 이하	13~16개	17~18개	19~20개
학습 방법	개념을 다시 공부하세요.	조금 더 노력하세요.	실수하면 안 돼요.	참 잘했어요.

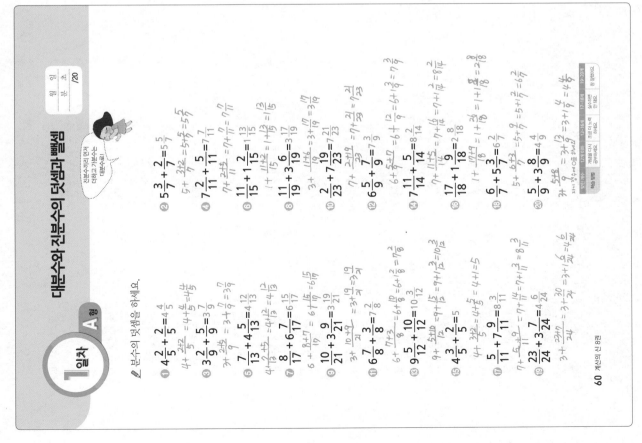

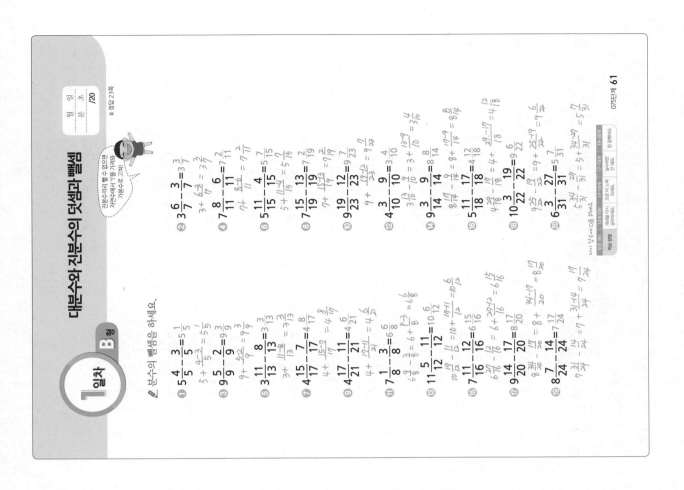

2일차 A형 대분수와 진분수의 덧셈과 뺄셈

월 일
분 초
/20

분수의 덧셈을 하세요.

① $\frac{1}{9}+4\frac{3}{9}=4\frac{4}{9}$

② $\frac{4}{7}+7\frac{2}{7}=7\frac{6}{7}$

③ $4\frac{12}{20}+\frac{7}{20}=4\frac{19}{20}$

④ $1\frac{1}{8}+\frac{4}{8}=1\frac{5}{8}$

⑤ $\frac{7}{13}+5\frac{5}{13}=5\frac{12}{13}$

⑥ $6\frac{4}{10}+\frac{2}{10}=6\frac{6}{10}$

⑦ $\frac{8}{23}+4\frac{6}{23}=4\frac{14}{23}$

⑧ $5\frac{12}{19}+\frac{6}{19}=5\frac{18}{19}$

⑨ $\frac{9}{24}+3\frac{13}{24}=3\frac{22}{24}$

⑩ $7\frac{2}{12}+\frac{7}{12}=7\frac{9}{12}$

⑪ $2\frac{13}{14}+\frac{10}{14}=3\frac{9}{14}$

⑫ $\frac{10}{11}+4\frac{9}{11}=5\frac{8}{11}$

⑬ $\frac{13}{14}+3\frac{2}{14}=4\frac{1}{14}$

⑭ $4\frac{9}{15}+\frac{10}{15}=5\frac{4}{15}$

⑮ $\frac{13}{18}+4\frac{5}{18}=5$

⑯ $1\frac{13}{25}+\frac{14}{25}=2\frac{2}{25}$

⑰ $\frac{9}{15}+2\frac{13}{15}=3\frac{7}{15}$

⑱ $3\frac{8}{23}+\frac{17}{23}=4\frac{2}{23}$

⑲ $\frac{5}{9}+3\frac{7}{9}=4\frac{3}{9}$

⑳ $\frac{14}{28}+2\frac{17}{28}=3\frac{3}{28}$

맞힌 개수	12개 이하	13~16개	17~18개	19~20개
학습 방법	개념을 다시 공부하세요.	조금 더 노력 하세요.	실수하면 안 돼요.	참 잘했어요.

2일차 B형 대분수와 진분수의 덧셈과 뺄셈

월 일
분 초
/20

정답 24쪽

분수의 뺄셈을 하세요.

① $9\frac{6}{7}-\frac{3}{7}=9\frac{3}{7}$

② $12\frac{11}{28}-\frac{9}{28}=12\frac{2}{28}$

③ $8\frac{11}{12}-\frac{6}{12}=8\frac{5}{12}$

④ $4\frac{7}{9}-\frac{2}{9}=4\frac{5}{9}$

⑤ $4\frac{12}{13}-\frac{6}{13}=4\frac{6}{13}$

⑥ $5\frac{5}{10}-\frac{3}{10}=5\frac{2}{10}$

⑦ $3\frac{11}{23}-\frac{8}{23}=3\frac{3}{23}$

⑧ $5\frac{11}{19}-\frac{7}{19}=5\frac{4}{19}$

⑨ $9\frac{17}{24}-\frac{12}{24}=9\frac{5}{24}$

⑩ $9\frac{32}{34}-\frac{19}{34}=9\frac{13}{34}$

⑪ $3\frac{3}{10}-\frac{4}{10}=2\frac{9}{10}$

⑫ $9\frac{9}{17}-\frac{15}{17}=8\frac{11}{17}$

⑬ $2\frac{4}{19}-\frac{15}{19}=1\frac{8}{19}$

⑭ $8\frac{21}{23}-\frac{22}{23}=7\frac{22}{23}$

⑮ $5\frac{7}{16}-\frac{9}{16}=4\frac{14}{16}$

⑯ $6\frac{13}{21}-\frac{17}{21}=5\frac{17}{21}$

⑰ $5\frac{5}{19}-\frac{18}{19}=4\frac{6}{19}$

⑱ $8\frac{15}{34}-\frac{33}{34}=7\frac{16}{34}$

⑲ $9\frac{15}{24}-\frac{16}{24}=8\frac{23}{24}$

⑳ $9\frac{6}{17}-\frac{7}{17}=8\frac{16}{17}$

맞힌 개수	12개 이하	13~16개	17~18개	19~20개
학습 방법	개념을 다시 공부하세요.	조금 더 노력 하세요.	실수하면 안 돼요.	참 잘했어요.

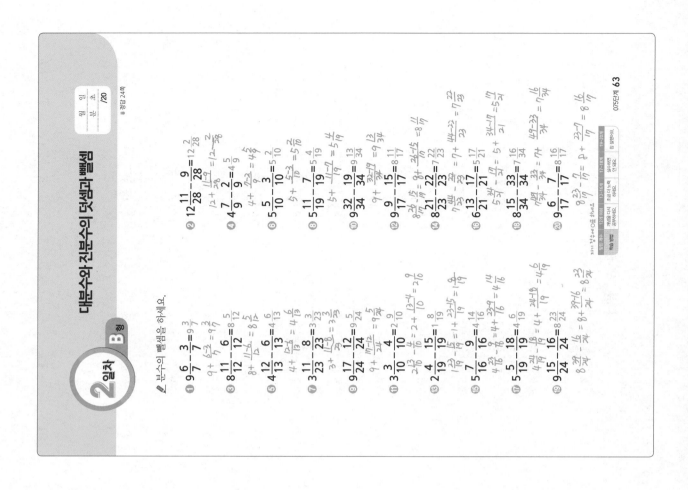

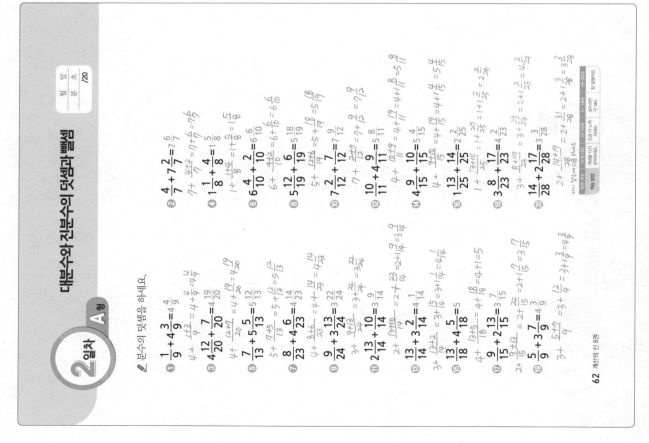

3일차 A형 대분수와 진분수의 덧셈과 뺄셈

월 일
분 초
/20

분수의 덧셈을 하세요.

① $5\frac{3}{15}+\frac{10}{15}=5\frac{13}{15}$

② $\frac{1}{8}+3\frac{4}{8}=3\frac{5}{8}$

③ $1\frac{2}{11}+\frac{8}{11}=1\frac{10}{11}$

④ $\frac{4}{15}+3\frac{4}{15}=3\frac{8}{15}$

⑤ $2\frac{6}{9}+\frac{1}{9}=2\frac{7}{9}$

⑥ $\frac{4}{15}+5\frac{5}{15}=5\frac{9}{15}$

⑦ $3\frac{2}{7}+\frac{3}{7}=3\frac{5}{7}$

⑧ $2\frac{6}{10}+\frac{3}{10}=2\frac{9}{10}$

⑨ $\frac{9}{25}+4\frac{13}{25}=4\frac{22}{25}$

⑩ $9\frac{2}{12}+\frac{4}{12}=9\frac{6}{12}$

⑪ $3\frac{4}{14}+\frac{13}{14}=4\frac{3}{14}$

⑫ $2\frac{13}{19}+\frac{9}{19}=3\frac{3}{19}$

⑬ $4\frac{6}{8}+\frac{7}{8}=5\frac{5}{8}$

⑭ $\frac{13}{17}+4\frac{12}{17}=5\frac{8}{17}$

⑮ $\frac{7}{11}+4\frac{8}{11}=5\frac{4}{11}$

⑯ $\frac{11}{13}+2\frac{6}{13}=3\frac{4}{13}$

⑰ $2\frac{11}{20}+\frac{17}{20}=3\frac{8}{20}$

⑱ $1\frac{8}{10}+\frac{5}{10}=2\frac{3}{10}$

⑲ $2\frac{4}{9}+\frac{6}{9}=3\frac{1}{9}$

⑳ $\frac{5}{15}+5\frac{11}{15}=6\frac{1}{15}$

맞힌 개수	12개 이하	13~16개	17~18개	19~20개
학습 방법	개념을 다시 공부하세요.	조금 더 노력하세요.	실수하면 안 돼요.	참 잘했어요.

3일차 B형 대분수와 진분수의 덧셈과 뺄셈

월 일
분 초
/20

정답 25쪽

분수의 뺄셈을 하세요.

① $5\frac{5}{10}-\frac{3}{10}=5\frac{2}{10}$

② $4\frac{9}{23}-\frac{7}{23}=4\frac{2}{23}$

③ $9\frac{4}{7}-\frac{2}{7}=9\frac{2}{7}$

④ $15\frac{11}{28}-\frac{3}{28}=15\frac{8}{28}$

⑤ $4\frac{9}{12}-\frac{6}{12}=4\frac{3}{12}$

⑥ $2\frac{14}{17}-\frac{8}{17}=2\frac{6}{17}$

⑦ $2\frac{15}{16}-\frac{12}{16}=2\frac{3}{16}$

⑧ $3\frac{3}{12}-\frac{1}{12}=3\frac{2}{12}$

⑨ $5\frac{12}{19}-\frac{6}{19}=5\frac{6}{19}$

⑩ $4\frac{19}{24}-\frac{13}{24}=4\frac{6}{24}$

⑪ $3\frac{7}{13}-\frac{12}{13}=2\frac{8}{13}$

⑫ $5\frac{2}{15}-\frac{11}{15}=4\frac{6}{15}$

⑬ $4\frac{7}{23}-\frac{22}{23}=3\frac{8}{23}$

⑭ $5\frac{4}{19}-\frac{12}{19}=4\frac{11}{19}$

⑮ $4\frac{5}{24}-\frac{23}{24}=3\frac{6}{24}$

⑯ $7\frac{1}{12}-\frac{7}{12}=6\frac{6}{12}$

⑰ $5\frac{9}{28}-\frac{27}{28}=4\frac{10}{28}$

⑱ $5\frac{11}{34}-\frac{30}{34}=4\frac{15}{34}$

⑲ $8\frac{5}{24}-\frac{19}{24}=7\frac{10}{24}$

⑳ $7\frac{1}{31}-\frac{21}{31}=6\frac{11}{31}$

맞힌 개수	12개 이하	13~16개	17~18개	19~20개
학습 방법	개념을 다시 공부하세요.	조금 더 노력하세요.	실수하면 안 돼요.	참 잘했어요.

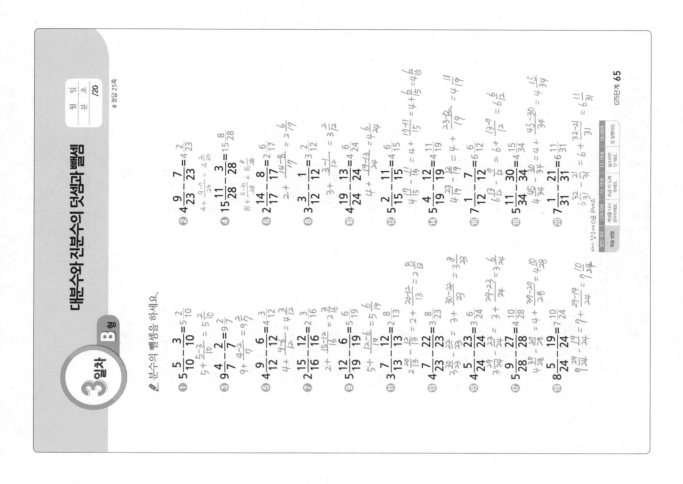

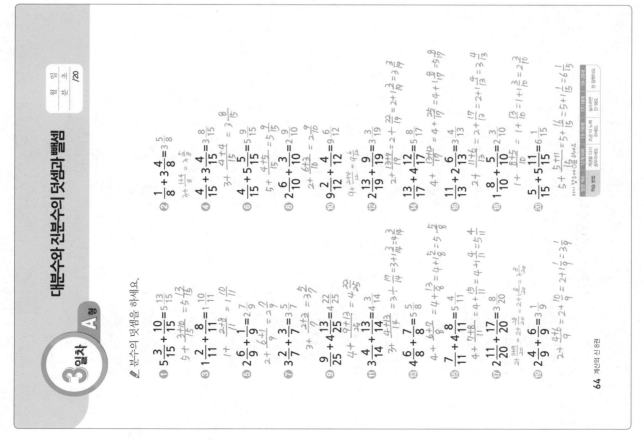

4일차 A형 대분수와 진분수의 덧셈과 뺄셈

월 일 / 분 초 / /20

분수의 덧셈을 하세요.

① $5\frac{5}{10}+\frac{3}{10}=5\frac{8}{10}$

② $3\frac{11}{23}+\frac{8}{23}=3\frac{19}{23}$

③ $\frac{2}{7}+6\frac{3}{7}=6\frac{5}{7}$

④ $\frac{11}{28}+9\frac{9}{28}=9\frac{20}{28}$

⑤ $2\frac{5}{12}+\frac{6}{12}=2\frac{11}{12}$

⑥ $\frac{4}{17}+5\frac{8}{17}=5\frac{12}{17}$

⑦ $2\frac{2}{16}+\frac{5}{16}=2\frac{7}{16}$

⑧ $3\frac{3}{12}+\frac{1}{12}=3\frac{4}{12}$

⑨ $\frac{13}{35}+7\frac{14}{35}=7\frac{27}{35}$

⑩ $1\frac{2}{11}+\frac{8}{11}=1\frac{10}{11}$

⑪ $3\frac{8}{14}+\frac{13}{14}=4\frac{7}{14}$

⑫ $\frac{13}{19}+5\frac{13}{19}=6\frac{7}{19}$

⑬ $4\frac{5}{8}+\frac{6}{8}=5\frac{3}{8}$

⑭ $\frac{19}{21}+4\frac{14}{21}=5\frac{12}{21}$

⑮ $2\frac{1}{5}+\frac{4}{5}=3$

⑯ $\frac{11}{13}+3\frac{8}{13}=4\frac{6}{13}$

⑰ $2\frac{16}{20}+\frac{17}{20}=3\frac{13}{20}$

⑱ $\frac{22}{23}+2\frac{16}{23}=3\frac{15}{23}$

⑲ $2\frac{7}{15}+\frac{8}{15}=3$

⑳ $\frac{9}{13}+3\frac{8}{13}=4\frac{4}{13}$

자기 점수에 ○표 하세요.

맞힌 개수	12개 이하	13~16개	17~18개	19~20개
학습 방법	개념을 다시 공부하세요.	조금 더 노력하세요.	실수하면 안 돼요.	참 잘했어요.

66 계산의 신 8권

4일차 B형 대분수와 진분수의 덧셈과 뺄셈

월 일 / 분 초 / /20

정답 26쪽

분수의 뺄셈을 하세요.

① $5\frac{4}{12}-\frac{3}{12}=5\frac{1}{12}$

② $3\frac{9}{12}-\frac{5}{12}=3\frac{4}{12}$

③ $7\frac{15}{31}-\frac{9}{31}=7\frac{6}{31}$

④ $7\frac{9}{11}-\frac{5}{11}=7\frac{4}{11}$

⑤ $7\frac{11}{13}-\frac{4}{13}=7\frac{7}{13}$

⑥ $9\frac{8}{10}-\frac{2}{10}=9\frac{6}{10}$

⑦ $3\frac{14}{23}-\frac{9}{23}=3\frac{5}{23}$

⑧ $3\frac{14}{19}-\frac{7}{19}=3\frac{7}{19}$

⑨ $5\frac{19}{23}-\frac{11}{23}=5\frac{8}{23}$

⑩ $5\frac{17}{18}-\frac{11}{18}=5\frac{6}{18}$

⑪ $5\frac{2}{13}-\frac{9}{13}=4\frac{6}{13}$

⑫ $7\frac{5}{10}-\frac{6}{10}=6\frac{9}{10}$

⑬ $10\frac{4}{17}-\frac{13}{17}=9\frac{8}{17}$

⑭ $4\frac{3}{19}-\frac{14}{19}=3\frac{8}{19}$

⑮ $2\frac{2}{7}-\frac{4}{7}=1\frac{5}{7}$

⑯ $9\frac{2}{17}-\frac{14}{17}=8\frac{5}{17}$

⑰ $4\frac{3}{13}-\frac{10}{13}=3\frac{6}{13}$

⑱ $3\frac{3}{34}-\frac{27}{34}=2\frac{10}{34}$

⑲ $8\frac{5}{21}-\frac{14}{21}=7\frac{12}{21}$

⑳ $7\frac{1}{13}-\frac{9}{13}=6\frac{5}{13}$

자기 점수에 ○표 하세요.

맞힌 개수	12개 이하	13~16개	17~18개	19~20개
학습 방법	개념을 다시 공부하세요.	조금 더 노력하세요.	실수하면 안 돼요.	참 잘했어요.

075단계 67

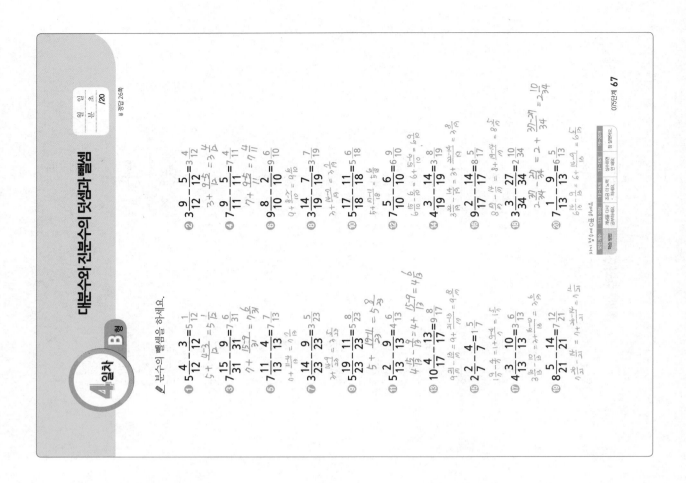

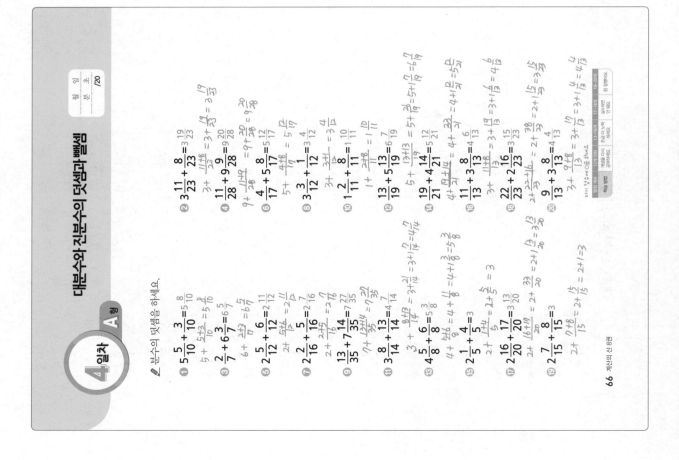

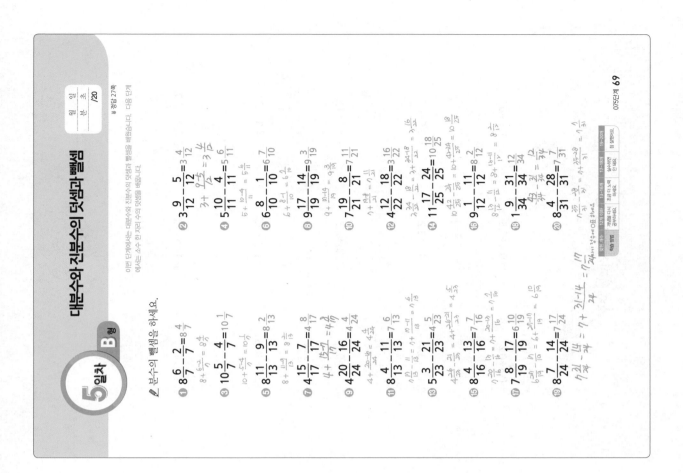

5일차 A형 대분수와 진분수의 덧셈과 뺄셈

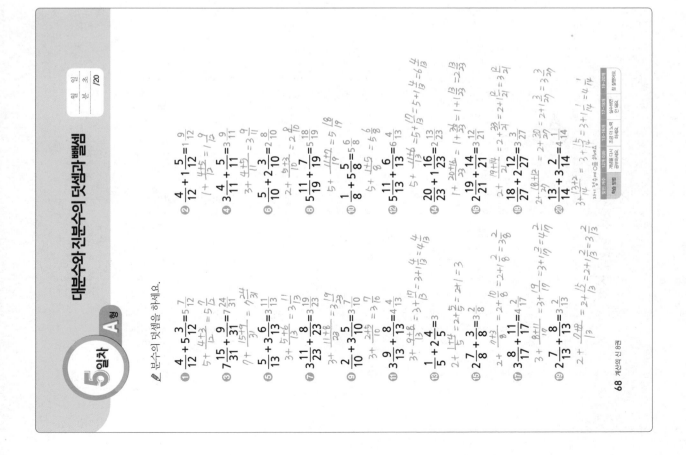

월 일 / 분 초 / /20

분수의 덧셈을 하세요.

① $\frac{4}{12}+5\frac{3}{12}=5\frac{7}{12}$

② $\frac{4}{12}+1\frac{5}{12}=1\frac{9}{12}$

③ $7\frac{15}{31}+\frac{9}{31}=7\frac{24}{31}$

④ $3\frac{4}{11}+\frac{5}{11}=3\frac{9}{11}$

⑤ $\frac{5}{13}+3\frac{6}{13}=3\frac{11}{13}$

⑥ $\frac{5}{10}+2\frac{3}{10}=2\frac{8}{10}$

⑦ $3\frac{11}{23}+\frac{8}{23}=3\frac{19}{23}$

⑧ $5\frac{11}{19}+\frac{7}{19}=5\frac{18}{19}$

⑨ $\frac{2}{10}+3\frac{5}{10}=3\frac{7}{10}$

⑩ $\frac{1}{8}+5\frac{5}{8}=5\frac{6}{8}$

⑪ $3\frac{9}{13}+\frac{8}{13}=4\frac{4}{13}$

⑫ $5\frac{11}{13}+\frac{6}{13}=6\frac{4}{13}$

⑬ $\frac{1}{5}+2\frac{4}{5}=3$

⑭ $\frac{20}{23}+1\frac{16}{23}=2\frac{13}{23}$

⑮ $2\frac{7}{8}+\frac{3}{8}=3\frac{2}{8}$

⑯ $2\frac{19}{21}+\frac{14}{21}=3\frac{12}{21}$

⑰ $3\frac{8}{17}+\frac{11}{17}=4\frac{2}{17}$

⑱ $\frac{18}{27}+2\frac{12}{27}=3\frac{3}{27}$

⑲ $2\frac{7}{13}+\frac{8}{13}=3\frac{2}{13}$

⑳ $\frac{13}{14}+3\frac{2}{14}=4\frac{1}{14}$

맞힌 개수	12개 이하	13~16개	17~18개	19~20개
학습 방법	개념을 다시 공부하세요.	조금 더 노력하세요.	실수하면 안 돼요.	참 잘했어요.

5일차 B형 대분수와 진분수의 덧셈과 뺄셈

월 일 / 분 초 / /20

정답 27쪽

이번 단계에서는 대분수와 진분수의 덧셈과 뺄셈을 배웠습니다. 다음 단계에서는 소수 한 자리 수의 덧셈을 배웁니다.

분수의 뺄셈을 하세요.

① $8\frac{6}{7}-\frac{2}{7}=8\frac{4}{7}$

② $3\frac{9}{12}-\frac{5}{12}=3\frac{4}{12}$

③ $10\frac{5}{7}-\frac{4}{7}=10\frac{1}{7}$

④ $5\frac{10}{11}-\frac{4}{11}=5\frac{6}{11}$

⑤ $8\frac{11}{13}-\frac{9}{13}=8\frac{2}{13}$

⑥ $6\frac{8}{10}-\frac{1}{10}=6\frac{7}{10}$

⑦ $4\frac{15}{17}-\frac{7}{17}=4\frac{8}{17}$

⑧ $9\frac{17}{19}-\frac{14}{19}=9\frac{3}{19}$

⑨ $4\frac{20}{24}-\frac{16}{24}=4\frac{4}{24}$

⑩ $7\frac{19}{21}-\frac{8}{21}=7\frac{11}{21}$

⑪ $8\frac{4}{13}-\frac{11}{13}=7\frac{6}{13}$

⑫ $4\frac{12}{22}-\frac{18}{22}=3\frac{16}{22}$

⑬ $5\frac{3}{23}-\frac{21}{23}=4\frac{5}{23}$

⑭ $11\frac{17}{25}-\frac{24}{25}=10\frac{18}{25}$

⑮ $8\frac{4}{16}-\frac{13}{16}=7\frac{7}{16}$

⑯ $9\frac{1}{12}-\frac{11}{12}=8\frac{2}{12}$

⑰ $7\frac{8}{19}-\frac{17}{19}=6\frac{10}{19}$

⑱ $1\frac{9}{34}-\frac{31}{34}=\frac{12}{34}$

⑲ $8\frac{7}{24}-\frac{14}{24}=7\frac{17}{24}$

⑳ $8\frac{4}{31}-\frac{28}{31}=7\frac{7}{31}$

맞힌 개수	12개 이하	13~16개	17~18개	19~20개
학습 방법	개념을 다시 공부하세요.	조금 더 노력하세요.	실수하면 안 돼요.	참 잘했어요.

1일차 A형 소수 한 자리 수의 덧셈

월 일 / 분 초 / /18

소수를 더할 때도
받아올림에 주의해!

✎ 소수의 덧셈을 하세요.

❶ 0.3 + 0.6 = 0.9
❷ 0.2 + 0.4 = 0.6
❸ 0.4 + 0.1 = 0.5
❹ 0.2 + 0.2 = 0.4
❺ 3.2 + 5.6 = 8.8
❻ 1.2 + 3.4 = 4.6
❼ 0.7 + 0.4 = 1.1
❽ 0.6 + 1.6 = 2.2
❾ 0.5 + 2.9 = 3.4
❿ 2.5 + 1.6 = 4.1
⓫ 3.8 + 3.7 = 7.5
⓬ 5.8 + 5.4 = 11.2
⓭ 35.1 + 6.7 = 41.8
⓮ 2.6 + 18.6 = 21.2
⓯ 1.4 + 24.8 = 26.2
⓰ 10.8 + 53.7 = 64.5
⓱ 32.7 + 43.6 = 76.3
⓲ 51.7 + 38.6 = 90.3

자기 점수에 ○표 하세요

맞힌 개수	10개 이하	11~14개	15~16개	17~18개
학습 방법	개념을 다시 공부하세요.	조금 더 노력 하세요.	실수하면 안 돼요.	참 잘했어요.

1일차 B형 소수 한 자리 수의 덧셈

월 일 / 분 초 / /15

소수점 위치를 맞추어
쓴 다음, 덧셈을 해야지!

정답 28쪽

✎ 소수의 덧셈을 하세요.

❶ 0.6+0.2 = 0.8
❷ 0.4+0.5 = 0.9
❸ 0.3+0.3 = 0.6
❹ 1.2+3.4 = 4.6
❺ 4.7+3.2 = 7.9
❻ 0.5+0.7 = 1.2
❼ 4.4+0.7 = 5.1
❽ 2.8+2.3 = 5.1
❾ 3.2+1.9 = 5.1
❿ 3.5+16.8 = 20.3
⓫ 17.9+7.3 = 25.2
⓬ 4.8+29.6 = 34.4
⓭ 12.8+8.9 = 21.7
⓮ 11.6+7.8 = 19.4
⓯ 0.8+19.7 = 20.5

자기 점수에 ○표 하세요

맞힌 개수	8개 이하	9~11개	12~13개	14~15개
학습 방법	개념을 다시 공부하세요.	조금 더 노력 하세요.	실수하면 안 돼요.	참 잘했어요.

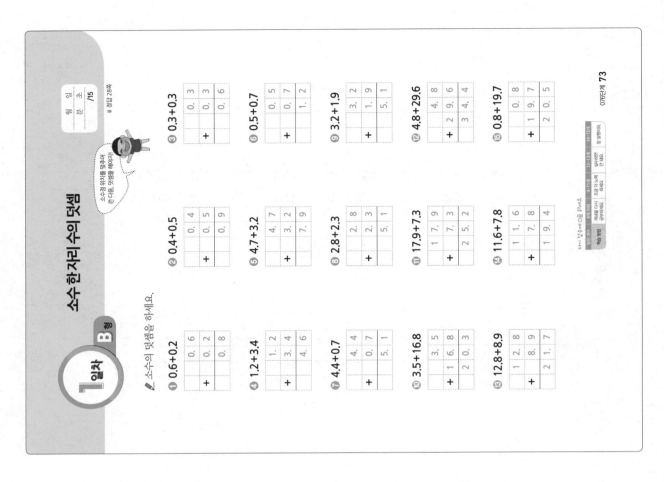

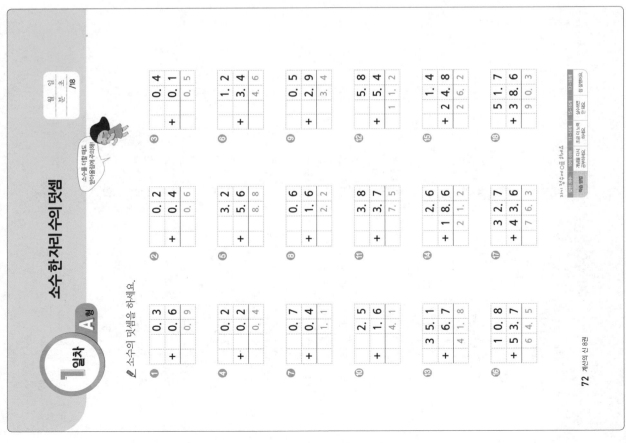

2일차 A형

소수 한 자리 수의 덧셈

월 일
분 초
/18

소수점 아래 마지막 자리가 0이면 생략해 줘!

소수의 덧셈을 하세요.

❶ 1.5 + 2.1 = 3.6

❷ 1.2 + 4.6 = 5.8

❸ 5.8 + 3.1 = 8.9

❹ 4.3 + 4.3 = 8.6

❺ 3.2 + 4.1 = 7.3

❻ 7.5 + 1.3 = 8.8

❼ 0.7 + 1.5 = 2.2

❽ 2.8 + 1.7 = 4.5

❾ 4.8 + 5.3 = 10.1

❿ 2.6 + 3.6 = 6.2

⓫ 1.5 + 4.8 = 6.3

⓬ 5.9 + 4.6 = 10.5

⓭ 2.5 + 17.5 = 20

⓮ 14.1 + 6.9 = 21

⓯ 1.6 + 18.7 = 20.3

⓰ 10.9 + 79.3 = 90.2

⓱ 36.7 + 13.7 = 50.4

⓲ 14.5 + 15.6 = 30.1

자기 점수에 ○표 하세요

맞힌 개수	10개 이하	11~14개	15~16개	17~18개
학습 방법	개념을 다시 공부하세요.	조금 더 노력하세요.	실수하면 안 돼요.	참 잘했어요.

2일차 B형

소수 한 자리 수의 덧셈

월 일
분 초
/15

정답 29쪽

소수의 덧셈을 하세요.

❶ 0.4+0.4 = 0.8

❷ 0.2+0.7 = 0.9

❸ 2.5+1.2 = 3.7

❹ 1.7+6.1 = 7.8

❺ 3.4+1.5 = 4.9

❻ 0.3+0.8 = 1.1

❼ 0.9+1.3 = 2.2

❽ 2.8+4.7 = 7.5

❾ 3.6+3.8 = 7.4

❿ 2.6+11.8 = 14.4

⓫ 10.8+2.8 = 13.6

⓬ 4.3+17.9 = 22.2

⓭ 10.6+5.8 = 16.4

⓮ 4.4+15.6 = 20

⓯ 8.7+19.6 = 28.3

자기 점수에 ○표 하세요

맞힌 개수	8개 이하	9~11개	12~13개	14~15개
학습 방법	개념을 다시 공부하세요.	조금 더 노력하세요.	실수하면 안 돼요.	참 잘했어요.

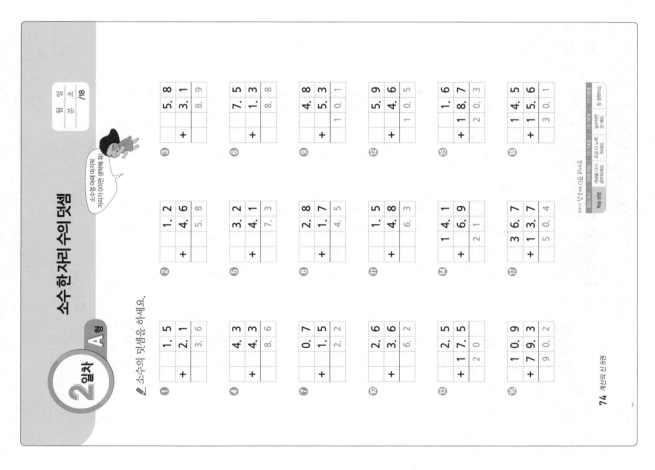

3일차 A형 소수 한 자리 수의 덧셈

월 일 / 분 초 / /18

소수의 덧셈을 하세요.

❶ 1.7 + 2.1 = 3.8
❷ 1.5 + 1.3 = 2.8
❸ 1.5 + 3.2 = 4.7
❹ 1.3 + 2.3 = 3.6
❺ 0.4 + 0.9 = 1.3
❻ 0.8 + 0.8 = 1.6
❼ 2.4 + 0.8 = 3.2
❽ 1.4 + 2.7 = 4.1
❾ 2.5 + 3.8 = 6.3
❿ 4.7 + 1.9 = 6.6
⓫ 7.5 + 2.9 = 10.4
⓬ 4.4 + 2.8 = 7.2
⓭ 2.9 + 17.1 = 20
⓮ 45.5 + 7.6 = 53.1
⓯ 2.7 + 15.4 = 18.1
⓰ 10.3 + 38.6 = 48.9
⓱ 32.7 + 43.6 = 76.3
⓲ 51.7 + 38.6 = 90.3

자기 점수에 ○표 하세요.

맞힌 개수	10개 이하	11~14개	15~16개	17~18개
학습 방법	개념을 다시 공부하세요.	조금 더 노력하세요.	실수하면 안 돼요.	참 잘했어요.

3일차 B형 소수 한 자리 수의 덧셈

월 일 / 분 초 / /15

정답 30쪽

소수의 덧셈을 하세요.

❶ 2.1+2.1 = 4.2
❷ 1.2+2.6 = 3.8
❸ 1.3+3.2 = 4.5
❹ 4.2+2.3 = 6.5
❺ 0.9+1.7 = 2.6
❻ 0.2+0.8 = 1
❼ 0.7+4.5 = 5.2
❽ 2.5+1.6 = 4.1
❾ 1.7+4.8 = 6.5
❿ 3.7+14.9 = 18.6
⓫ 22.8+7.4 = 30.2
⓬ 4.7+35.7 = 40.4
⓭ 14.5+5.7 = 20.2
⓮ 2.4+17.6 = 20
⓯ 10.7+9.6 = 20.3

자기 점수에 ○표 하세요.

맞힌 개수	8개 이하	9~11개	12~13개	14~15개
학습 방법	개념을 다시 공부하세요.	조금 더 노력하세요.	실수하면 안 돼요.	참 잘했어요.

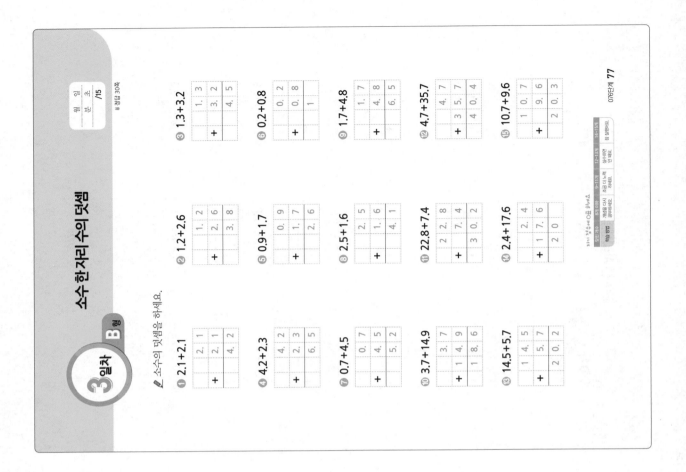

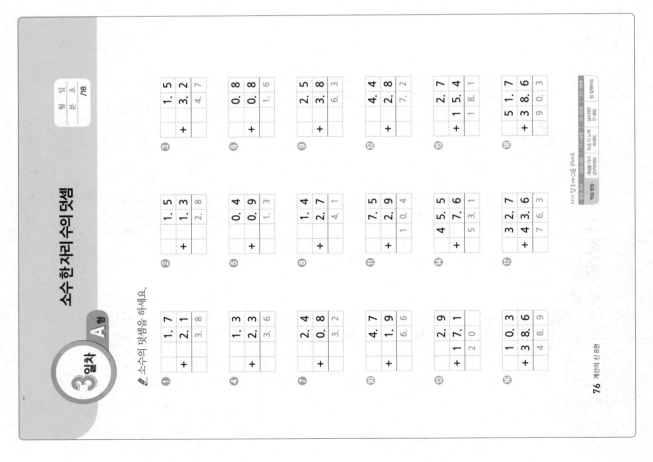

4일차 A형

소수 한 자리 수의 덧셈

월 일
분 초
/18

✎ 소수의 덧셈을 하세요.

① 1.3 + 1.5 = 2.8

② 4.3 + 2.1 = 6.4

③ 1.1 + 1.5 = 2.6

④ 1.2 + 2.2 = 3.4

⑤ 0.7 + 0.8 = 1.5

⑥ 0.4 + 2.9 = 3.3

⑦ 2.6 + 0.8 = 3.4

⑧ 5.7 + 3.4 = 9.1

⑨ 4.3 + 8.5 = 12.8

⑩ 3.2 + 1.8 = 5

⑪ 2.7 + 2.5 = 5.2

⑫ 5.6 + 3.6 = 9.2

⑬ 2.8 + 11.9 = 14.7

⑭ 1.4 + 24.8 = 26.2

⑮ 35.1 + 6.7 = 41.8

⑯ 20.9 + 32.5 = 53.4

⑰ 10.9 + 35.9 = 46.8

⑱ 38.7 + 11.4 = 50.1

자기 점수에 ○표 하세요.

맞힌 개수	10개 이하	11~14개	15~16개	17~18개
학습 방법	개념을 다시 공부하세요.	조금 더 노력하세요.	실수하면 안 돼요.	참 잘했어요.

4일차 B형

소수 한 자리 수의 덧셈

월 일
분 초
/15

정답 31쪽

✎ 소수의 덧셈을 하세요.

① 1.4+1.3 = 2.7

② 2.5+1.4 = 3.9

③ 2.5+4.1 = 6.6

④ 3.6+4.2 = 7.8

⑤ 0.9+0.5 = 1.4

⑥ 0.8+0.7 = 1.5

⑦ 4.5+0.5 = 5

⑧ 5.2+6.5 = 11.7

⑨ 3.9+2.9 = 6.8

⑩ 2.8+37.8 = 40.6

⑪ 12.8+8.9 = 21.7

⑫ 4.8+55.3 = 60.1

⑬ 12.4+7.8 = 20.2

⑭ 2.5+13.7 = 16.2

⑮ 15.6+3.7 = 19.3

자기 점수에 ○표 하세요.

맞힌 개수	8개 이하	9~11개	12~13개	14~15개
학습 방법	개념을 다시 공부하세요.	조금 더 노력하세요.	실수하면 안 돼요.	참 잘했어요.

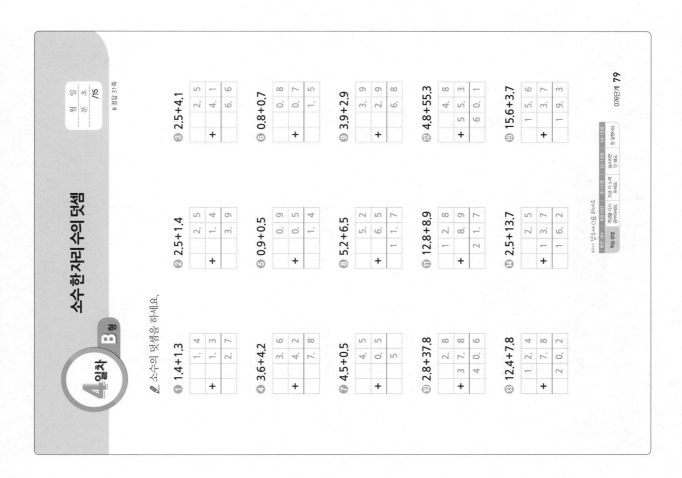

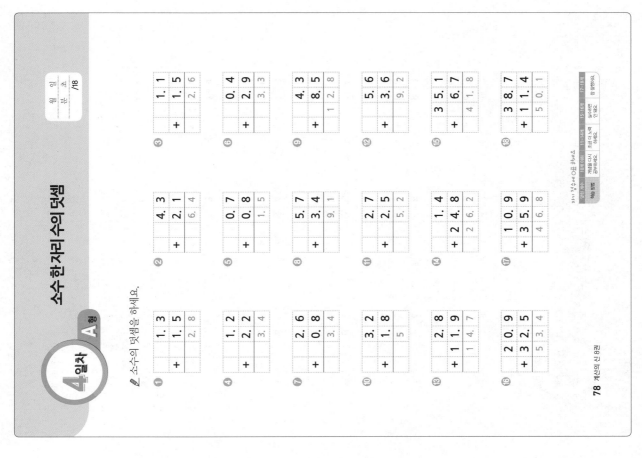

5일차 A형 소수 한 자리 수의 덧셈

월 일 / 분 초 / /18

소수의 덧셈을 하세요.

1. 1.3 + 6.1 = 7.4
2. 3.2 + 1.5 = 4.7
3. 1.3 + 4.3 = 5.6
4. 2.4 + 1.5 = 3.9
5. 5.6 + 6.2 = 11.8
6. 8.3 + 8.4 = 16.7
7. 0.9 + 1.9 = 2.8
8. 0.8 + 3.7 = 4.5
9. 1.9 + 1.5 = 3.4
10. 4.2 + 4.8 = 9
11. 6.4 + 1.9 = 8.3
12. 1.8 + 3.6 = 5.4
13. 16.4 + 8.5 = 24.9
14. 1.2 + 18.9 = 20.1
15. 1.4 + 24.8 = 26.2
16. 15.7 + 61.5 = 77.2
17. 47.6 + 16.4 = 64
18. 12.7 + 63.5 = 76.2

자기 점수에 ○표 하세요

맞힌 개수	10개 이하	11~14개	15~16개	17~18개
학습 방법	개념을 다시 공부하세요.	조금 더 노력 하세요.	실수하면 안 돼요.	참 잘했어요.

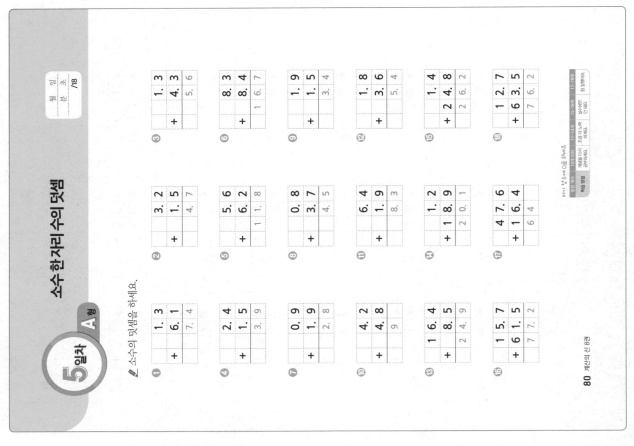

5일차 B형 소수 한 자리 수의 덧셈

월 일 / 분 초 / /15

정답 32쪽

이번 단계에서는 소수 한 자리 수의 덧셈을 배웠습니다. 다음 단계에서는 소수 한 자리 수의 뺄셈을 배웁니다.

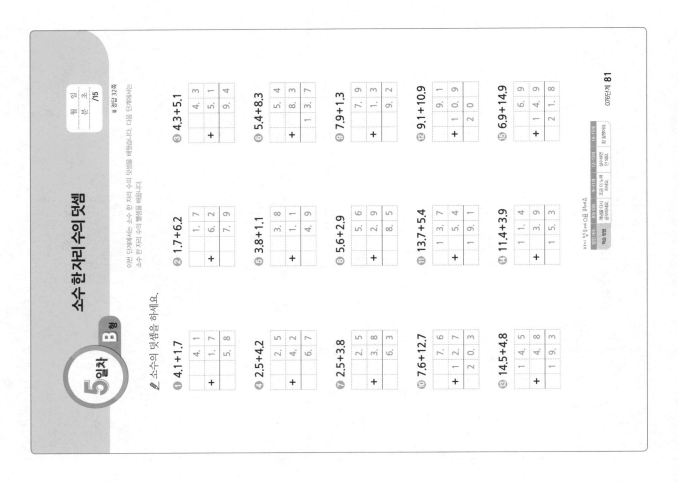

소수의 덧셈을 하세요.

1. 4.1+1.7 = 5.8
2. 1.7+6.2 = 7.9
3. 4.3+5.1 = 9.4
4. 2.5+4.2 = 6.7
5. 3.8+1.1 = 4.9
6. 5.4+8.3 = 13.7
7. 2.5+3.8 = 6.3
8. 5.6+2.9 = 8.5
9. 7.9+1.3 = 9.2
10. 7.6+12.7 = 20.3
11. 13.7+5.4 = 19.1
12. 9.1+10.9 = 20
13. 14.5+4.8 = 19.3
14. 11.4+3.9 = 15.3
15. 6.9+14.9 = 21.8

자기 점수에 ○표 하세요

맞힌 개수	8개 이하	9~11개	12~13개	14~15개
학습 방법	개념을 다시 공부하세요.	조금 더 노력 하세요.	실수하면 안 돼요.	참 잘했어요.

세 단계 묶어 풀기 074 ~ 076단계
대분수와 진분수의 덧셈과 뺄셈

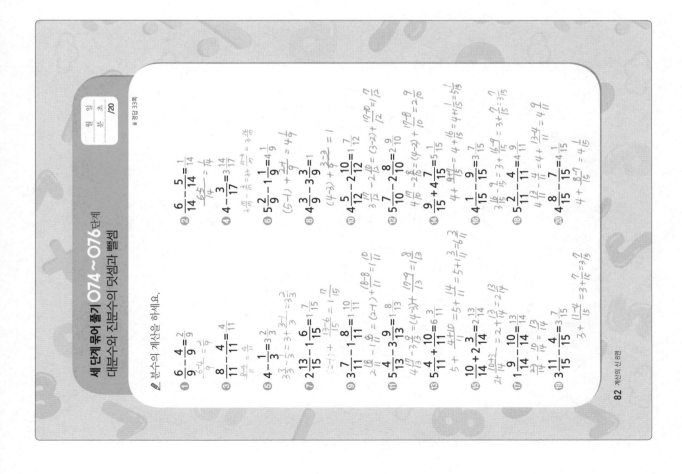

월 일
분 초
/20

정답 33쪽

분수의 계산을 하세요.

① $\frac{6}{9}-\frac{4}{9}=\frac{2}{9}$

② $\frac{6}{14}-\frac{5}{14}=\frac{1}{14}$

③ $\frac{8}{11}-\frac{4}{11}=\frac{4}{11}$

④ $4-\frac{3}{17}=3\frac{14}{17}$

⑤ $4-\frac{1}{3}=3\frac{2}{3}$

⑥ $5\frac{2}{9}-1\frac{1}{9}=4\frac{1}{9}$

⑦ $2\frac{13}{15}-1\frac{6}{15}=1\frac{7}{15}$

⑧ $4\frac{3}{9}-3\frac{3}{9}=1$

⑨ $3\frac{7}{11}-1\frac{8}{11}=1\frac{10}{11}$

⑩ $4\frac{5}{12}-2\frac{10}{12}=1\frac{7}{12}$

⑪ $5\frac{4}{13}-3\frac{9}{13}=1\frac{8}{13}$

⑫ $5\frac{7}{10}-2\frac{8}{10}=2\frac{9}{10}$

⑬ $5\frac{4}{11}+\frac{10}{11}=6\frac{3}{11}$

⑭ $\frac{9}{15}+4\frac{7}{15}=5\frac{1}{15}$

⑮ $\frac{10}{14}+2\frac{3}{14}=2\frac{13}{14}$

⑯ $4\frac{1}{15}-\frac{9}{15}=3\frac{7}{15}$

⑰ $1\frac{9}{14}-\frac{10}{14}=\frac{13}{14}$

⑱ $5\frac{2}{11}-\frac{4}{11}=4\frac{9}{11}$

⑲ $3\frac{11}{15}-\frac{4}{15}=3\frac{7}{15}$

⑳ $4\frac{8}{15}-\frac{7}{15}=4\frac{1}{15}$

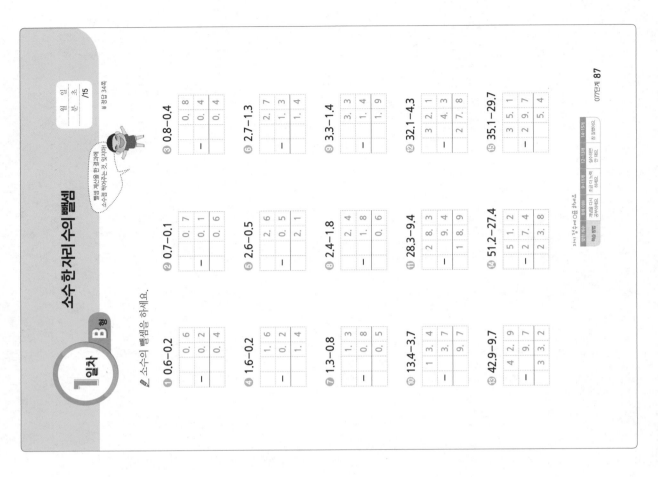

1일차 A형 소수 한 자리 수의 뺄셈

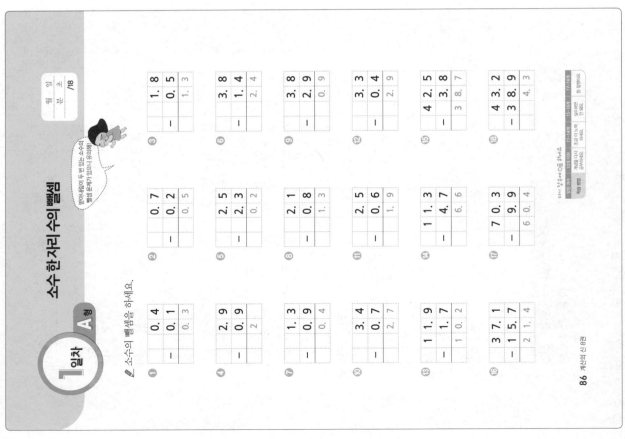

월 일
분 초
/18

받아내림이 두 번 있는 소수의
뺄셈 문제가 있으니 유의해!

소수의 뺄셈을 하세요.

① 0.4 − 0.1 = 0.3

② 0.7 − 0.2 = 0.5

③ 1.8 − 0.5 = 1.3

④ 2.9 − 0.9 = 2

⑤ 2.5 − 2.3 = 0.2

⑥ 3.8 − 1.4 = 2.4

⑦ 1.3 − 0.9 = 0.4

⑧ 2.1 − 0.8 = 1.3

⑨ 3.8 − 2.9 = 0.9

⑩ 3.4 − 0.7 = 2.7

⑪ 2.5 − 0.6 = 1.9

⑫ 3.3 − 0.4 = 2.9

⑬ 11.9 − 1.7 = 10.2

⑭ 11.3 − 4.7 = 6.6

⑮ 42.5 − 3.8 = 38.7

⑯ 37.1 − 15.7 = 21.4

⑰ 70.3 − 9.9 = 60.4

⑱ 43.2 − 38.9 = 4.3

자기 점수에 ○표 하세요.

맞힌 개수	10개 이하	11~14개	15~16개	17~18개
학습 방법	개념을 다시 공부하세요.	조금 더 노력하세요.	실수하면 안 돼요.	참 잘했어요.

1일차 B형 소수 한 자리 수의 뺄셈

월 일
분 초
/15

정답 34쪽

뺄셈 계산을 한 결과에
소수점 찍어주는 것, 잊지마!

소수의 뺄셈을 하세요.

① 0.6−0.2 = 0.4

② 0.7−0.1 = 0.6

③ 0.8−0.4 = 0.4

④ 1.6−0.2 = 1.4

⑤ 2.6−0.5 = 2.1

⑥ 2.7−1.3 = 1.4

⑦ 1.3−0.8 = 0.5

⑧ 2.4−1.8 = 0.6

⑨ 3.3−1.4 = 1.9

⑩ 13.4−3.7 = 9.7

⑪ 28.3−9.4 = 18.9

⑫ 32.1−4.3 = 27.8

⑬ 42.9−9.7 = 33.2

⑭ 51.2−27.4 = 23.8

⑮ 35.1−29.7 = 5.4

자기 점수에 ○표 하세요.

맞힌 개수	8개 이하	9~11개	12~13개	14~15개
학습 방법	개념을 다시 공부하세요.	조금 더 노력하세요.	실수하면 안 돼요.	참 잘했어요.

2일차 A형 소수 한 자리 수의 뺄셈

월 일 / 분 초 / /18

✎ 소수의 뺄셈을 하세요.

1. 0.3 − 0.1 = 0.2
2. 0.9 − 0.2 = 0.7
3. 4.9 − 0.2 = 4.7
4. 1.7 − 0.5 = 1.2
5. 4.8 − 0.6 = 4.2
6. 2.3 − 0.6 = 1.7
7. 2.6 − 1.7 = 0.9
8. 4.1 − 0.5 = 3.6
9. 2.1 − 0.8 = 1.3
10. 5.5 − 1.7 = 3.8
11. 7.4 − 6.6 = 0.8
12. 6.5 − 3.9 = 2.6
13. 15.3 − 9.6 = 5.7
14. 20.4 − 9.8 = 10.6
15. 30.5 − 4.9 = 25.6
16. 21.3 − 9.6 = 11.7
17. 72.6 − 36.9 = 35.7
18. 39.4 − 16.6 = 22.8

자기 점수에 ○표 하세요.

맞힌 개수	10개 이하	11~14개	15~16개	17~18개
학습 방법	개념을 다시 공부하세요.	조금 더 노력하세요.	실수하면 안 돼요.	참 잘했어요.

2일차 B형 소수 한 자리 수의 뺄셈

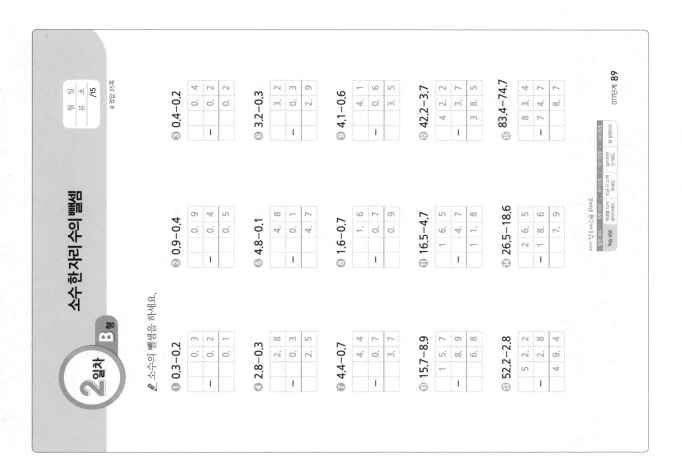

월 일 / 분 초 / /15

정답 35쪽

✎ 소수의 뺄셈을 하세요.

1. 0.3−0.2 = 0.1
2. 0.9−0.4 = 0.5
3. 0.4−0.2 = 0.2
4. 2.8−0.3 = 2.5
5. 4.8−0.1 = 4.7
6. 3.2−0.3 = 2.9
7. 4.4−0.7 = 3.7
8. 1.6−0.7 = 0.9
9. 4.1−0.6 = 3.5
10. 15.7−8.9 = 6.8
11. 16.5−4.7 = 11.8
12. 42.2−3.7 = 38.5
13. 52.2−2.8 = 49.4
14. 26.5−18.6 = 7.9
15. 83.4−74.7 = 8.7

자기 점수에 ○표 하세요.

맞힌 개수	8개 이하	9~11개	12~13개	14~15개
학습 방법	개념을 다시 공부하세요.	조금 더 노력하세요.	실수하면 안 돼요.	참 잘했어요.

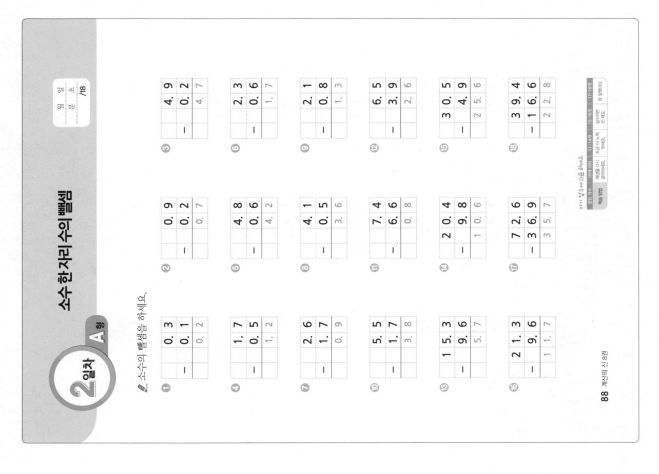

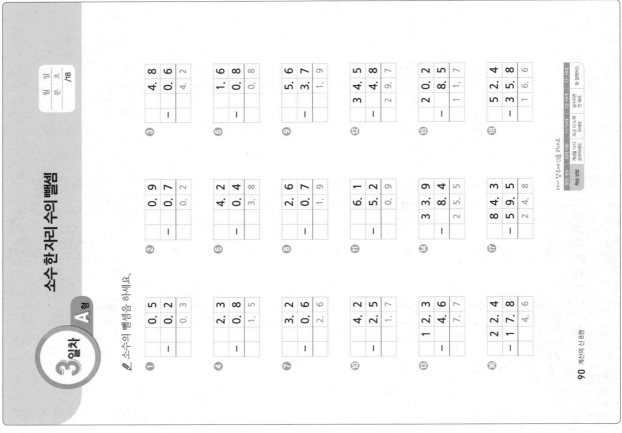

3일차 A형 소수 한 자리 수의 뺄셈

월 일 / 분 초 / /18

소수의 뺄셈을 하세요.

① 0.5 − 0.2 = 0.3
② 0.9 − 0.7 = 0.2
③ 4.8 − 0.6 = 4.2
④ 2.3 − 0.8 = 1.5
⑤ 4.2 − 0.4 = 3.8
⑥ 1.6 − 0.8 = 0.8
⑦ 3.2 − 0.6 = 2.6
⑧ 2.6 − 0.7 = 1.9
⑨ 5.6 − 3.7 = 1.9
⑩ 4.2 − 2.5 = 1.7
⑪ 6.1 − 5.2 = 0.9
⑫ 34.5 − 4.8 = 29.7
⑬ 12.3 − 4.6 = 7.7
⑭ 33.9 − 8.4 = 25.5
⑮ 20.2 − 8.5 = 11.7
⑯ 22.4 − 17.8 = 4.6
⑰ 84.3 − 59.5 = 24.8
⑱ 52.4 − 35.8 = 16.6

자기 점수에 ○표 하세요

맞힌 개수	10개 이하	11~14개	15~16개	17~18개
학습 방법	개념을 다시 공부하세요.	조금 더 노력하세요.	실수하면 안 돼요.	참 잘했어요.

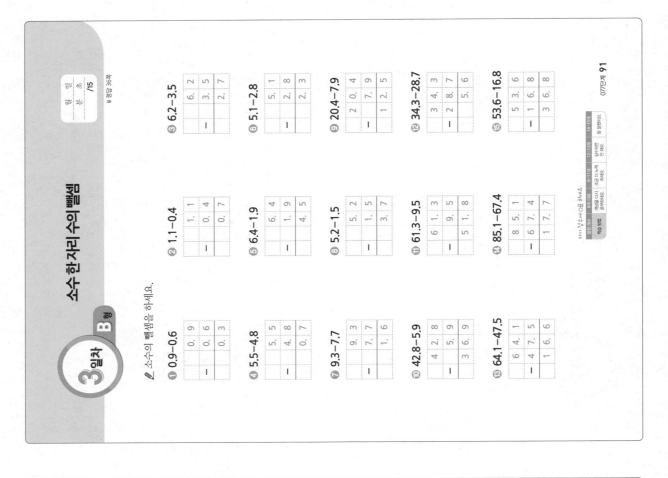

3일차 B형 소수 한 자리 수의 뺄셈

월 일 / 분 초 / /15

정답 36쪽

소수의 뺄셈을 하세요.

① 0.9−0.6 = 0.3
② 1.1−0.4 = 0.7
③ 6.2−3.5 = 2.7
④ 5.5−4.8 = 0.7
⑤ 6.4−1.9 = 4.5
⑥ 5.1−2.8 = 2.3
⑦ 9.3−7.7 = 1.6
⑧ 5.2−1.5 = 3.7
⑨ 20.4−7.9 = 12.5
⑩ 42.8−5.9 = 36.9
⑪ 61.3−9.5 = 51.8
⑫ 34.3−28.7 = 5.6
⑬ 64.1−47.5 = 16.6
⑭ 85.1−67.4 = 17.7
⑮ 53.6−16.8 = 36.8

자기 점수에 ○표 하세요

맞힌 개수	8개 이하	9~11개	12~13개	14~15개
학습 방법	개념을 다시 공부하세요.	조금 더 노력하세요.	실수하면 안 돼요.	참 잘했어요.

4일차 A형 소수 한 자리 수의 뺄셈

월 일 분 초 /18

소수의 뺄셈을 하세요.

① 0.9 − 0.5 = 0.4

② 0.8 − 0.1 = 0.7

③ 6.3 − 0.9 = 5.4

④ 3.4 − 0.8 = 2.6

⑤ 4.7 − 0.7 = 4

⑥ 7.2 − 6.7 = 0.5

⑦ 5.4 − 3.7 = 1.7

⑧ 7.4 − 2.9 = 4.5

⑨ 6.6 − 5.7 = 0.9

⑩ 5.5 − 1.9 = 3.6

⑪ 9.3 − 3.5 = 5.8

⑫ 18.1 − 1.8 = 16.3

⑬ 16.5 − 3.8 = 12.7

⑭ 35.3 − 25.8 = 9.5

⑮ 90.1 − 58.4 = 31.7

⑯ 55.4 − 46.7 = 8.7

⑰ 78.3 − 39.8 = 38.5

⑱ 25.1 − 15.8 = 9.3

자기 점수에 ○표 하세요.

맞힌 개수	10개 이하	11~14개	15~16개	17~18개
학습 방법	개념을 다시 공부하세요.	조금 더 노력 하세요.	실수하면 안 돼요.	참 잘했어요.

4일차 B형 소수 한 자리 수의 뺄셈

월 일 분 초 /15

정답 37쪽

소수의 뺄셈을 하세요.

① 6.1−5.1 = 1

② 4.7−0.4 = 4.3

③ 8.5−1.4 = 7.1

④ 6.1−5.5 = 0.6

⑤ 8.5−5.7 = 2.8

⑥ 4.4−2.9 = 1.5

⑦ 4.5−2.6 = 1.9

⑧ 3.6−1.8 = 1.8

⑨ 7.3−2.9 = 4.4

⑩ 6.6−4.8 = 1.8

⑪ 14.2−3.8 = 10.4

⑫ 34.3−17.9 = 16.4

⑬ 53.5−26.9 = 26.6

⑭ 78.1−68.9 = 9.2

⑮ 39.2−28.9 = 10.3

자기 점수에 ○표 하세요.

맞힌 개수	8개 이하	9~11개	12~13개	14~15개
학습 방법	개념을 다시 공부하세요.	조금 더 노력 하세요.	실수하면 안 돼요.	참 잘했어요.

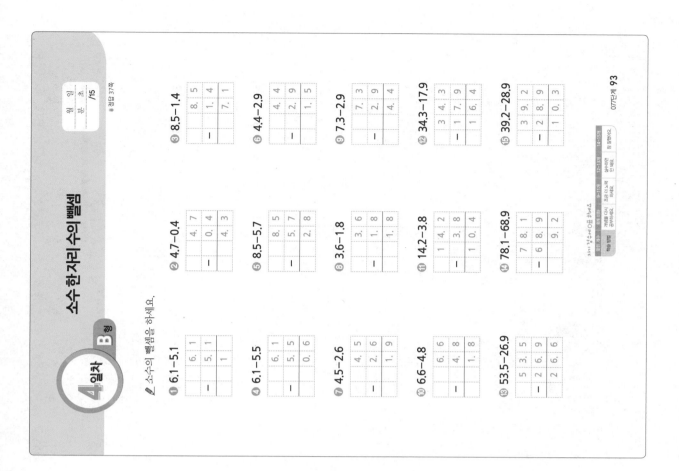

5일차 A형 소수 한 자리 수의 뺄셈

월 일 / 분 초 / /18

소수의 뺄셈을 하세요.

① 0.5 − 0.4 = 0.1

② 1.9 − 0.6 = 1.3

③ 4.5 − 3.1 = 1.4

④ 9.5 − 3.7 = 5.8

⑤ 7.6 − 2.7 = 4.9

⑥ 6.3 − 1.8 = 4.5

⑦ 7.4 − 3.6 = 3.8

⑧ 5.4 − 2.8 = 2.6

⑨ 8.1 − 3.4 = 4.7

⑩ 7.2 − 1.5 = 5.7

⑪ 5.5 − 2.6 = 2.9

⑫ 9.1 − 6.9 = 2.2

⑬ 14.2 − 3.8 = 10.4

⑭ 11.5 − 5.7 = 5.8

⑮ 39.2 − 28.9 = 10.3

⑯ 46.1 − 45.6 = 0.5

⑰ 75.4 − 43.5 = 31.9

⑱ 87.5 − 31.7 = 55.8

자기 점수에 ○표 하세요.

맞힌 개수	10개 이하	11~14개	15~16개	17~18개
학습 방법	개념을 다시 공부하세요.	조금 더 노력하세요.	실수하면 안 돼요.	참 잘했어요.

5일차 B형 소수 한 자리 수의 뺄셈

월 일 / 분 초 / /15

정답 38쪽

이번 단계에서는 소수 한 자리 수의 뺄셈을 배웠습니다. 다음 단계에서는 소수 두 자리 수의 덧셈을 배웁니다.

소수의 뺄셈을 하세요.

① 3.6−2.4 : 3.6 − 2.4 = 1.2

② 2.9−1.6 : 2.9 − 1.6 = 1.3

③ 4.2−3.8 : 4.2 − 3.8 = 0.4

④ 9.1−5.9 : 9.1 − 5.9 = 3.2

⑤ 7.5−2.7 : 7.5 − 2.7 = 4.8

⑥ 9.7−2.8 : 9.7 − 2.8 = 6.9

⑦ 5.6−3.7 : 5.6 − 3.7 = 1.9

⑧ 6.3−1.7 : 6.3 − 1.7 = 4.6

⑨ 7.8−3.9 : 7.8 − 3.9 = 3.9

⑩ 12.6−7.7 : 12.6 − 7.7 = 4.9

⑪ 14.5−4.8 : 14.5 − 4.8 = 9.7

⑫ 98.1−23.4 : 98.1 − 23.4 = 74.7

⑬ 64.2−22.6 : 64.2 − 22.6 = 41.6

⑭ 66.3−19.2 : 66.3 − 19.2 = 47.1

⑮ 57.2−46.8 : 57.2 − 46.8 = 10.4

자기 점수에 ○표 하세요.

맞힌 개수	8개 이하	9~11개	12~13개	14~15개
학습 방법	개념을 다시 공부하세요.	조금 더 노력하세요.	실수하면 안 돼요.	참 잘했어요.

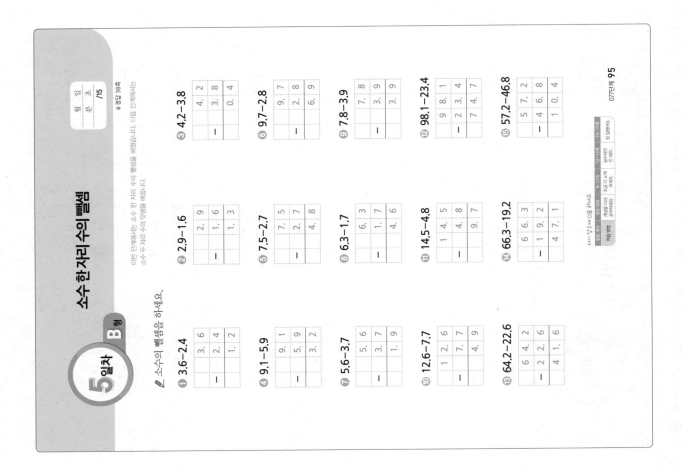

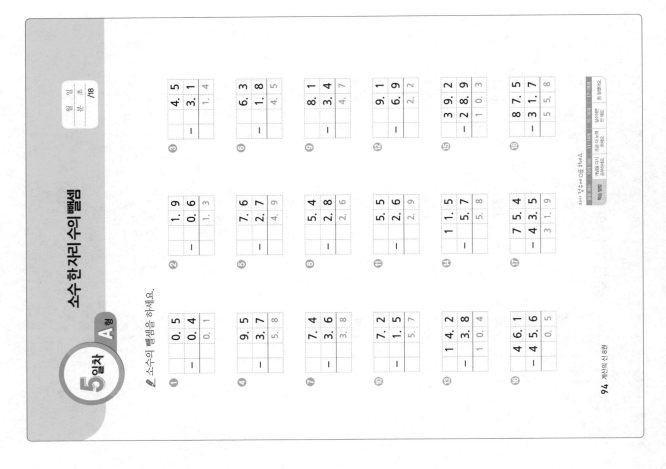

1일차 A형 소수 두 자리 수의 덧셈

월 일 / 분 초 / /18

받아올림이 두 번 있는
소수의 덧셈 문제가 있어!

소수의 덧셈을 하세요.

① 0.42 + 0.36 = 0.78
② 0.52 + 0.07 = 0.59
③ 0.56 + 0.21 = 0.77
④ 0.65 + 0.31 = 0.96
⑤ 2.26 + 0.31 = 2.57
⑥ 3.64 + 0.23 = 3.87
⑦ 0.27 + 0.56 = 0.83
⑧ 0.75 + 0.25 = 1
⑨ 0.43 + 3.27 = 3.7
⑩ 2.83 + 0.86 = 3.69
⑪ 4.92 + 1.57 = 6.49
⑫ 5.78 + 1.54 = 7.32
⑬ 1.45 + 2.78 = 4.23
⑭ 3.27 + 5.82 = 9.09
⑮ 5.43 + 1.67 = 7.1
⑯ 8.73 + 3.49 = 12.22
⑰ 4.62 + 5.73 = 10.35
⑱ 5.83 + 9.37 = 15.2

자기 점수에 ○표 하세요.

맞힌 개수	10개 이하	11~14개	15~16개	17~18개
학습 방법	개념을 다시 공부하세요.	조금 더 노력 하세요.	실수하면 안 돼요.	참 잘했어요.

1일차 B형 소수 두 자리 수의 덧셈

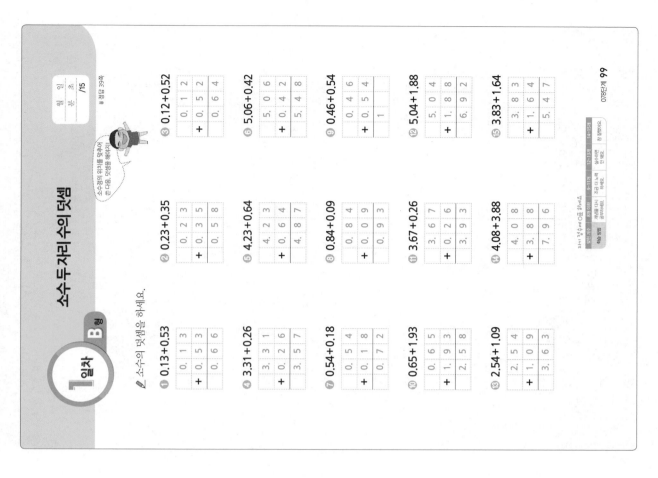

월 일 / 분 초 / /15

정답 39쪽

소수점의 위치를 맞추어
쓴 다음, 덧셈을 해야지!

소수의 덧셈을 하세요.

① 0.13+0.53 = 0.66
② 0.23+0.35 = 0.58
③ 0.12+0.52 = 0.64
④ 3.31+0.26 = 3.57
⑤ 4.23+0.64 = 4.87
⑥ 5.06+0.42 = 5.48
⑦ 0.54+0.18 = 0.72
⑧ 0.84+0.09 = 0.93
⑨ 0.46+0.54 = 1
⑩ 0.65+1.93 = 2.58
⑪ 3.67+0.26 = 3.93
⑫ 5.04+1.88 = 6.92
⑬ 2.54+1.09 = 3.63
⑭ 4.08+3.88 = 7.96
⑮ 3.83+1.64 = 5.47

자기 점수에 ○표 하세요.

맞힌 개수	8개 이하	9~11개	12~13개	14~15개
학습 방법	개념을 다시 공부하세요.	조금 더 노력 하세요.	실수하면 안 돼요.	참 잘했어요.

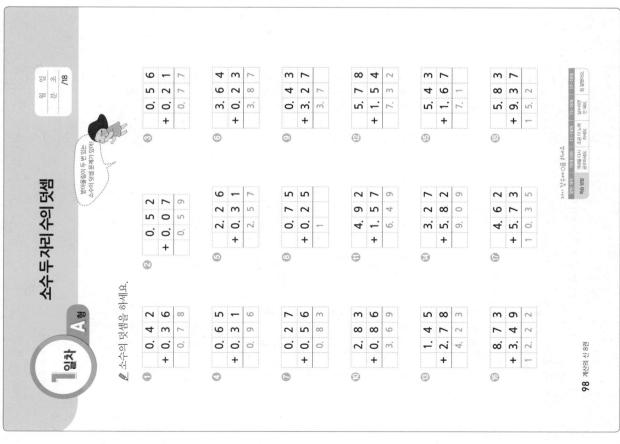

2일차 A형

소수 두 자리 수의 덧셈

월 일 / 분 초 / /18

소수의 덧셈을 하세요.

① 0.13 + 0.42 = 0.55

② 0.25 + 0.14 = 0.39

③ 0.32 + 0.54 = 0.86

④ 1.62 + 8.24 = 9.86

⑤ 6.31 + 4.53 = 10.84

⑥ 3.48 + 9.31 = 12.79

⑦ 0.94 + 0.09 = 1.03

⑧ 4.32 + 2.58 = 6.9

⑨ 5.43 + 4.19 = 9.62

⑩ 6.73 + 1.07 = 7.8

⑪ 2.31 + 5.94 = 8.25

⑫ 1.65 + 7.53 = 9.18

⑬ 3.49 + 1.35 = 4.84

⑭ 0.85 + 0.28 = 1.13

⑮ 1.05 + 0.96 = 2.01

⑯ 2.83 + 1.29 = 4.12

⑰ 3.28 + 4.74 = 8.02

⑱ 5.83 + 9.37 = 15.2

자기 점수에 ○표 하세요.

맞힌 개수	10개 이하	11~14개	15~16개	17~18개
학습 방법	개념을 다시 공부하세요.	조금 더 노력하세요.	실수하면 안 돼요.	참 잘했어요.

2일차 B형

소수 두 자리 수의 덧셈

월 일 / 분 초 / /15

정답 40쪽

소수의 덧셈을 하세요.

① 0.17+0.51 = 0.68

② 0.41+0.24 = 0.65

③ 0.62+0.15 = 0.77

④ 1.62+0.24 = 1.86

⑤ 0.24+0.38 = 0.62

⑥ 6.73+1.07 = 7.8

⑦ 3.83+1.64 = 5.47

⑧ 5.96+2.72 = 8.68

⑨ 3.55+4.38 = 7.93

⑩ 0.58+0.46 = 1.04

⑪ 0.67+0.33 = 1

⑫ 0.56+2.88 = 3.44

⑬ 6.39+7.91 = 14.3

⑭ 5.09+4.96 = 10.05

⑮ 6.54+3.87 = 10.41

자기 점수에 ○표 하세요.

맞힌 개수	8개 이하	9~11개	12~13개	14~15개
학습 방법	개념을 다시 공부하세요.	조금 더 노력하세요.	실수하면 안 돼요.	참 잘했어요.

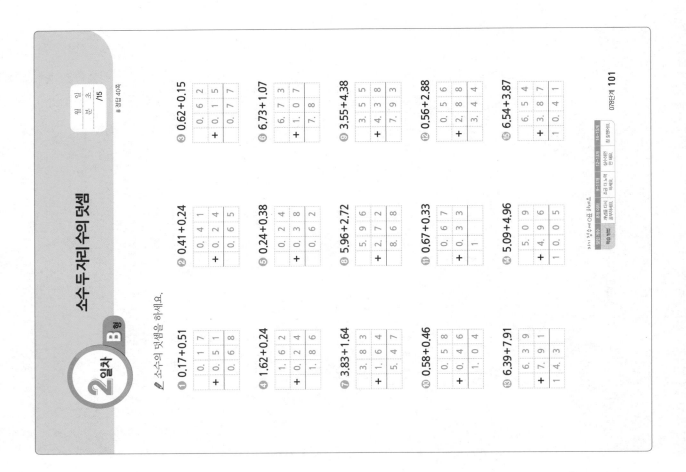

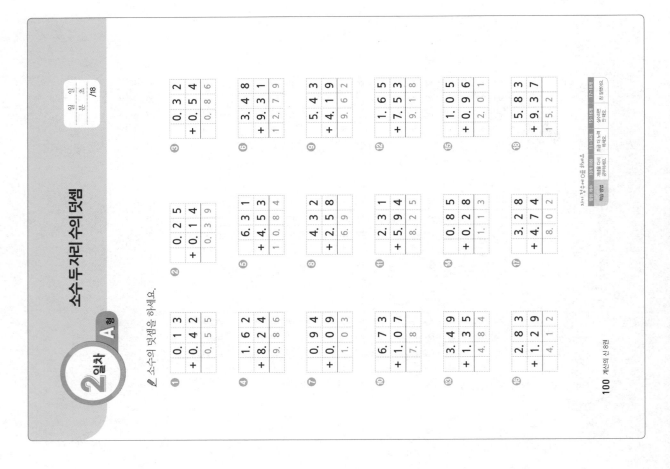

3일차 A형 소수 두 자리 수의 덧셈

월 일 분 초 /18

✎ 소수의 덧셈을 하세요.

번호	수	더하는 수	답
①	0.23	+ 0.36	0.59
②	0.82	+ 0.11	0.93
③	0.44	+ 0.23	0.67
④	0.37	+ 0.62	0.99
⑤	0.71	+ 0.58	1.29
⑥	0.19	+ 0.54	0.73
⑦	0.24	+ 0.19	0.43
⑧	0.66	+ 7.53	8.19
⑨	4.65	+ 0.17	4.82
⑩	1.76	+ 3.43	5.19
⑪	3.84	+ 4.65	8.49
⑫	2.56	+ 3.71	6.27
⑬	0.42	+ 0.99	1.41
⑭	0.43	+ 2.89	3.32
⑮	3.84	+ 0.57	4.41
⑯	6.54	+ 3.87	10.41
⑰	4.37	+ 5.69	10.06
⑱	7.03	+ 8.97	16

자기 점수에 ○표 하세요

맞힌 개수	10개 이하	11~14개	15~16개	17~18개
학습 방법	개념을 다시 공부하세요.	조금 더 노력하세요.	실수하면 안 돼요.	참 잘했어요.

3일차 B형 소수 두 자리 수의 덧셈

월 일 분 초 /15

정답 41쪽

✎ 소수의 덧셈을 하세요.

번호	식	수	더하는 수	답
①	0.42+0.34	0.42	+ 0.34	0.76
②	0.12+0.61	0.12	+ 0.61	0.73
③	0.63+0.25	0.63	+ 0.25	0.88
④	5.14+0.65	5.14	+ 0.65	5.79
⑤	1.62+8.24	1.62	+ 8.24	9.86
⑥	6.31+4.53	6.31	+ 4.53	10.84
⑦	0.18+0.35	0.18	+ 0.35	0.53
⑧	0.59+0.36	0.59	+ 0.36	0.95
⑨	1.28+0.47	1.28	+ 0.47	1.75
⑩	1.72+7.87	1.72	+ 7.87	9.59
⑪	3.67+0.26	3.67	+ 0.26	3.93
⑫	0.58+0.46	0.58	+ 0.46	1.04
⑬	0.76+4.57	0.76	+ 4.57	5.33
⑭	3.93+6.67	3.93	+ 6.67	10.6
⑮	4.43+5.69	4.43	+ 5.69	10.12

자기 점수에 ○표 하세요

맞힌 개수	8개 이하	9~11개	12~13개	14~15개
학습 방법	개념을 다시 공부하세요.	조금 더 노력하세요.	실수하면 안 돼요.	참 잘했어요.

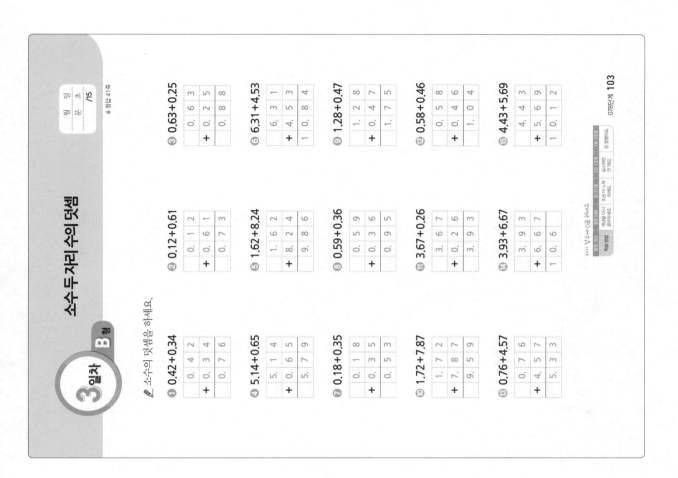

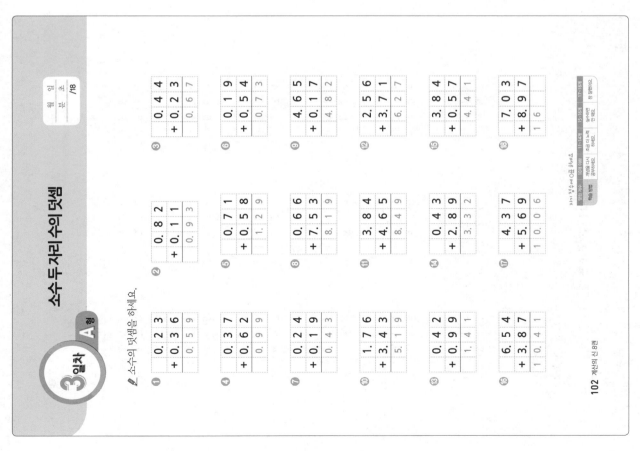

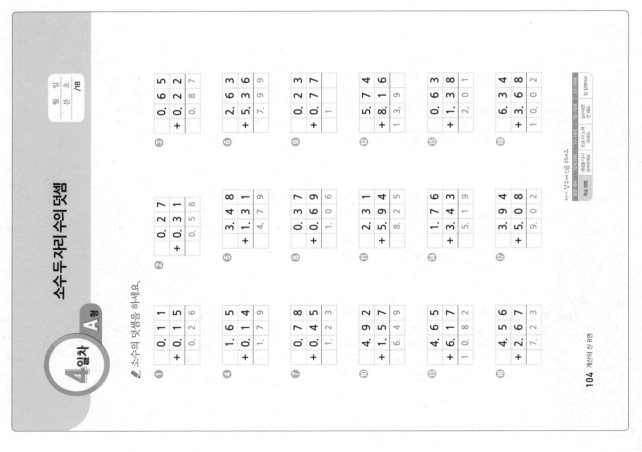

4일차 A형 소수 두 자리 수의 덧셈

월 일 / 분 초 / /18

소수의 덧셈을 하세요.

1. 0.11 + 0.15 = 0.26
2. 0.27 + 0.31 = 0.58
3. 0.65 + 0.22 = 0.87
4. 1.65 + 0.14 = 1.79
5. 3.48 + 1.31 = 4.79
6. 2.63 + 5.36 = 7.99
7. 0.78 + 0.45 = 1.23
8. 0.37 + 0.69 = 1.06
9. 0.23 + 0.77 = 1
10. 4.92 + 1.57 = 6.49
11. 2.31 + 5.94 = 8.25
12. 5.74 + 8.16 = 13.9
13. 4.65 + 6.17 = 10.82
14. 1.76 + 3.43 = 5.19
15. 0.63 + 1.38 = 2.01
16. 4.56 + 2.67 = 7.23
17. 3.94 + 5.08 = 9.02
18. 6.34 + 3.68 = 10.02

자기 점수에 ○표 하세요.

맞힌 개수	10개 이하	11~14개	15~16개	17~18개
학습 방법	개념을 다시 공부하세요.	조금 더 노력하세요.	실수하면 안 돼요.	참 잘했어요.

4일차 B형 소수 두 자리 수의 덧셈

월 일 / 분 초 / /15

정답 42쪽

소수의 덧셈을 하세요.

1. 0.13+0.14 = 0.27
2. 0.14+0.31 = 0.45
3. 0.54+0.32 = 0.86
4. 0.16+6.72 = 6.88
5. 1.82+5.16 = 6.98
6. 3.24+4.52 = 7.76
7. 0.82+0.77 = 1.59
8. 0.24+0.58 = 0.82
9. 1.92+2.63 = 4.55
10. 4.35+5.28 = 9.63
11. 2.34+3.56 = 5.9
12. 1.85+2.96 = 4.81
13. 2.04+7.96 = 10
14. 4.43+5.69 = 10.12
15. 3.58+6.49 = 10.07

자기 점수에 ○표 하세요.

맞힌 개수	8개 이하	9~11개	12~13개	14~15개
학습 방법	개념을 다시 공부하세요.	조금 더 노력하세요.	실수하면 안 돼요.	참 잘했어요.

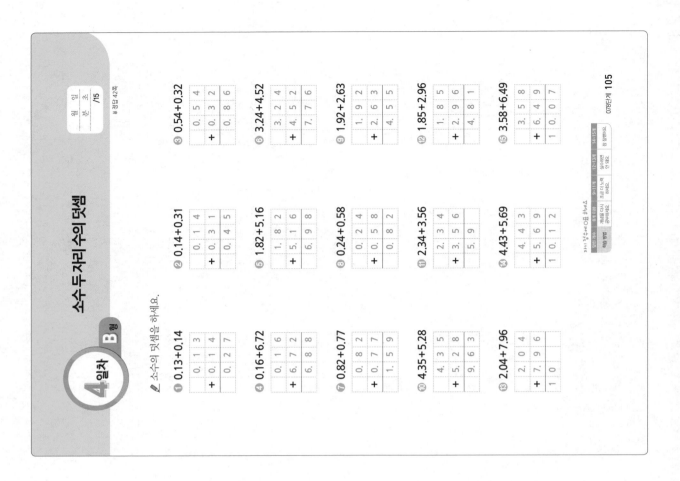

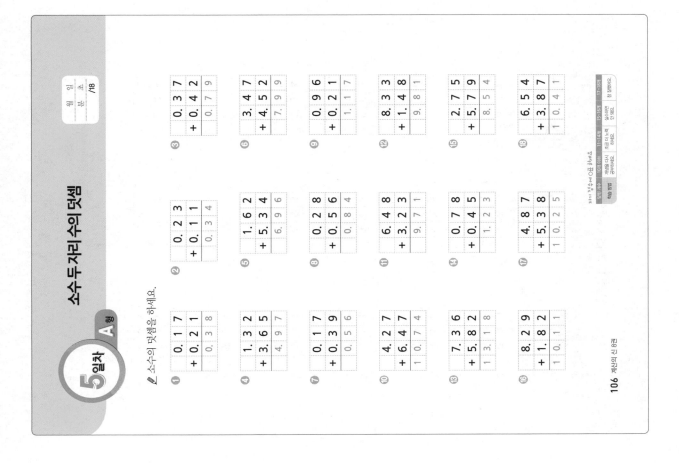

5일차 A형 소수 두 자리 수의 덧셈

월 일 / 분 초 / /18

소수의 덧셈을 하세요.

1. 0.17 + 0.21 = 0.38
2. 0.23 + 0.11 = 0.34
3. 0.37 + 0.42 = 0.79
4. 1.32 + 3.65 = 4.97
5. 1.62 + 5.34 = 6.96
6. 3.47 + 4.52 = 7.99
7. 0.17 + 0.39 = 0.56
8. 0.28 + 0.56 = 0.84
9. 0.96 + 0.21 = 1.17
10. 4.27 + 6.47 = 10.74
11. 6.48 + 3.23 = 9.71
12. 8.33 + 1.48 = 9.81
13. 7.36 + 5.82 = 13.18
14. 0.78 + 0.45 = 1.23
15. 2.75 + 5.79 = 8.54
16. 8.29 + 1.82 = 10.11
17. 4.87 + 5.38 = 10.25
18. 6.54 + 3.87 = 10.41

자기 점수에 ○표 하세요.

맞힌 개수	10개 이하	11~14개	15~16개	17~18개
학습 방법	개념을 다시 공부하세요.	조금 더 노력 하세요.	실수하면 안 돼요.	참 잘했어요.

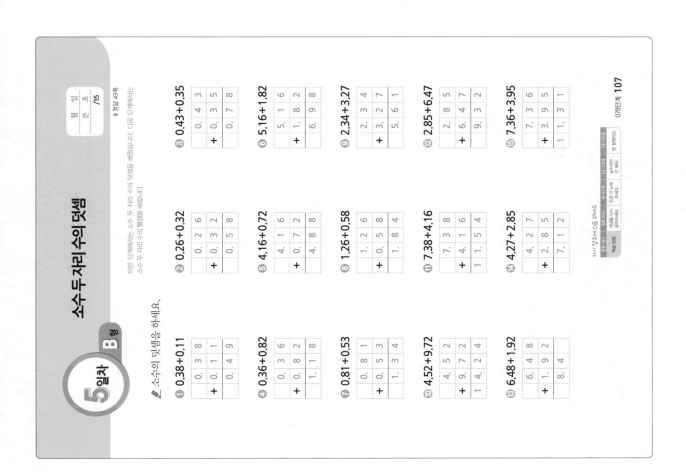

5일차 B형 소수 두 자리 수의 덧셈

월 일 / 분 초 / /15

정답 43쪽

이번 단계에서는 소수 두 자리 수의 덧셈을 배웠습니다. 다음 단계에서는 소수 두 자리 수의 뺄셈을 배웁니다.

소수의 덧셈을 하세요.

1. 0.38+0.11 = 0.49
2. 0.26+0.32 = 0.58
3. 0.43+0.35 = 0.78
4. 0.36+0.82 = 1.18
5. 4.16+0.72 = 4.88
6. 5.16+1.82 = 6.98
7. 0.81+0.53 = 1.34
8. 1.26+0.58 = 1.84
9. 2.34+3.27 = 5.61
10. 4.52+9.72 = 14.24
11. 7.38+4.16 = 11.54
12. 2.85+6.47 = 9.32
13. 6.48+1.92 = 8.4
14. 4.27+2.85 = 7.12
15. 7.36+3.95 = 11.31

자기 점수에 ○표 하세요.

맞힌 개수	8개 이하	9~11개	12~13개	14~15개
학습 방법	개념을 다시 공부하세요.	조금 더 노력 하세요.	실수하면 안 돼요.	참 잘했어요.

1일차 A형 소수 두 자리 수의 뺄셈

월 일 / 분 초 / /18

받아내림이 두 번 있는 소수의 뺄셈 문제가 있으니 유의해!

소수의 뺄셈을 하세요.

1. 0.89 − 0.62 = 0.27
2. 0.67 − 0.25 = 0.42
3. 0.48 − 0.15 = 0.33
4. 4.76 − 0.24 = 4.52
5. 3.58 − 0.42 = 3.16
6. 0.28 − 0.09 = 0.19
7. 0.51 − 0.17 = 0.34
8. 0.72 − 0.63 = 0.09
9. 0.63 − 0.34 = 0.29
10. 0.84 − 0.59 = 0.25
11. 9.56 − 3.28 = 6.28
12. 5.34 − 1.17 = 4.17
13. 5.64 − 2.61 = 3.03
14. 7.54 − 4.35 = 3.19
15. 4.32 − 0.57 = 3.75
16. 6.21 − 2.89 = 3.32
17. 7.34 − 3.67 = 3.67
18. 5.41 − 3.82 = 1.59

자기 점수에 ○표 하세요

맞힌 개수	10개 이하	11~14개	15~16개	17~18개
학습 방법	개념을 다시 공부하세요.	조금 더 노력 하세요.	실수하면 안 돼요.	참 잘했어요.

1일차 B형 소수 두 자리 수의 뺄셈

월 일 / 분 초 / /15

뺄셈 계산을 한 결과에 소수점 찍어주는 것, 잊지마!

정답 44쪽

소수의 뺄셈을 하세요.

1. 0.68−0.14 = 0.54
2. 0.98−0.35 = 0.63
3. 0.56−0.21 = 0.35
4. 0.79−0.24 = 0.55
5. 2.56−1.42 = 1.14
6. 0.43−0.38 = 0.05
7. 0.82−0.15 = 0.67
8. 0.73−0.64 = 0.09
9. 8.75−3.17 = 5.58
10. 9.81−2.34 = 7.47
11. 6.42−2.26 = 4.16
12. 2.57−0.88 = 1.69
13. 3.14−2.98 = 0.16
14. 8.13−5.94 = 2.19
15. 6.13−2.98 = 3.15

자기 점수에 ○표 하세요

맞힌 개수	8개 이하	9~11개	12~13개	14~15개
학습 방법	개념을 다시 공부하세요.	조금 더 노력 하세요.	실수하면 안 돼요.	참 잘했어요.

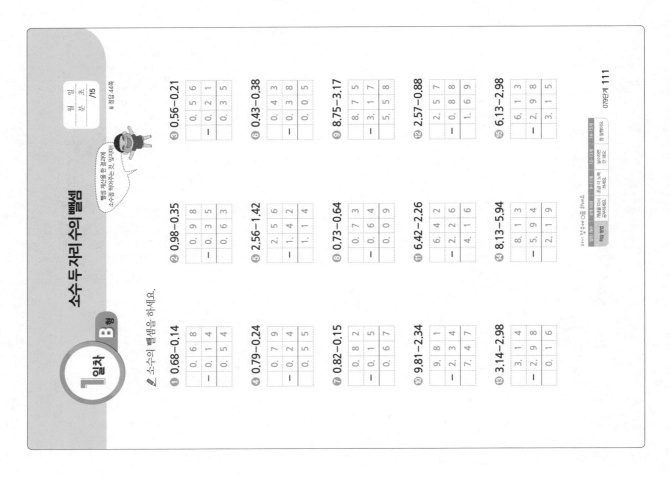

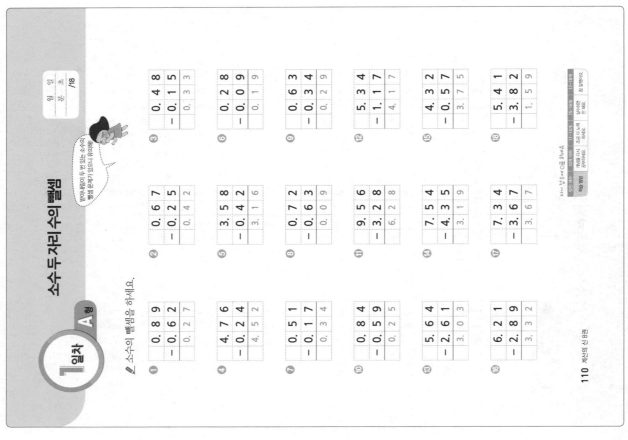

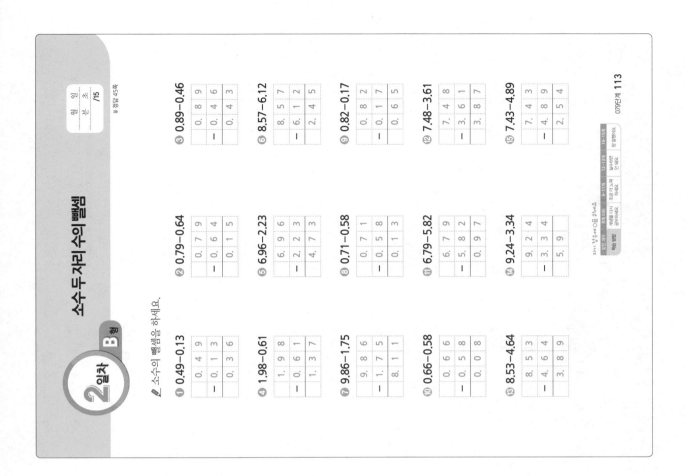

2일차 A형 소수 두 자리 수의 뺄셈

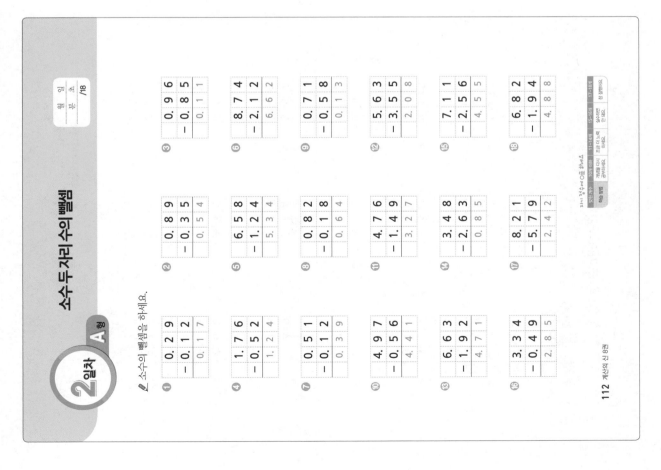

월 일
분 초
/18

소수의 뺄셈을 하세요.

❶ 0.29 − 0.12 = 0.17

❷ 0.89 − 0.35 = 0.54

❸ 0.96 − 0.85 = 0.11

❹ 1.76 − 0.52 = 1.24

❺ 6.58 − 1.24 = 5.34

❻ 8.74 − 2.12 = 6.62

❼ 0.51 − 0.12 = 0.39

❽ 0.82 − 0.18 = 0.64

❾ 0.71 − 0.58 = 0.13

❿ 4.97 − 0.56 = 4.41

⓫ 4.76 − 1.49 = 3.27

⓬ 5.63 − 3.55 = 2.08

⓭ 6.63 − 1.92 = 4.71

⓮ 3.48 − 2.63 = 0.85

⓯ 7.11 − 2.56 = 4.55

⓰ 3.34 − 0.49 = 2.85

⓱ 8.21 − 5.79 = 2.42

⓲ 6.82 − 1.94 = 4.88

자기 점수에 ○표 하세요

맞힌 개수	10개 이하	11~14개	15~16개	17~18개
학습 방법	개념을 다시 공부하세요.	조금 더 노력하세요.	실수하면 안 돼요.	참 잘했어요.

2일차 B형 소수 두 자리 수의 뺄셈

월 일
분 초
/15

정답 45쪽

소수의 뺄셈을 하세요.

❶ 0.49−0.13 = 0.36

❷ 0.79−0.64 = 0.15

❸ 0.89−0.46 = 0.43

❹ 1.98−0.61 = 1.37

❺ 6.96−2.23 = 4.73

❻ 8.57−6.12 = 2.45

❼ 9.86−1.75 = 8.11

❽ 0.71−0.58 = 0.13

❾ 0.82−0.17 = 0.65

❿ 0.66−0.58 = 0.08

⓫ 6.79−5.82 = 0.97

⓬ 7.48−3.61 = 3.87

⓭ 8.53−4.64 = 3.89

⓮ 9.24−3.34 = 5.9

⓯ 7.43−4.89 = 2.54

자기 점수에 ○표 하세요

맞힌 개수	8개 이하	9~11개	12~13개	14~15개
학습 방법	개념을 다시 공부하세요.	조금 더 노력하세요.	실수하면 안 돼요.	참 잘했어요.

3일차 A형 소수 두 자리 수의 뺄셈

월 일 / 분 초 / /18

소수의 뺄셈을 하세요.

❶ 0.76 − 0.34 = 0.42
❷ 0.47 − 0.26 = 0.21
❸ 0.68 − 0.45 = 0.23
❹ 3.57 − 0.42 = 3.15
❺ 8.42 − 2.31 = 6.11
❻ 9.68 − 4.17 = 5.51
❼ 0.73 − 0.39 = 0.34
❽ 0.61 − 0.17 = 0.44
❾ 0.91 − 0.54 = 0.37
❿ 7.49 − 4.84 = 2.65
⓫ 5.84 − 3.35 = 2.49
⓬ 5.92 − 4.57 = 1.35
⓭ 4.68 − 1.97 = 2.71
⓮ 9.36 − 1.82 = 7.54
⓯ 4.12 − 2.99 = 1.13
⓰ 9.73 − 5.98 = 3.75
⓱ 5.41 − 4.64 = 0.77
⓲ 6.21 − 2.89 = 3.32

자기 점수에 ○표 하세요

맞힌 개수	10개 이하	11~14개	15~16개	17~18개
학습 방법	개념을 다시 공부하세요.	조금 더 노력하세요.	실수하면 안 돼요.	참 잘했어요.

3일차 B형 소수 두 자리 수의 뺄셈

월 일 / 분 초 / /15

정답 46쪽

소수의 뺄셈을 하세요.

❶ 0.58−0.13 = 0.45
❷ 0.87−0.54 = 0.33
❸ 0.63−0.21 = 0.42
❹ 0.98−0.14 = 0.84
❺ 4.98−1.24 = 3.74
❻ 5.76−2.45 = 3.31
❼ 6.98−1.14 = 5.84
❽ 0.32−0.13 = 0.19
❾ 0.94−0.77 = 0.17
❿ 0.63−0.18 = 0.45
⓫ 6.55−1.73 = 4.82
⓬ 7.91−4.29 = 3.62
⓭ 4.61−3.68 = 0.93
⓮ 9.52−2.98 = 6.54
⓯ 5.62−4.78 = 0.84

자기 점수에 ○표 하세요

맞힌 개수	8개 이하	9~11개	12~13개	14~15개
학습 방법	개념을 다시 공부하세요.	조금 더 노력하세요.	실수하면 안 돼요.	참 잘했어요.

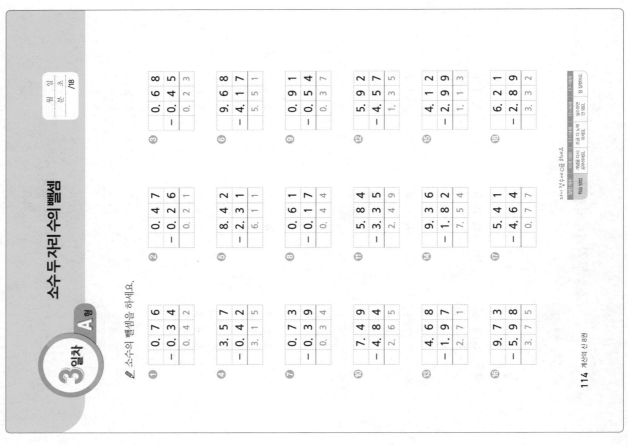

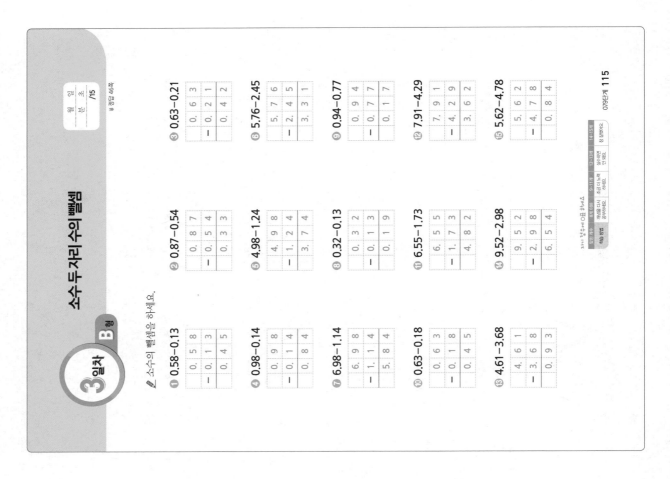

4일차 A형 소수 두 자리 수의 뺄셈

월 일 / 분 초 / /18

소수의 뺄셈을 하세요.

① 0.99 − 0.35 = 0.64
② 0.79 − 0.38 = 0.41
③ 0.58 − 0.21 = 0.37
④ 2.88 − 0.46 = 2.42
⑤ 6.94 − 1.14 = 5.8
⑥ 3.78 − 2.56 = 1.22
⑦ 6.27 − 2.04 = 4.23
⑧ 0.85 − 0.39 = 0.46
⑨ 0.94 − 0.18 = 0.76
⑩ 0.67 − 0.29 = 0.38
⑪ 6.57 − 2.39 = 4.18
⑫ 5.72 − 4.68 = 1.04
⑬ 7.83 − 5.49 = 2.34
⑭ 6.93 − 3.17 = 3.76
⑮ 8.94 − 3.25 = 5.69
⑯ 4.53 − 3.76 = 0.77
⑰ 6.27 − 2.49 = 3.78
⑱ 2.54 − 1.68 = 0.86

자기 점수에 ○표 하세요.

맞힌 개수	10개 이하	11~14개	15~16개	17~18개
학습 방법	개념을 다시 공부하세요.	조금 더 노력하세요.	실수하면 안 돼요.	참 잘했어요.

116 계산의 신 8권

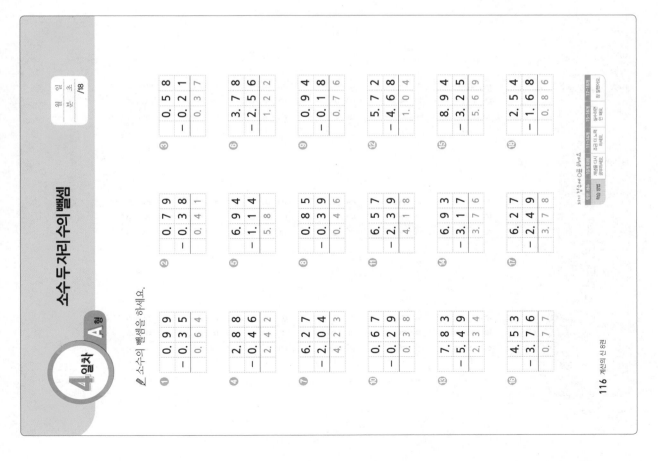

4일차 B형 소수 두 자리 수의 뺄셈

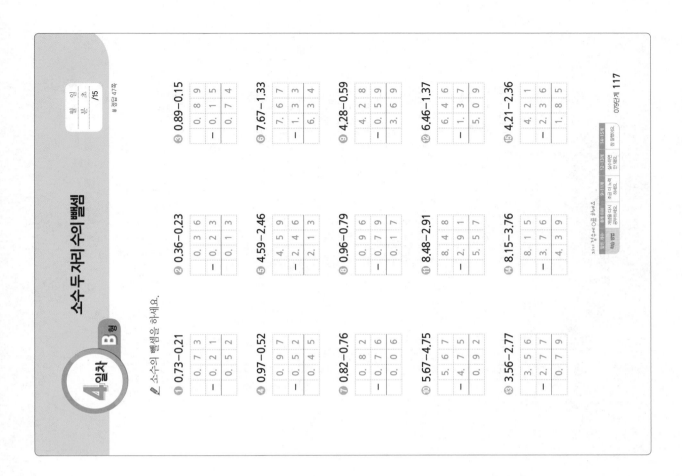

월 일 / 분 초 / /15

정답 47쪽

소수의 뺄셈을 하세요.

① 0.73−0.21 = 0.52
② 0.36−0.23 = 0.13
③ 0.89−0.15 = 0.74
④ 0.97−0.52 = 0.45
⑤ 4.59−2.46 = 2.13
⑥ 7.67−1.33 = 6.34
⑦ 0.82−0.76 = 0.06
⑧ 0.96−0.79 = 0.17
⑨ 4.28−0.59 = 3.69
⑩ 5.67−4.75 = 0.92
⑪ 8.48−2.91 = 5.57
⑫ 6.46−1.37 = 5.09
⑬ 3.56−2.77 = 0.79
⑭ 8.15−3.76 = 4.39
⑮ 4.21−2.36 = 1.85

자기 점수에 ○표 하세요.

맞힌 개수	8개 이하	9~11개	12~13개	14~15개
학습 방법	개념을 다시 공부하세요.	조금 더 노력하세요.	실수하면 안 돼요.	참 잘했어요.

079단계 117

5일차 A형 소수 두 자리 수의 뺄셈

월 일 / 분 초 / /18

소수의 뺄셈을 하세요.

❶ 0.65 − 0.32 → 0.33

❷ 0.58 − 0.23 → 0.35

❸ 0.97 − 0.26 → 0.71

❹ 0.69 − 0.35 → 0.34

❺ 3.98 − 2.13 → 1.85

❻ 7.89 − 6.81 → 1.08

❼ 5.69 − 2.35 → 3.34

❽ 0.52 − 0.14 → 0.38

❾ 0.66 − 0.57 → 0.09

❿ 0.95 − 0.28 → 0.67

⓫ 6.73 − 0.59 → 6.14

⓬ 2.52 − 1.48 → 1.04

⓭ 7.81 − 2.69 → 5.12

⓮ 6.42 − 2.96 → 3.46

⓯ 5.76 − 1.89 → 3.87

⓰ 7.53 − 2.65 → 4.88

⓱ 9.62 − 3.93 → 5.69

⓲ 8.47 − 1.59 → 6.88

자기 점수에 ○표 하세요

맞힌 개수	10개 이하	11~14개	15~16개	17~18개
학습 방법	개념을 다시 공부하세요.	조금 더 노력하세요.	실수하면 안 돼요.	참 잘했어요.

5일차 B형 소수 두 자리 수의 뺄셈

월 일 / 분 초 / /15

정답 48쪽

소수의 뺄셈을 하세요.

❶ 0.38−0.11 → 0.38 − 0.11 = 0.27

❷ 0.36−0.22 → 0.36 − 0.22 = 0.14

❸ 0.86−0.12 → 0.86 − 0.12 = 0.74

❹ 7.56−3.41 → 7.56 − 3.41 = 4.15

❺ 8.58−6.34 → 8.58 − 6.34 = 2.24

❻ 9.85−7.41 → 9.85 − 7.41 = 2.44

❼ 0.61−0.27 → 0.61 − 0.27 = 0.34

❽ 0.83−0.28 → 0.83 − 0.28 = 0.55

❾ 0.56−0.27 → 0.56 − 0.27 = 0.29

❿ 2.81−1.59 → 2.81 − 1.59 = 1.22

⓫ 7.38−2.85 → 7.38 − 2.85 = 4.53

⓬ 6.47−1.28 → 6.47 − 1.28 = 5.19

⓭ 6.31−4.79 → 6.31 − 4.79 = 1.52

⓮ 4.22−3.57 → 4.22 − 3.57 = 0.65

⓯ 9.65−6.98 → 9.65 − 6.98 = 2.67

자기 점수에 ○표 하세요

맞힌 개수	8개 이하	9~11개	12~13개	14~15개
학습 방법	개념을 다시 공부하세요.	조금 더 노력하세요.	실수하면 안 돼요.	참 잘했어요.

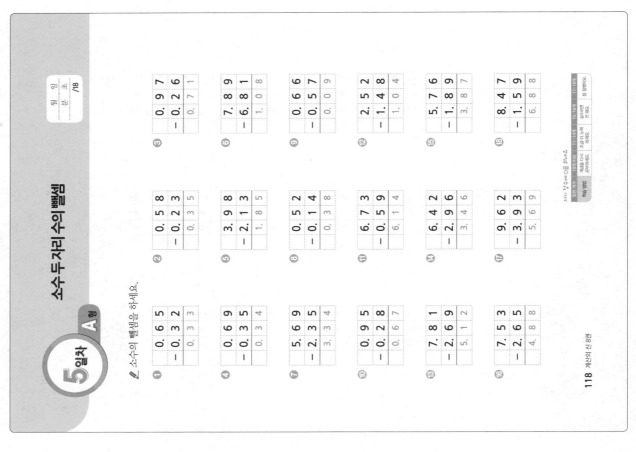

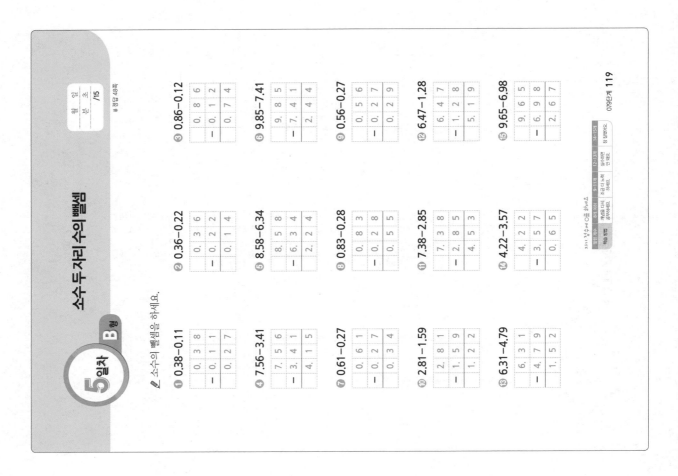

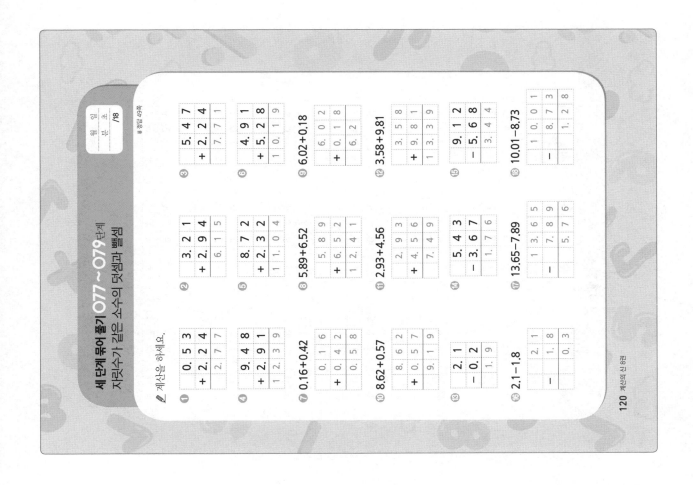

세 단계 묶어 풀기 077 ~ 079단계
자릿수가 같은 소수의 덧셈과 뺄셈

월 일 / 분 초 / /18

정답 49쪽

계산을 하세요.

① 0.53 + 2.24 = 2.77

② 3.21 + 2.94 = 6.15

③ 5.47 + 2.24 = 7.71

④ 9.48 + 2.91 = 12.39

⑤ 8.72 + 2.32 = 11.04

⑥ 4.91 + 5.28 = 10.19

⑦ 0.16+0.42 = 0.58

⑧ 5.89+6.52 = 12.41

⑨ 6.02+0.18 = 6.2

⑩ 8.62+0.57 = 9.19

⑪ 2.93+4.56 = 7.49

⑫ 3.58+9.81 = 13.39

⑬ 2.1 − 0.2 = 1.9

⑭ 5.43 − 3.67 = 1.76

⑮ 9.12 − 5.68 = 3.44

⑯ 2.1−1.8 = 0.3

⑰ 13.65−7.89 = 5.76

⑱ 10.01−8.73 = 1.28

1일차 A형 자릿수가 다른 소수의 덧셈과 뺄셈

월 일 / 분 초 / /18

자연수의 경우에는 바로 뒤에 소수점이 생략되어 있어!

소수의 덧셈을 하세요.

① 2 + 1.46 = 3.46
② 5 + 6.72 = 11.72
③ 4.59 + 3.7 = 8.29
④ 7.6 + 4.52 = 12.12
⑤ 5.8 + 8.49 = 14.29
⑥ 21.6 + 1.46 = 23.06
⑦ 2.89 + 31.4 = 34.29
⑧ 6.75 + 73.4 = 80.15
⑨ 4.9 + 38.27 = 43.17
⑩ 3.14 + 5.9 = 9.04
⑪ 2.7 + 3.85 = 6.55
⑫ 8.28 + 0.9 = 9.18
⑬ 11.3 + 4.76 = 16.06
⑭ 3.66 + 12.8 = 16.46
⑮ 15.54 + 12.7 = 28.24
⑯ 7.8 + 6.72 = 14.52
⑰ 9.28 + 1.8 = 11.08
⑱ 2.93 + 10.3 = 13.23

자기 점수에 ○표 하세요

맞힌 개수	10개 이하	11~14개	15~16개	17~18개
학습 방법	개념을 다시 공부하세요.	조금 더 노력하세요.	실수하면 안 돼요.	참 잘했어요.

124 계산의 신 8권

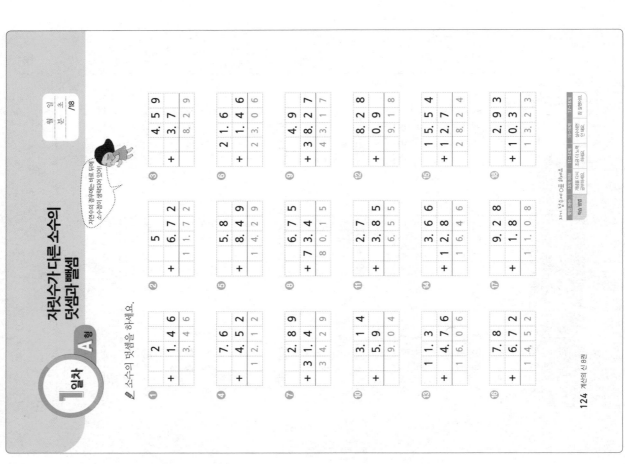

1일차 B형 자릿수가 다른 소수의 덧셈과 뺄셈

월 일 / 분 초 / /18

정답 50쪽

자릿수가 다른 경우, 빈 자리에 0을 써 주면 돼!

소수의 뺄셈을 하세요.

① 2.58 − 1.4 = 1.18
② 6.78 − 1.8 = 4.98
③ 4.7 − 3.52 = 1.18
④ 7.6 − 4.52 = 3.08
⑤ 10.8 − 8.49 = 2.31
⑥ 21.6 − 1.46 = 20.14
⑦ 11.3 − 2.84 = 8.46
⑧ 7.27 − 6.9 = 0.37
⑨ 34.9 − 8 = 26.9
⑩ 15.95 − 6.3 = 9.65
⑪ 27.18 − 18.2 = 8.98
⑫ 31 − 9.23 = 21.77
⑬ 13.7 − 10.75 = 2.95
⑭ 8 − 3.24 = 4.76
⑮ 15.6 − 4.78 = 10.82
⑯ 37.17 − 9.8 = 27.37
⑰ 9.2 − 1.86 = 7.34
⑱ 7.18 − 6.2 = 0.98

자기 점수에 ○표 하세요

맞힌 개수	10개 이하	11~14개	15~16개	17~18개
학습 방법	개념을 다시 공부하세요.	조금 더 노력하세요.	실수하면 안 돼요.	참 잘했어요.

080단계 125

2일차 A형 자릿수가 다른 소수의 덧셈과 뺄셈

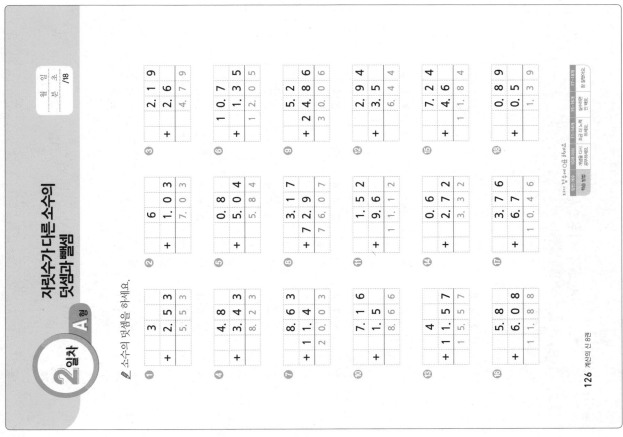

월 일 / 분 초 / /18

소수의 덧셈을 하세요.

① 3 + 2.53 = 5.53

② 6 + 1.03 = 7.03

③ 2.19 + 2.6 = 4.79

④ 4.8 + 3.43 = 8.23

⑤ 0.8 + 5.04 = 5.84

⑥ 10.7 + 1.35 = 12.05

⑦ 8.63 + 11.4 = 20.03

⑧ 3.17 + 72.9 = 76.07

⑨ 5.2 + 24.86 = 30.06

⑩ 7.16 + 1.5 = 8.66

⑪ 1.52 + 9.6 = 11.12

⑫ 2.94 + 3.5 = 6.44

⑬ 4 + 11.57 = 15.57

⑭ 0.6 + 2.72 = 3.32

⑮ 7.24 + 4.6 = 11.84

⑯ 5.8 + 6.08 = 11.88

⑰ 3.76 + 6.7 = 10.46

⑱ 0.89 + 0.5 = 1.39

자기 점수에 ○표 하세요

맞힌 개수	10개 이하	11~14개	15~16개	17~18개
학습 방법	개념을 다시 공부하세요.	조금 더 노력하세요.	실수하면 안 돼요.	참 잘했어요.

2일차 B형 자릿수가 다른 소수의 덧셈과 뺄셈

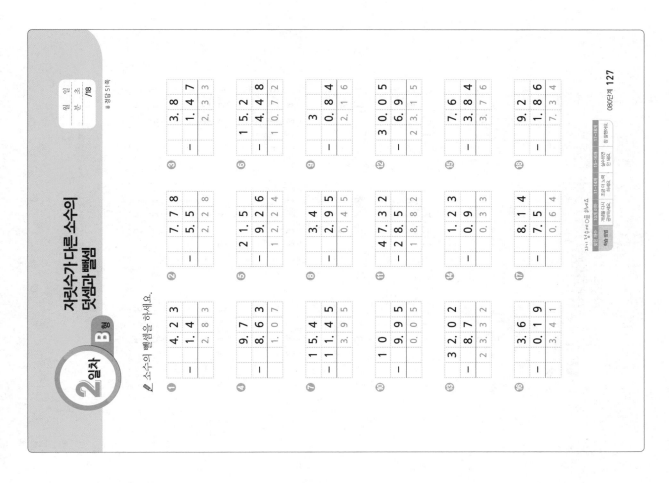

월 일 / 분 초 / /18

정답 51쪽

소수의 뺄셈을 하세요.

① 4.23 − 1.4 = 2.83

② 7.78 − 5.5 = 2.28

③ 3.8 − 1.47 = 2.33

④ 9.7 − 8.63 = 1.07

⑤ 21.5 − 9.26 = 12.24

⑥ 15.2 − 4.48 = 10.72

⑦ 15.4 − 11.45 = 3.95

⑧ 3.4 − 2.95 = 0.45

⑨ 3 − 0.84 = 2.16

⑩ 10 − 9.95 = 0.05

⑪ 47.32 − 28.5 = 18.82

⑫ 30.05 − 6.9 = 23.15

⑬ 32.02 − 8.7 = 23.32

⑭ 1.23 − 0.9 = 0.33

⑮ 7.6 − 3.84 = 3.76

⑯ 3.6 − 0.19 = 3.41

⑰ 8.14 − 7.5 = 0.64

⑱ 9.2 − 1.86 = 7.34

자기 점수에 ○표 하세요

맞힌 개수	10개 이하	11~14개	15~16개	17~18개
학습 방법	개념을 다시 공부하세요.	조금 더 노력하세요.	실수하면 안 돼요.	참 잘했어요.

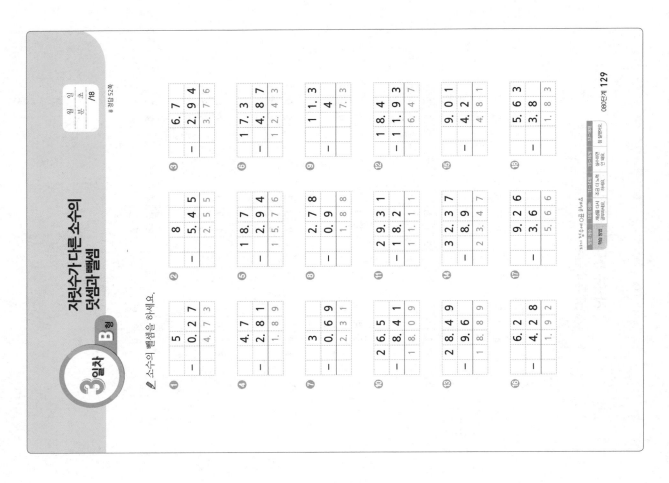

3일차 A형 자릿수가 다른 소수의 덧셈과 뺄셈

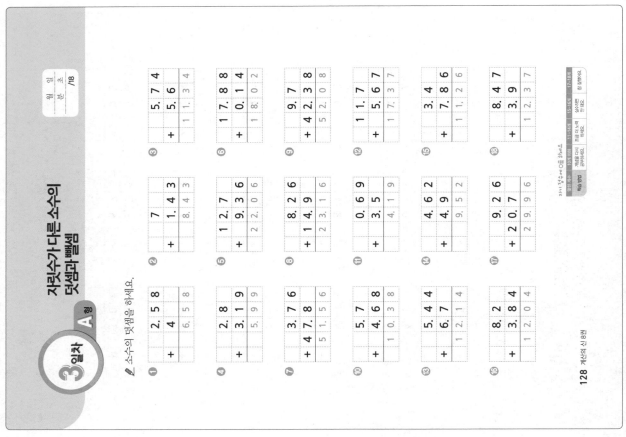

월 일 / 분 초 / /18

✎ 소수의 덧셈을 하세요.

① 2.58 + 4 = 6.58
② 7 + 1.43 = 8.43
③ 5.74 + 5.6 = 11.34
④ 2.8 + 3.19 = 5.99
⑤ 12.7 + 9.36 = 22.06
⑥ 17.88 + 0.14 = 18.02
⑦ 3.76 + 47.8 = 51.56
⑧ 8.26 + 14.9 = 23.16
⑨ 9.7 + 42.38 = 52.08
⑩ 5.7 + 4.68 = 10.38
⑪ 0.69 + 3.5 = 4.19
⑫ 11.7 + 5.67 = 17.37
⑬ 5.44 + 6.7 = 12.14
⑭ 4.62 + 4.9 = 9.52
⑮ 3.4 + 7.86 = 11.26
⑯ 8.2 + 3.84 = 12.04
⑰ 9.26 + 20.7 = 29.96
⑱ 8.47 + 3.9 = 12.37

자기 점수에 ○표 하세요.

맞힌 개수	10개 이하	11~14개	15~16개	17~18개
학습 방법	개념을 다시 공부하세요.	조금 더 노력 하세요.	실수하면 안 돼요.	참 잘했어요.

3일차 B형 자릿수가 다른 소수의 덧셈과 뺄셈

월 일 / 분 초 / /18

정답 52쪽

✎ 소수의 뺄셈을 하세요.

① 5 − 0.27 = 4.73
② 8 − 5.45 = 2.55
③ 6.7 − 2.94 = 3.76
④ 4.7 − 2.81 = 1.89
⑤ 18.7 − 2.94 = 15.76
⑥ 17.3 − 4.87 = 12.43
⑦ 3 − 0.69 = 2.31
⑧ 2.78 − 0.9 = 1.88
⑨ 11.3 − 4 = 7.3
⑩ 26.5 − 8.41 = 18.09
⑪ 29.31 − 18.2 = 11.11
⑫ 18.4 − 11.93 = 6.47
⑬ 28.49 − 9.6 = 18.89
⑭ 32.37 − 8.9 = 23.47
⑮ 9.01 − 4.2 = 4.81
⑯ 6.2 − 4.28 = 1.92
⑰ 9.26 − 3.6 = 5.66
⑱ 5.63 − 3.8 = 1.83

자기 점수에 ○표 하세요.

맞힌 개수	10개 이하	11~14개	15~16개	17~18개
학습 방법	개념을 다시 공부하세요.	조금 더 노력 하세요.	실수하면 안 돼요.	참 잘했어요.

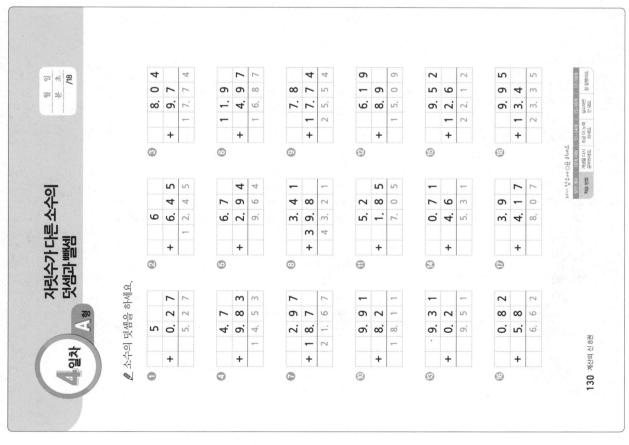

4일차 A형 자릿수가 다른 소수의 덧셈과 뺄셈

월 일 / 분 초 / /18

소수의 덧셈을 하세요.

① 5 + 0.27 = 5.27

② 6 + 6.45 = 12.45

③ 8.04 + 9.7 = 17.74

④ 4.7 + 9.83 = 14.53

⑤ 6.7 + 2.94 = 9.64

⑥ 11.9 + 4.97 = 16.87

⑦ 2.97 + 18.7 = 21.67

⑧ 3.41 + 39.8 = 43.21

⑨ 7.8 + 17.74 = 25.54

⑩ 9.91 + 8.2 = 18.11

⑪ 5.2 + 1.85 = 7.05

⑫ 6.19 + 8.9 = 15.09

⑬ 9.31 + 0.2 = 9.51

⑭ 0.71 + 4.6 = 5.31

⑮ 9.52 + 12.6 = 22.12

⑯ 0.82 + 5.8 = 6.62

⑰ 3.9 + 4.17 = 8.07

⑱ 9.95 + 13.4 = 23.35

자기 점수에 ○표 하세요

맞힌 개수	10개 이하	11~14개	15~16개	17~18개
학습 방법	개념을 다시 공부하세요.	조금 더 노력하세요.	실수하면 안 돼요.	참 잘했어요.

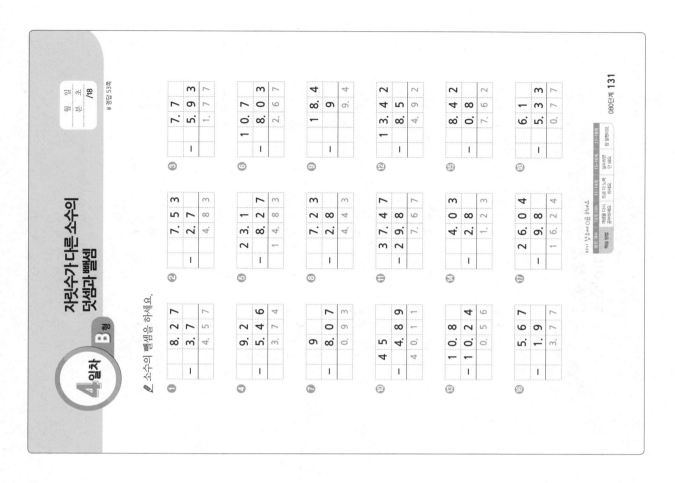

4일차 B형 자릿수가 다른 소수의 덧셈과 뺄셈

월 일 / 분 초 / /18

※ 정답 53쪽

소수의 뺄셈을 하세요.

① 8.27 − 3.7 = 4.57

② 7.53 − 2.7 = 4.83

③ 7.7 − 5.93 = 1.77

④ 9.2 − 5.46 = 3.74

⑤ 23.1 − 8.27 = 14.83

⑥ 10.7 − 8.03 = 2.67

⑦ 9 − 8.07 = 0.93

⑧ 7.23 − 2.8 = 4.43

⑨ 18.4 − 9 = 9.4

⑩ 45 − 4.89 = 40.11

⑪ 37.47 − 29.8 = 7.67

⑫ 13.42 − 8.5 = 4.92

⑬ 10.8 − 10.24 = 0.56

⑭ 4.03 − 2.8 = 1.23

⑮ 8.42 − 0.8 = 7.62

⑯ 5.67 − 1.9 = 3.77

⑰ 26.04 − 9.8 = 16.24

⑱ 6.1 − 5.33 = 0.77

자기 점수에 ○표 하세요

맞힌 개수	10개 이하	11~14개	15~16개	17~18개
학습 방법	개념을 다시 공부하세요.	조금 더 노력하세요.	실수하면 안 돼요.	참 잘했어요.

5일차 A형 자릿수가 다른 소수의 덧셈과 뺄셈

월 일 / 분 초 / /18

소수의 덧셈을 하세요.

1. $6 + 3.04 = 9.04$
2. $3.63 + 8.2 = 11.83$
3. $2.1 + 7.95 = 10.05$
4. $9.2 + 5.46 = 14.66$
5. $2.7 + 7.53 = 10.23$
6. $14.2 + 5.93 = 20.13$
7. $8.85 + 33.7 = 42.55$
8. $8.27 + 28.6 = 36.87$
9. $4.7 + 58.03 = 62.73$
10. $9.34 + 3.7 = 13.04$
11. $0.48 + 8.9 = 9.38$
12. $1.94 + 5.6 = 7.54$
13. $5.3 + 9.85 = 15.15$
14. $0.7 + 3.92 = 4.62$
15. $2.1 + 4.94 = 7.04$
16. $3.58 + 8.7 = 12.28$
17. $8.45 + 4.8 = 13.25$
18. $5.08 + 10.8 = 15.88$

자기 점수에 ○표 하세요

맞힌 개수	10개 이하	11~14개	15~16개	17~18개
학습 방법	개념을 다시 공부하세요.	조금 더 노력 하세요.	실수하면 안 돼요.	참 잘했어요.

5일차 B형 자릿수가 다른 소수의 덧셈과 뺄셈

월 일 / 분 초 / /18

정답 54쪽

이번 단계에서는 자릿수가 다른 소수의 덧셈과 뺄셈을 배웠습니다. 9권에서는 자연수의 혼합 계산과 분수의 덧셈, 뺄셈을 배웁니다.

소수의 뺄셈을 하세요.

1. $6.78 - 1.8 = 4.98$
2. $2.78 - 0.9 = 1.88$
3. $8.27 - 3.7 = 4.57$
4. $9.7 - 8.63 = 1.07$
5. $10.8 - 8.49 = 2.31$
6. $11.4 - 8.93 = 2.47$
7. $12.39 - 9.8 = 2.59$
8. $3.1 - 1.29 = 1.81$
9. $30.05 - 14 = 16.05$
10. $28.49 - 9.6 = 18.89$
11. $16.7 - 13.87 = 2.83$
12. $5 - 0.27 = 4.73$
13. $29.31 - 9.5 = 19.81$
14. $12.3 - 0.98 = 11.32$
15. $15.01 - 4.8 = 10.21$
16. $8.14 - 7.5 = 0.64$
17. $9.2 - 1.86 = 7.34$
18. $5.4 - 3.75 = 1.65$

자기 점수에 ○표 하세요

맞힌 개수	10개 이하	11~14개	15~16개	17~18개
학습 방법	개념을 다시 공부하세요.	조금 더 노력 하세요.	실수하면 안 돼요.	참 잘했어요.

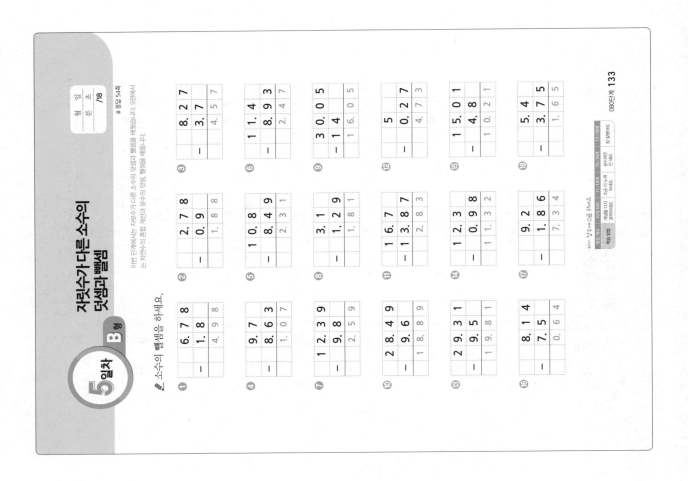

전체 묶어 풀기 071 ~ 080단계
분수와 소수의 덧셈과 뺄셈 기본

월 일 / 분 초 / /18

정답 55쪽

분수의 계산을 하세요.

❶ $\frac{8}{13}+\frac{7}{13}=1\frac{2}{13}$

$\frac{8+7}{13}=\frac{15}{13}=1\frac{2}{13}$

❷ $3\frac{14}{15}+5\frac{12}{15}=9\frac{11}{15}$

$(3+5)+\frac{14+12}{15}=8+\frac{26}{15}=8+1\frac{11}{15}=9\frac{11}{15}$

❸ $\frac{2}{11}+3\frac{9}{11}=4$

$3+\frac{2+9}{11}=3+\frac{11}{11}=3+1=4$

❹ $1\frac{4}{8}+\frac{1}{8}=1\frac{5}{8}$

$1+\frac{4+1}{8}=1\frac{5}{8}$

❺ $2\frac{12}{13}-1\frac{2}{13}=1\frac{10}{13}$

$(2-1)+\frac{12-2}{13}=1+\frac{10}{13}=1\frac{10}{13}$

❻ $3-\frac{7}{10}=2\frac{3}{10}$

$2\frac{10}{10}-\frac{7}{10}=2+\frac{10-7}{10}=2\frac{3}{10}$

❼ $2\frac{4}{12}-1\frac{9}{12}=\frac{7}{12}$

$1\frac{16}{12}-1\frac{9}{12}=(1-1)+\frac{16-9}{12}=\frac{7}{12}$

❽ $4\frac{9}{14}-\frac{6}{14}=4\frac{3}{14}$

$4+\frac{9-6}{14}=4\frac{3}{14}$

❾ $2\frac{1}{11}-\frac{4}{11}=1\frac{8}{11}$

$1\frac{12}{11}-\frac{4}{11}=1+\frac{12-4}{11}=1\frac{8}{11}$

소수의 계산을 하세요.

⑩ $0.7+0.8=1.5$

⑪ $1.5+15.5=17$

⑫ $1.78-0.87=0.91$

⑬ $6.73+2.8=9.53$

⑭ $9-5.87=3.13$

⑮ $7.15-0.6=6.55$

⑯ 8.54+1.73

$8.54+1.73=10.27$

⑰ 9.3+3.78

$9.3+3.78=13.08$

⑱ 9−5.43

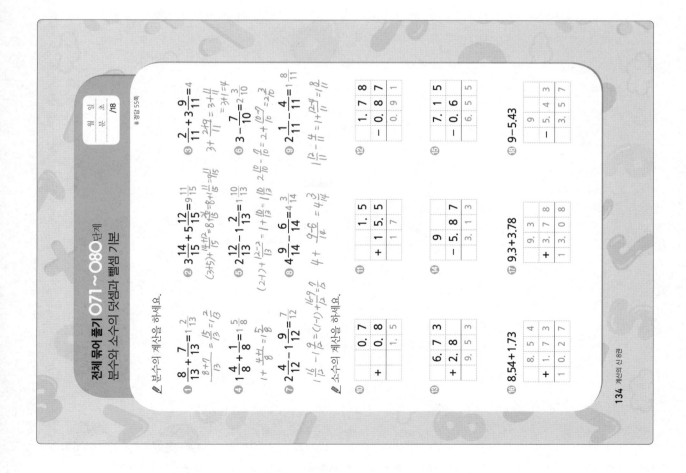

$9-5.43=3.57$

신(神)의 Note

현직 초등 교사들이 알려 주는

초등 1·2학년/3·4학년/5·6학년

공부법의 모든 것

〈1·2학년〉 이미경·윤인아·안재형·조수원·김성옥 지음 | 216쪽 | 13,800원
〈3·4학년〉 성선희·문정현·성복선 지음 | 240쪽 | 14,800원
〈5·6학년〉 문주호·차수진·박인섭 지음 | 256쪽 | 14,800원

★ 개정 교육과정을 반영한 현장감 넘치는 설명
★ 초등학생 자녀를 둔 학부모라면 꼭 알아야 할 모든 정보가 한 권에!

KAIST SCIENCE 시리즈

미래를 달리는 로봇

박종원·이성혜 지음 | 192쪽 | 13,800원

★ KAIST 과학영재교육연구원 수업을 책으로!
★ 한 권으로 쏙쏙 이해하는 로봇의 수학·물리학·생물학·공학

하루 15분 부모와 함께하는 말하기 놀이

룰루랄라 어린이 스피치

서차연·박지현 지음 | 184쪽 | 12,800원

★ 유튜브 〈즐거운 스피치 룰루랄라 TV〉에서 저자 직강 제공

가족과 함께 집에서 하는 실험 28가지

미래 과학자를 위한 즐거운 실험실

잭 챌로너 지음 | 이승택·최세희 옮김
164쪽 | 13,800원

★ 런던왕립학회 영 피플 수상
★ 가족을 위한 미국 교사 추천

메이커: 미래 과학자를 위한 프로젝트

즐거운 종이 실험실

캐시 세서리 지음 | 이승택·이준성·이재분 옮김 | 148쪽 | 13,800원

★ STEAM 교육 전문가의 엄선 노하우

메이커: 미래 과학자를 위한 프로젝트

즐거운 야외 실험실

잭 챌로너 지음 | 이승택·이재분 옮김
160쪽 | 13,800원

★ 메이커 교사회 필독 추천서

메이커: 미래 과학자를 위한 프로젝트

즐거운 과학 실험실

잭 챌로너 지음 | 이승택·홍민정 옮김
160쪽 | 14,800원

★ 도구와 기계의 원리를 배우는 과학 실험

서울시 영등포구 당산로 50길 3 꿈을담는빌딩 6층 | 전화 1544-6533 | 홈페이지 dreamybook.co.kr

5 학교 성적에 도움이 될까요? 수학 교과서와 친해질 수 있나요?

재미와 속도, 정확성 모두 중요하지만 무엇보다 '학교 성적'에 얼마나 도움이 되느냐가 가장 중요하겠지요? 《계산의 신》은 최신 교육 과정을 100% 반영한 단계별 학습으로 구성되어 있습니다. 따라서 《계산의 신》을 꾸준히 학습하면 자연스럽게 '수학 교과서'와 친해져 학교 성적이 올라갈 것입니다.

6 문제를 다 풀어 놓고도 아이가 자꾸 기억이 안 난다고 해요.

《계산의 신》에는 두 가지 유형 반복 학습 외에도 세 단계마다 자신이 푼 문제를 복습하는 '세 단계 묶어 풀기'가 있고, 마지막에는 교재 전체 내용을 한 번 더 복습할 수 있는 '전체 묶어 풀기'가 있습니다. 풀었던 문제들을 다시 묶어서 풀며, 예전에 학습했던 계산 문제들을 완전히 자신의 것으로 만들 수 있습니다.

3 아이들이 스스로 공부할 수 있는 교재인가요?

《계산의 신》은 아이들이 스스로 생각하고 계산할 수 있도록 구성되어 있습니다. 핵심 포인트를 보며 유형을 파악하고, 문제를 푼 후에 스스로 자신의 풀이를 평가할 수 있습니다. 부담 없는 분량, 친절한 설명과 예시, 두 가지 유형 반복 학습과 실력 진단 평가는 아이들이 교사나 부모님에게 기대지 않고, 스스로 학습하는 힘을 길러 줄 것입니다.

4 정확하게 푸는 게 중요한가요, 빠르게 푸는 게 중요한가요?

물론 속도를 무시할 순 없습니다. 그러나 그에 앞서 선행되어야 하는 것이 바로 '정확성'입니다. 《계산의 신》은 예시와 함께 해당 연산의 핵심 포인트를 짚어 주며 문제를 정확하게 이해할 수 있도록 도와줍니다. '스스로 학습 관리표'는 문제 풀이 속도를 높이는 데에 동기부여가 될 것입니다. 《계산의 신》과 함께 정확성과 속도, 두 마리 토끼를 모두 잡아 보세요.

왜? 계산력 교재는 <계산의 신>이 가장 좋은가?

1 요즘엔 초등 계산법 책이 너무 많아서 어떤 책을 골라야 할지 모르겠어요!

기존의 계산력 문제집은 대부분 저자가 '연구회 공동 집필'로 표기되어 있습니다. 반면 꿈을담는틀의 《계산의 신》은 KAIST 출신의 수학 선생님이 공동 저자로, 아이들을 직접 가르쳤던 경험을 담아 만든 '엄마, 아빠표 문제집'입니다. 수학 교육 분야의 뛰어난 전문성과 교육 경험을 두루 갖추고 있어 믿을 수 있습니다.

2 영어는 해외 연수를 가면 된다지만, 수학 공부는 대체 어떻게 해야 하죠?

영어 실력을 키우려고 해외 연수 다니는 것을 본 게 어제오늘 일이 아니죠? 반면 수학은 어떨까요? 수학에는 왕도가 없어요. 가장 중요한 건 매일 조금씩 꾸준히 연마하는 것뿐입니다. 《계산의 신》에 나오는 A와 B, 두 가지 유형의 문제를 풀면서 자연스럽게 수학의 기초를 닦아 보세요. 초등 계산법 완성을 향한 즐거운 도전을 시작할 수 있습니다.

수학의 기본은 계산력, 정확성과 계산 속도를 높히는

《계산의 신》 시리즈

중도에 포기하는 학생은 있어도
끝까지 풀었을 때 신의 경지에 오르지 않는 학생은 없습니다!

꼭 있어야 할 교재, 최고의 교재를 만드는 '꿈을담는틀'에서
신개념 초등 계산력 교재 《**계산의 신**》을 한층 업그레이드 했습니다.

초등 수학은 마구잡이 공부보다 체계적 학습이 중요합니다.
KAIST 출신 수학 선생님들이 집필한 특별한 교재로
하루 10분씩 꾸준히 공부해 보세요.
어느 순간 계산의 신(神)의 경지에 올라 있을 것입니다.

부모님이 자녀에게, 선생님이 제자에게
이 교재를 선물해 주세요.

__________가 __________에게